Jessen · Schulze

Botanisches Wörterbuch

Hans Jessen · Helmut Schulze

Botanisches Wörterbuch für Gärtner und Floristen

Bearbeitet von Caroline Stock

25., aktualisierte Auflage

M.& H. Schaper

Bibliografische Information der Deutschen Nationalbibliothek
Die Deutsche Nationalbibliothek verzeichnet diese Publikation in der Deutschen Nationalbibliografie; detaillierte bibliografische Daten sind im Internet über http://dnb.de/abrufbar.

ISBN 978-3-7944-0235-9 (Print)
ISBN 978-3-7944-0236-5 (PDF)

Bearbeitung:	garten+landschaft harz, Dipl.-Ing. Caroline Stock, Quedlinburg
Redaktion:	Qrrekt, Dr. Malte Kienitz, Quedlinburg
Umschlagabbildungen:	fotolia.com: U1: Martina Bock; Shania;
	U4: Kzenon; Acik; Stefan Körber
Satz:	PER Medien+Marketing GmbH, Braunschweig
Druck und Bindung:	Franz X. Stückle Druck und Verlag e.K., Ettenheim

Inhalt

Zeichenerklärung

- ⊙ Einjährige Pflanzen (sommer- und winteranuelle Pflanzen)
- Zweijährige (bienne) Pflanzen
- ♃ Freilandstauden (perennierende Pflanzen)
- Zwiebel- und Knollengewächse
- Topfpflanzen
- ≋ Wasserpflanzen
- Laubgehölze (Sträucher und Bäume des Freilandes)
- Nadelgehölze (inkl. Ginko)
- Obst und Südfrüchte
- Gemüse
- Gewürz- und Küchenkräuter
- ∪ Ein- und zweijährige Unkräuter
- Ausdauernde Unkräuter
- Grasarten für Zierrasen, Sportrasen, Straßenränder, Böschungen, Getreideanbau
- ∧ Winterschutz erforderlich
- Kletter- bzw. Schlingpflanzen
- Hängepflanzen
- ♄ Sträucher
- ✂ Als Schnittblumen verwendbar
- ♀ weiblich
- ♀ männlich
- ⚥ zwittrig

Tabellenaufbau und Kodierung der Herkunftsgebiete

Tabellenaufbau

Gattungsname	Artname	Herkunft	Deutscher Name	Pflanzen-familie
Abelmóschus	**moschátus**	2	Moschus-bisameibisch	Malváceae
Abrónia	**umbelláta**	1	Rosafarbene Sandverbene	Nyctaginá-ceae

In Klammern kursiv gesetzte Pflanzennamen sind entweder Synonyma oder durch × gekennzeichnete Kreuzungspartner.

Glebionis	**ségetum**	1a	Wucher-blume	Asteracéae
(Xantophtálmum coronárium)				
Glebionis	**× spectábile**		Wucher-blume	
(G. coronária × G. ségetum)				

Kodierung der Herkunftsgebiete

Unterschiedliche Verteilung der Kontinente und Ozeane und besondere Entwicklungs- und Austauschbedingungen auf der südlichen Hemisphäre lassen **sechs Florenreiche** zu.

Diese pflanzengeographischen Einheiten können genannt werden:

1. **Holarktis** (nördliche Hemisphäre, also Europa, fast das ganze Nordamerika, große Teile Asiens, der Mittelmeerraum und Nordafrika, die beiden letzten Gebiete im Buch mit 1a angegeben). Frostfreiheit im gesamten Jahresablauf besteht in keinem der genannten Gebiete;
2. **Palaeotropis** (Tropen der „Alten Welt"). Neuseeland ist weder voll zu Palaeotropis noch zu Australis zu rechnen. Seine Nordinsel hat bedingt subtropisches Klima, die Südinsel in etwa gemäßigtes. Dennoch hat der Verfasser entsprechende Arten vorerst weiterhin palaeotropisch determiniert;

3. **Neotropis** (die Tropen der „Neuen Welt“);
4. **Capensis** (eigenständiges Florenreich am Kap, für die Nummerierung etwas auf Südafrika ausgedehnt);
5. **Australis** (erdgeschichtlich isolierte Stellung und charakteristische Pflanzenarten);
6. **Antarktis** (extreme Klimabedingungen und Artenarmut).

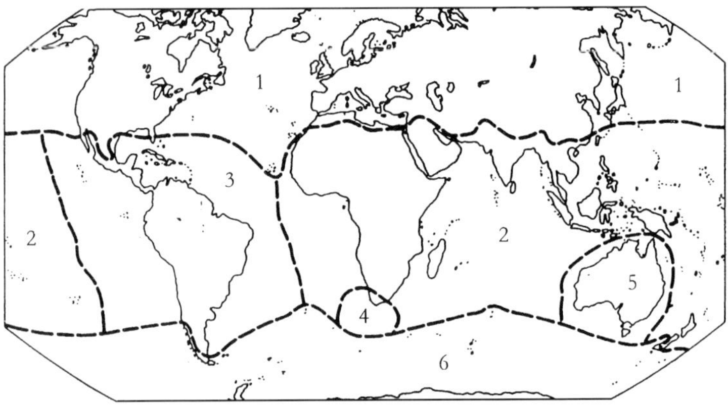

Florenreiche der Erde: 1 = Holarktis, 2 = Palaeotropis, 3 = Neotropis, 4 = Capensis, 5 = Australis, 6 = Antarktis (Aus Walter u. Straka.).

Die Skizze dient zur Veranschaulichung, dass man *in praxi* mit solchen groben Herkunftsangaben anstelle präziser Heimatnennung durchaus arbeiten kann, und zwar insbesondere im Gespräch mit Kunden! Sofern es sich um Hybriden handelt oder anderweitige Unsicherheiten bestehen, ist im Buch eine Nummerierung unterblieben.

Vorwort zur 25. Auflage

Die wissenschaftlichen Pflanzennamen sind, wie andere Wissenschaftsgebiete auch, einem ständigen Wandel durch neu gewonnene Erkenntnisse unterzogen. Im Bereich der Botanik werden vor allem durch rasterelektronenmikroskopische und molekulargenetische Methoden Verwandtschaftsbeziehungen zwischen Arten und Gattungen festgestellt, die allein durch den Phänotyp der Pflanzen nicht zu erkennen sind. Diese Erkenntnisse führen zu Neuzuordnungen von Pflanzen in andere Gattungen. Nicht jede Namensänderung wird dabei von der Fachwelt einstimmig angenommen, es gibt immer auch andere fachliche Auffassungen und ein Festhalten an dem bisherigen Namen. Da die botanische Forschung ständig zu neuen Erkenntnissen kommt, erscheint es auch nicht sinnvoll, jede Namensänderung und Neuzuordnung unkritisch zu übernehmen. Es gibt in der botanischen Nomenklatur kein absolutes Richtig oder Falsch. So gibt es beispielsweise bei der Gattung *Chrysanthemum* fortlaufend Änderungen: Während in der 23. Auflage noch die Umbenennung verschiedener einjähriger *Chrysanthemum*-Arten zu *Xanthophthalmum* angemerkt wurde, wird in dieser Ausgabe bereits die Aktualisierung von *Xanthophthalmum* zu *Glebionis* vorgenommen.

Der aktuelle Stand des Wissens, an dem man sich orientieren sollte, wird durch den Internationalen Code der Botanischen Nomenklatur (*International Code of Botanical Nomenclature*, ICBN, neu: *International Code of Nomenclature of algae, fungi and plants*) wiedergegeben. Er enthält verbindliche Regeln zur Art und Weise und zur Gültigkeit der wissenschaftlichen Benennung von Pflanzen, Algen und Pilzen.

Als deutschsprachige Zusammenfassung und Übertragung des ICBN versteht sich der „Zander" (Zander – Handwörterbuch der Pflanzennamen, 18. Aufl., 2008), der für die Bearbeitung des vorliegenden botanischen Wörterbuches in Bezug auf die deutschen Pflanzennamen und die hierfür gültige Rechtschreibung – die sich von der Schreibung der Trivialbezeichnung unterscheiden kann (z. B. Bär-Lauch statt Bärlauch) – herangezogen wurde. Die Grundlage dieser Rechtschreibung ist der Artikel „Die Schreibweise deutscher Pflanzennamen" von PRAHLER und RÜCKER (Gartenpraxis 12/2001, S. 39–42) unter Berücksichtigung der neuen deutschen Rechtschreibung.

Für diese Auflage des Botanischen Wörterbuchs wurde das inhaltliche Konzept der Autoren Jessen und Schulze nicht verändert. Im Wesentlichen wurden die Listen der Pflanzennamen nach den oben beschriebenen Vorgaben aktualisiert, wobei besonders bei den deutschen Pflanzennamen Änderungen erfolgten. Viele eingedeutschte botanische Gattungsnamen wurden, wenn vorhanden, durch eindeutige deutsche Namen ersetzt (z. B. statt „Abronie“ für die Gattung *Abronia* „Sandverbene“), um einen anschaulicheren Bezug zur Pflanze herzustellen. Die erläuternden Texte wurden im Sinne einer Modernisierung und Vereinfachung überarbeitet, die Kapitelabfolge wurde übersichtlicher strukturiert. Handmarken erleichtern das Auffinden der Pflanzengruppen.

Neu ist in dem Kapitel über die neuen Zierpflanzen die Auswahl von Sorten exemplarischer Arten aus den verschiedenen Gruppen Stauden, Gehölze etc. Der Zierpflanzenbau und -handel ist geprägt von einer ständig wachsenden Anzahl neu gezüchteter Sorten, die kaum zu überschauen ist. Mit der hier vorgenommenen Auswahl wird versucht, einige wesentliche Tendenzen der vergangenen Jahre nachzuzeichnen.

Quedlinburg, im Juni 2012 *Caroline Stock*

Vorwort zur ersten Auflage

Die botanischen Namen sind ein Bestandteil des gärtnerischen Fachwissens. Ihre Kenntnis, Aussprache und Schreibweise sich nach Regeln anzueignen ist schwierig und dem Gärtner kaum möglich; darum müssen sie gelernt werden.

Dazu soll das vorliegende kleine Wörterbuch verhelfen. In ihm sind aus den Hauptpflanzengruppen des Erwerbsgartenbaues die botanischen Namen einiger Pflanzen zusammengestellt, die den Grundstock für das Fachwissen des jungen Gärtners bilden und ihm eine Übersicht über seine Kulturpflanzen geben.

Hinzugefügt sind noch die deutschen Namen, die Bedeutung des Artnamens und der Familienname.

…

Synonyme (Nebennamen) sind bewusst fortgelassen, um der jungen Generation jede Belastung zu ersparen. Aus demselben Grunde sind auch Regeln und Begriffe der lateinischen Sprache über Geschlecht, Vor- und Endsilben, Form- und Farbbezeichnungen der Pflanze oder von Pflanzenteilen nicht angeführt.

Die Erfahrung lehrt immer wieder, dass botanische Namen nur durch Übung und Gewöhnung zum Fachwissen werden können.

Schwelm, Dezember 1950 *Der Verfasser*

1 Botanische Nomenklatur und Systematik der Pflanzen

1.1 Hinweise zur botanischen Nomenklatur

Pflanzennamen in der Fachsprache des Gärtners

Die richtige Schreibweise, Aussprache und Betonung der botanischen Namen machen Gärtnern und Floristen zuweilen Schwierigkeiten, so dass oft die Frage gestellt wird, warum diese komplizierten Namen gelernt werden sollten. Die Kenntnis und der Gebrauch der botanischen Namen – neben den deutschen Namen – sind jedoch aus verschiedenen Gründen notwendig:

1. Die deutschen Namen sind nicht einheitlich genug, um in der Praxis und im Fachschrifttum verwendet werden zu können. Verschiedene Pflanzengattungen und -arten haben den gleichen deutschen Namen oder es werden umgekehrt für manche Pflanzenart mehrere deutsche Namen verwendet (z. B. für *Béllis perénnis*: Gänseblümchen, Maßliebchen, Tausendschönchen, Perlblümchen, Osterblume, Margeritchen). Viele Pflanzen haben darüber hinaus keinen deutschen Namen, da sie aus fremden Ländern stammen;
2. Die Botanischen Namen werden fachsprachlich verwendet, Grundlage ist die international einheitliche botanische Nomenklatur. Nur so können Verwechslungen ausgeschlossen werden. Dies gilt nicht nur für die Forschung, sondern auch für den Handel.

Die botanischen Namen dienen nicht nur der eindeutigen Benennung sondern enthalten oft schon eine Information über:

- Eigenschaften der Pflanze oder ihrer Teile. *Adiántum* bedeutet „das Unbenetzbare“, denn Wasser rollt wie silberne Kügelchen von den *Adiantum*blättchen ab. Auch auf Farbvarietäten kann Bezug genommen werden (z. B. *tricolor* = dreifarbig);
- Die Herkunft der Pflanze. So stammt die *Castánea* (Kastanie) aus Kastana in Thessalien (Griechenland);
- Ähnlichkeiten mit anderen Pflanzen, Tieren oder Gegenständen. *Delphínium* z. B. besagt, dass die Knospe des Rittersporns einem Delfin ähnlich ist. Die Artbezeichnung *platanoídes* bedeutet platanenähnlich („oídes“ = ähnlich);
- Die Ehrung eines Förderers oder Züchters. *Begónia* (Schiefblatt) ist benannt nach Michel Begon, der Gouverneur von Santo Domingo (Mittelamerika) war.

Die *Magnólia* (Magnolie, fälschlich Tulpenbaum genannt) hat ihren Namen zu Ehren des Professors Pierre Magnol erhalten;

- Die Verwendung der Pflanze. *officinális* bedeutet, dass die Pflanze arzneilich, also in Apotheken gebraucht wird.

Wann ist der Gebrauch der botanischen Namen angebracht?

Es ist nicht nötig, im täglichen Berufs- und Geschäftsleben, v. a. im Verkehr mit den Kunden, die botanischen Namen zu gebrauchen, wenn eingebürgerte deutsche Namen oder in deutsche Form gebrachte Namen vorhanden sind. Man kann gern „Alpenveilchen" oder „Zimmerlinden" verkaufen und braucht sie nicht *Cýclamen pérsicum* oder *Sparmánnia africána* zu nennen; man kann „Efeu", „Lorbeer" und „Douglastanne" verarbeiten, ohne sie als *Hédera hélix*, *Laurus nóbilis* und *Pseudotsúga menziésii* bezeichnen zu müssen.

Die botanischen Namen sind aber immer dann anzuwenden, wenn eine eindeutige Zuordnung zu einer Pflanzengattung oder -art erforderlich ist. Im Geschäftsverkehr dient dies der Eindeutigkeit über Sprach- und Ländergrenzen hinaus und letztlich der Rechtssicherheit. Auch ist zu bedenken, dass viele Blumenfreunde und Pflanzenliebhaber, die als Kunden zum Gärtner kommen, sich der Fachnamen bedienen. Dann müssen Gärtner und Floristen ihnen als Fachleute gewachsen sein.

Internationale Regelungen der botanischen Nomenklatur

Zunächst sei hervorgehoben, dass „botanische Namen" nichts anderes bedeuten als „Pflanzen-Namen", denn *botáne* steht in der griechischen Sprache für „Gras, Pflanze". „Botanisch" steht also nicht für eine Sprache wie „Französisch" oder „Lateinisch": Botanische Namen sind nur Pflanzennamen, die meistens aus der lateinischen und altgriechischen Sprache oder aus bezeichnenden Vernakularnamen, d. h. aus volkstümlichen Bezeichnungen der Eingeborenen fremder Länder, entnommen sind und oft eine lateinische Endung erhalten haben (*vernáculus* = einheimisch, inländisch). So bedeutet z. B. *catawbiénse* catawbienisch = am Catawbafluss (in Nordamerika) wachsend.

Ausgangspunkt für die heutige Nomenklatur, die Namensgebung, ist Linnés *Species Plantarum 1753*. Mit diesem Werk begründete er die binäre Nomenklatur mit Gattungs- und Artnamen. Die Regeln zur wissenschaftlich korrekten Benennung von Pflanzenarten und gärtnerischen Sorten werden auf internationalen botanischen Kongressen und Gartenbaukongressen festgelegt. Die jeweils gültigen Nomenklaturregeln für die Botanik sind niedergelegt im dreisprachigen „Internationalen Code der Botanischen Nomenklatur" (*International Code of Botanical*

Nomenclature, ICBN), offiziell gültige Variante ist die englischsprachige Originalfassung. Der botanische Code enthält Grundsätze, Regeln und Empfehlungen für die Benennung der Pflanzen.

Für die Kulturpflanzen sind grundsätzlich die Vorschriften des botanischen Codes gültig, jedoch sind besondere Bestimmungen zusätzlich notwendig geworden. Sie beziehen sich auf die in der Kultur entstandenen Veränderungen, auf die Sorten und deren wünschenswerte Registrierung, auf die Namen von Bastarden sowie auf die internationale Zusammenarbeit. Die entsprechenden Vorschriften sind festgelegt im *International Code of Nomenclature for Cultivated Plants* (ICNCP).

Eindeutigkeit der Nomenklatur

Grundsätzlich dient die Nomenklatur dazu, eine Beständigkeit der Namen anzustreben und Namen, die zu Irrtümern, falschen Deutungen oder Verwechslungen Anlass geben, zu verwerfen und zu vermeiden.

Man findet oft für eine Pflanze zwei verschiedene Gattungsnamen oder Artnamen. Diese Namen sind dadurch entstanden, dass Wissenschaftler, vollkommen unabhängig voneinander oder auch zu verschiedenen Zeiten, ein und derselben Pflanze je einen Namen gaben oder über ihre Einreihung in das botanische System (Ordnung des Pflanzenreiches) verschiedener Ansicht waren. Im Allgemeinen ist die älteste Artbezeichnung gültig (Prioritätsgrundsatz), die zusammen mit dem korrekten Gattungsnamen den richtigen Artnamen bildet.

Wenn man also in Büchern, Zeitschriften oder Preislisten einen botanischen Namen findet und dahinter in Klammern einen zweiten, dann bedeutet dies, dass der eingeklammerte Name der Nebenname (ein Synonym) ist und nicht mehr gebraucht werden soll, wenn er auch in der Praxis noch bekannt ist. Einige Beispiele:

- Schusterpalme: *Aspidístra elátior* Bl. (*Plectógyne elátior* hort. – *Plectógyne variegáta* Link);
- Weihnachtsstern: *Euphórbia pulchérrima* Willd. (*Poinséttia pulchérrima* Grah. – *Euphórbia poinsettiána* Buist.);
- Gloxinie: *Sinníngia speciósa* Benth. et Hook. (*Gloxinia speciósa* Lodd. – *Ligéria speciósa* Decne.).

Die einzelnen großen Buchstaben oder Abkürzungen von Namen, wie sie bei den angegebenen Beispielen angeführt sind, geben die Namen der Botaniker an, die den Pflanzen den Namen gegeben haben. So bedeutet z. B. das Bl. hinter *Aspidístra elátior*, dass Dr. Carl Ludwig Blume, ein Forschungsreisender, der Namengeber war, während das „hort." die Abkürzung von *hortulanorum* (= der Gärtner) ist und so besagt, dass es sich um einen in botanischen Gärten und Gärtnereien gebräuchlichen Namen handelt. Die oben angegebenen Autorzitate (Link, Lodd., DC. usw.) haben nur Bedeutung im streng wissenschaftlichen Umgang und kommen deshalb in diesem Buch nicht zum Einsatz.

Botanische Namen und Sortennamen

Die **botanischen Namen** werden für die jeweiligen Pflanzenarten, -gattungen usw. von Botanikern (Wissenschaftlern) verbindlich und bis auf weiteres gültig festgelegt. Die Benennung eines Taxons (= Sippe + Rangstufe) dient nicht der Aussage über seine Merkmale oder seine Geschichte; sie soll nur Verständigungsmittel für dieses Taxon sein.

Unter „Name" wird ein solcher verstanden, der gültig veröffentlicht ist. Dies umfasst seit dem 01. Januar 2012 nicht mehr nur die gedruckte Form, sondern auch die Veröffentlichung in elektronischen Zeitschriften oder Büchern. Auch darf die Beschreibung – im Gegensatz zu früher, als allein das Lateinische gültig war – in Englisch erfolgen. Ferner gilt: Ein Name eines Taxons rezenter (lebender) Pflanzen ist nur dann als gültig veröffentlicht anzusehen, wenn:

1. Die Bedingungen der wirksamen Veröffentlichung erfüllt sind;
2. Der Name nach den Regeln des Codes formal richtig gebildet wird;
3. Eine Beschreibung des Taxons oder ein (direkter oder indirekter) Hinweis auf eine frühere wirksam veröffentlichte Beschreibung enthalten ist;
4. Eine Typisierung erfolgt.

Jede Pflanze wird als zu einer Anzahl von Kategorien (Gruppen) gehörig behandelt, die eine fortlaufende Folge einander unter- und übergeordneter Rangstufen bilden.

Die Grundkategorie dieser Folge ist die Art (*species*). Die Hauptkategorien oberhalb der Art sind in aufsteigender Reihenfolge: Gattung *(genus)*, Familie *(familia)*, Ordnung *(ordo)*, Klasse *(classis)*, Abteilung *(divisio)*. Das bedeutet, jede Art gehört zu einer Gattung, jede Gattung zu einer Familie usw.

In einigen Gattungen werden Sektionen *(sectiones)* und in einigen Familien Unterfamilien *(subfamiliae)* und Tribus *(tribus)* unterschieden. In gleicher Weise kann nach denselben Grundsätzen die Art unterteilt werden, hierbei sind die gebräuchlichsten Kategorien in absteigender Reihenfolge: Unterart *(subspecies = subsp.)*, Varietät *(varietas = var.)*, Untervarietät *(subvarietas = subvar.)* und Form (forma = fo.).

Die Einordnung von Familien, Gattungen und Arten in die Reihenfolge der Rangstufen wird nachfolgend am Beispiel der Schafgarbe, *Achilléa millefólium,* in das vorgegebene Rangstufenschema demonstriert.

Taxonomische Rangstufen (deutsch, lateinisch, Abkürzung)	Übliche Endungen	Taxonomische Einheiten (Beispiele)
Reich (regnum)		Eucarya (Lebewesen mit Zellkernen)
Unterreich (subregnum)	-bionta	Cormobionta (Pflanzen mit Wurzeln, Stängeln und Blättern)
Abteilung (divisio)	-phyta	Spermatophyta
Unterabteilung (subdivisio)	-phytina	Magnoliophytina
Klasse (classis)	-opsida (oder -atae)	Rosopsida
Unterklasse (subclassis)	-idae A	Steridae
Ordnung (ordo)	-ales	Asterales
Familie (familia)	-aceae	Asteraceae
Unterfamilie (subfamilia)	-oideae	Asteroideae
Gattung (genus)		*Achilléa*
Art (species, spec. bzw. Sp.)		*Achilléa millefólium*
Unterart (subspecies, subsp. bzw. Ssp.)		*A. m.* subsp. *sudética*
Varietät (varietas, var.)		
Form (forma, fo.)		*A. m.* subsp. *s.* fo. *rósea*
Sorte (cultivar)		

Man beachte die heute üblichen Endungen, die bei den taxonomischen Einheiten mindestens bis zu den Unterfamilien (-oideae) reichen. In unserem Beispielsfall der Schafgarbe liegt letztendlich ein viergliedriger Name vor (*Achilléa millefólium* subsp. *sudética* fo. *rósea*). Auch dreigliedrige wissenschaftliche Pflanzennamen sind ab und an notwendig. In der Mehrzahl der Fälle reicht jedoch die zweigliedrige (binäre) Angabe aus, wie dieses Buch zeigt.

Die **Sortennamen** kommen aus der Praxis im Land-, Forst- und Gartenbau und sollen landesübliche oder „Phantasie"-Namen sein und sich von einem meist lateinisch konzipierten Epitheton, der Artbezeichnung im engeren Sinne, deutlich unterscheiden. Analog zu den botanischen Namen hat ein Sortenname nur Bestand, wenn er gültig veröffentlicht oder offiziell registriert wurde.

Die gültige Veröffentlichung (Publikation) wird bewirkt durch Verkauf oder Verteilung gedruckter oder ähnlich mechanisch vervielfältigter Schriften, die sowohl den Namen als auch die Beschreibung oder Definition der betreffenden Pflanzen (mit oder ohne Abbildung) oder einen Hinweis auf eine frühere veröffentlichte Beschreibung oder Definition in irgendeiner Sprache geben, die sich lateinischer Buchstaben (Antiqua) bedient. Die Erwähnung eines Sortennamens in einem Katalog oder einer Liste ohne Beschreibung oder Definition oder ohne Hinweis darauf ist keine gültige Veröffentlichung, sogar dann nicht, wenn eine Abbildung beigegeben ist. Elektronische Kataloge müssen in mindestens zwei Exemplaren gedruckt und in einer Bibliothek hinterlegt werden, um eine gültige Veröffentlichung zu gewährleisten.

Die Registrierung durch eine international anerkannte zuständige Registerstelle (*Registration Authority*) gilt als gleichbedeutend mit einer gültigen Veröffentlichung. Besteht keine internationale Registerstelle, so kann durch den Internationalen Ausschuss für Gartenbau-Nomenklatur und Registrierung der Name angenommen werden.

Der Name und die Beschreibung oder Definition müssen veröffentlicht werden in einer gärtnerischen oder botanischen Zeitschrift oder in einer Monographie (Schrift über ein Sondergebiet), einem Handbuch, einer gedruckten Liste registrierter Namen oder in einem anderen Standardwerk (Musterwerk) oder in einem Katalog, dessen Erscheinungsdatum bekannt ist; hierbei sollten möglichst der Züchter, Erhaltungszüchter oder Ersteinführer angegeben werden. Es ist wünschenswert, dass das Werk ausreichend dauerhaft hergestellt ist und dass Exemplare davon in Bibliotheken deponiert werden. Es ist auch wünschenswert, dass ein getrocknetes Exemplar der Pflanze in dem Herbarium eines Instituts niedergelegt wird, wenn möglich unter Beigabe einer farbigen Illustration. Fleischige Teile, z. B. Früchte, sollten in einer konservierenden Flüssigkeit aufbewahrt werden.

Seit 1985 gibt es ein Sortenschutzgesetz, ferner kontrollieren das Europäische Sortenamt und das Bundessortenamt die ordnungsgemäße Anwendung und Benutzung der Sortenbezeichnungen. Dabei treten zwei Diskrepanzen auf. Nach nationalem Recht, wenn die Sorte nur beim Bundesamt für den deutschen Sortenschutz angemeldet ist, wird die korrekte Sortenbeschreibung lediglich für das Vermehrungsgut vorgeschrieben. Das europäische Recht jedoch scheint auch für Konsumgüter (hier verkaufsfertige Pflanzen) von einer Sortennamenbenutzungspflicht auszugehen. Es sei weiterhin gesagt, dass jeder Anmelder einer Sorte das Vorschlagsrecht für die Sortenbezeichnung hat. Das Bundessortenamt prüft nicht, ob die in Rede stehende Namensgebung geeignet ist, wohl aber das Europäische Sortenamt mit dem Ziel, Kollisionen mit anderweitigen Namen zu verhindern.

Zu dem Zweck besteht eine Online-Verbindung mit dem Harmonisierungsamt in Alicante/E. Für Sortenbezeichnungen wird bei uns das S im Kreis (Sortenschutz) vorgeschlagen. Das P ist zwar möglich, steht aber eigentlich schon für „patentiert". ® bedeutet registrierte Marke. Letztlich sei noch erwähnt, dass geschützte Sorten in Katalogen Angaben darüber enthalten sollten, in welchen Ländern sie geschützt oder zum Sortenschutz angemeldet sind.

Die Kulturpflanzen erhalten Namen auf drei systematischen Rangstufen:

1. **Gattung** oder intergenerische (zwischen Gattungen stehenden) Bastardgattung (Nothogenus)
   a) Gewöhnliche Gattungsnamen, z. B. Lílium;
   b) Namen, die auf bigenerische (Gattung × Gattung) Kreuzungen angewendet werden, z. B. × *Fatshédera (Fátsia* × *Hédera)*, × *Mahobérberis (Mahónia* × *Bérberis)*. Dem neuen Gattungsnamen wird das Kreuzungszeichen × vorangesetzt;
   c) Namen, die auf multigenerische (Gattung × mehrere Gattungen) Orchideen angewendet werden, z. B. × *Potinára (Sophronítis* × *Brassávola* × *Catttlēȳa* × *Lāēlia*). Dem neuen Gattungsnamen wird das Kreuzungszeichen × vorangesetzt. Die Endung *-ara* besagt, dass eine Kreuzung in typischer Kombinationsabfolge vorliegt. Bisweilen arbeitet man auch in der Orchideenklassifizierung mit dem lateinischen Wort *grex* (Rudel, Herde) für Individuen bestimmter Kreuzungskombinationen. Das Wort taucht bei Sortennennung niemals auf, jedoch wird der Name des *grex* groß geschrieben vor den Sortennamen gesetzt;
   d) Namen von Pfropfchimären (Pfropfbastarden), die aus Angehörigen verschiedener Gattungen gebildet sind, z. B. + *Laburnocýtisus (Labúrnum* + *Cýtisus)*. Dem neuen Gattungsnamen wird das Zeichen + vorangestellt;
   e) Namen von Pflanzen als Ergebnis parasexueller Vorgänge (Protoplastenfusionen). Man führt die beteiligten Partner an und setzt in der entstehenden Formel das Kreuzungszeichen in Klammern, beispielsweise *Epíscia cupreáta (×) Sinníngia-Hybriden*. Solche Experimente könnten zu gelbblühenden Gloxinien führen.
2. **Art** oder interspezifischen (zwischen zwei oder mehreren Arten stehenden) Nothospecies (Bastardart)
   a) Gewöhnlicher Artname, z. B. *Lílium aurátum;*
   b) Der für einen interspezifischen Bastard dem Artnamen vergleichbare Name, z. B. *Lílium* × *parkmánnii (= Lílium speciósum* × *Lílium aurátum)*. Der neuen Artbezeichnung wird das Kreuzungszeichen × vorangesetzt.

Nach Durchführung von Protoplastenfusionen schreibt man allerdings z. B. *Nicotiána glauca (×) Nicotiána langsdórffii.* Dieser parasexuelle Vorgang ist schon erfolgreich gehandhabt worden (siehe auch bei 1e);

c) Namen von Pfropfchimären (Pfropfbastarden), die aus Angehörigen verschiedener Arten derselben Gattung gebildet sind, z. B. *Syrínga + correláta (Syrínga × chinénsis + Syrínga vulgáris).* Der neuen Artbezeichnung wird das Zeichen + vorangestellt.

3. **Varietät** und **Sorte** (cultivar, Kulturvarietät = cv.). *Cultivar* ist die internationale Bezeichnung für die Gruppe, die in verschiedenen Ländern unter verschiedenen Namen bekannt ist (z. B. engl. *variety*, frz. *variété*, span. *variedad*, it. *razza*, skand. *sort*, ndl. *varieteit*). Es steht jedem frei, die Bezeichnung *cultivar* oder eine gleichwertige zu gebrauchen.

Anmerkung im Code: „Der Ausdruck 'Varietät', so weit er auf kultivierte Pflanzen angewendet wurde, umfasste oft sowohl Material aus der Wildflora als auch nur in Kultur bekanntes Material. Es wird in diesem Code empfohlen, dass der Ausdruck 'Varietät' (abgekürzt var.) nur auf Pflanzen beschränkt bleibt, die wildwachsend vorkommen und Namen in lateinischer Form nach den Vorschriften des 'Internationalen Code der Botanischen Nomenklatur' erhalten können."

Durch Kreuzung entstandene Pflanzen nennt man Hybriden. Der Begriff Hybride, im deutschen Sprachgebrauch bevorzugt, wird jetzt international weitgehend durch die Bezeichnung *cultivar* ersetzt. Gleichbedeutend kann man hier von Sorten sprechen. Allerdings dürfen wir weiterhin z. B. von Fuchsia-Hybriden sprechen. Damit wäre eine große Gruppe von Pflanzen insgesamt gemeint.

Hingegen ist der Terminus Sortengruppe oft als Wortteil eines Sortennamens zu finden (Beispiel: *Celosia argéntea* 'New Look' (Plumosa-Grp.). Viele Sorten haben keine Gruppen-Qualifizierung. Sie werden dann, sofern möglich, dem Artnamen angefügt. Manche Sortennamen setzt man notgedrungen direkt hinter die Gattungsnamen. Individuen mit an sich einheitlichen Eigenschaften, jedoch unterschiedlichen Blütenfarben, werden als Serien zusammengefasst (Beispiel: Caléndula officinális Kablouna Ser.).

Schreibweise, Aussprache und Betonung der botanischen Namen und Sortennamen

Die **Familiennamen** werden mit großen Anfangsbuchstaben geschrieben und enden allgemein auf „áceae", in einigen Ausnahmefällen auf „ae" (vgl. Kap. 3.2). Die **Gattungsnamen** werden immer mit großen Anfangsbuchstaben geschrieben,

die **Art- und Varietätsbezeichnungen** werden heute allgemein mit kleinen Anfangsbuchstaben geschrieben, auch wenn sie von Eigennamen abgeleitet sind.
In der botanischen Literatur werden die üblichen Anführungsstriche „…" verwendet, um falsch gebrauchte Namen zu kennzeichnen, z. B. „Flieder" für *Sambúcus;* „Mimose" für *Acácia.*

Die **Sortennamen** werden mit großen Anfangsbuchstaben geschrieben und in Einzelanführungsstriche ('…') gesetzt, z. B. *Cýclamen pérsicum* 'Leuchtfeuer'. Sortengruppen- und Seriennamen erhalten keine Einzelanführungsstriche. Ein Sortenname darf nicht mehr als 30 Buchstaben haben und in Drucksachen nicht kursiv gesetzt werden, Anredewörter setzt man jetzt bei Abkürzungen ohne Punkte (Prof, Dr).

Fremdsprachliche Sortennamen dürfen nicht übersetzt werden, sofern das gleiche Alphabet verwendet wird. Einer Transliteration (buchstabengetreues Umschreiben einer Schrift in eine andere), z. B. im Fall japanischer Originalnamen, steht jedoch nichts im Wege.

Frühere Sortennamen in lateinischer Form bleiben erhalten, werden mit großen Anfangsbuchstaben geschrieben, aber in Einzelanführungsstriche '…' gesetzt, z. B. *Platýcladus orientális* 'Elegantíssima'. Wünschenswert ist dabei auch eine veränderte Schriftart.

Über **Aussprache** und **Betonung** bestehen keine botanischen Regeln, da beide in das philologische Gebiet (Sprachwissenschaft) gehören und die Auffassungen darüber unterschiedlich sind.

Im „Handwörterbuch der Pflanzennamen", 18. Auflage, 2008, heißt es:

1. Für Selbstlaute (Vokale)
   a) **Alle Selbstlaute** werden **getrennt** gesprochen, z. B. le-i-ánthus, nicht lei-ánthus (glattblumig);
   b) Das **i wird stets wie i**, nie wie j gesprochen, z. B. ionánthus, nicht jonánthus (veilchenblütig);
   c) Das zu den Selbstlauten gezählte **Y** wird **am Wortanfang wie j, innerhalb des Wortes wie ü** gesprochen, z. B. *yúlan* (Artbezeichnung einer Magnolie), sprich juhlan; *scotophýllus,* sprich skotofül-lus (dunkelblättrig) – nicht zu verwechseln mit *scotóphilus;* sprich skotófilus (schattenliebend).
2. Für Mitlaute (Konsonanten)
   a) **Alle c vor e, i, y wie z, sonst wie k**, z. B. *Ácer, Cirsium, Cacália, Cúcumis* sprich wie Ázer, Zirsium, Kakália, Kúkumis, cc stets wie kz, *coccíneus***,** sprich wie kokzíne-us (scharlachrot). Dem steht noch unentschieden die – wohlbegründete! – Lehrmeinung gegenüber, dass alle c wie k zu sprechen sind;

b) Das **sch in rein griechischen Wörtern stets wie sk; in lateinischen wie sch** (beachte: alle Pflanzennamen werden nach lateinischen Regeln behandelt!). Für ch allein besteht keine Regel (Vgl. die übliche Aussprache des ch in den drei deutschen Namen Eiche, Buche, Buchsbaum!);
c) **Alle ti stets wie ti**, nie wie zi; z. B. *lutetiánus*, sprich lutetiánus (nicht luteziánus!);
d) **gu, qu, su vor Selbstlauten stets wie gw, qw, sw**, z. B. *guineénsis, Quércus, suécicus*, sprich gwine-ehnsis, Kwérkus, swézikus oder swékikus;
e) **v stets wie w**; z. B. *Víola*, sprich Wíola;
f) Alle **Doppelmitlaute** sind als zwei Laute zu sprechen; z. B. *Scílla*, sprich Szil-la, *serrátus*, sprich ser-rátus.

Die Betonung richtet sich nach der Länge der Selbstlaute, die sich aber in der griechischen und lateinischen Sprache unterscheidet. Es ist deshalb schwierig die richtige Betonung zu finden, wenn man nicht gleichzeitig Regeln und Wortschatz der betreffenden Sprache beherrscht. Für den praktischen Gebrauch ergibt sich daher als sicherstes Mittel die **Gewöhnung an die richtige Betonung.** Nach dem *International Code of Botanical Nomenclature* ist die Schreibung der Namen mit Betonungszeichen nicht mehr zulässig (Ausnahme: „ë", wie in *Aloë, Hippophaë*). In diesem Buch werden die Betonungszeichen aber aus didaktischen Gründen weiter verwendet.

Die Betonung liegt auf der Silbe, die ein Zeichen trägt (´). Umlaute haben als Betonungszeichen einen Querstrich mit Akzent *(á͞u, á͞e, ó͞e)*, z. B. *á͞ureus, Dracá͞ena, Cratá͞egus.*

Im Allgemeinen werden zweisilbige Wörter auf der ersten Silbe betont – z. B. *álbus* (= weiß), *rósa* (= rosa), *Béllis* (= Gänseblümchen). Bei mehrsilbigen Wörtern liegt die Betonung auf der vorletzten Silbe, wenn diese lang ist, dagegen auf der drittletzten, wenn die vorletzte kurz ist – z. B. *lignósus* (= holzig), *bulbósus* (= zwiebelig), *Campánula sché͞uchzeri* (= Scheuchzers Glockenblume). Im lateinischen Wort *populus* steckt eine Tücke. Wird der Buchstabe o kurz gesprochen, lautet die Übersetzung Volk, bei langem o jedoch Pappel, die Betonung liegt hier in jedem Fall auf der ersten Silbe.

Unsicherheiten gibt es und wird es weiter geben, u. a. bei Pflanzennamen, die z. B. englischer oder französischer Herkunft sind. Man halte sich daher an die lateinische Aussprache, die der deutschen größtenteils entspricht.

Anwendung von Familien-, Gattungs- und Artnamen in der Praxis

Leichtfertigkeit und Gleichgültigkeit im Umgang mit wissenschaftlichen Pflanzennamen können in zunehmendem Maße beobachtet werden. Das ist dem Ansehen der Gärtner und Floristen abträglich. Die folgenden Grundregeln sollten beachtet werden:

- Es sollte immer der vollständige Name verwendet werden. Im Übrigen werden die Arten stets im Singular angegeben und stehen gleichzeitig für die Mehrzahl. So werden nicht „500 Omoriken" verkauft, sondern „500 *Pícea omórika*", oder es wurden 1000 *Cýclamen pérsicum* umgetopft.
- Das Geschlecht des Gattungsnamen spielt eine Rolle für die korrekte Verwendung des Artikels im deutschen Sprachgebrauch:
  - Enden die Namen auf *-us* (griech. *-os*), sind sie in der Regel Maskulina (Beispiele: der *Helléborus,* der *Symphoricárpos*). Wissenschaftliche Baumnamen sind jedoch oft Feminina, weil nach der griechischen Mythologie entsprechende Gewächse von weiblichen Baumgeistern (Dryaden) bewohnt sein sollen. Es blüht also die *Prúnus* auffallend, die *Juníperus* aber kaum bemerkbar;
  - Auf *-a* endende Gattungsnamen sind meist Feminina (z. B. *Calendula*). Aufgrund der Bildung des Namens aus dem Griechischen sind einige allerdings auch Neutra (sächlich), z. B. *Aglaonéma* und *Delospérma* (nema = Faden, sperma = Samen; beide im Griechischen sächlich);
  - Gattungsnamen mit der Endung *-on* sind entweder Maskulina oder Neutra. Richtschnur ist die entsprechende griechische Herkunft. Es heißt der *Tragopógon* (gr. pogon = Bart) und der *Penstémon* (gr. stemon = Kette). Beide Substantive sind Maskulina. Das *Rhododéndron* hingegen muss man deshalb sagen, weil in diesem Fall die Neutra-Endung *-on* (lat. *-um*) zuständig ist. Bei „Aster" wird man sich auf das griechische Wort astron = Stern beziehen, das ein Maskulinum ist (der Aster), aber kaum als solches Verwendung findet;
  - Auf *-ago* oder *-is* endende Namen sind fast immer Feminina (Beispiele: *Solidágo, Digitális).*Die Endungen der Epitheta, der Artnamen im strengen Sinn des Wortes, richten sich, abgesehen von wenigen Ausnahmen, nach dem Geschlecht der Gattungsnamen (vgl. Kap. 4.1).
- Die wissenschaftlichen Familiennamen stehen immer im Nominativ des Plurals einer a-Deklination („áceae", in einigen Ausnahmefällen „ae", vgl. Kap. 3.2). Man kann jedoch auch von der Familie der *Geraniceen, Primulaceen, Convolvulaceen* usw. sprechen.

Überblick zur Geschichte der botanischen Nomenklatur

- Viele Pflanzennamen stammen aus der römischen und griechischen Antike, einige wichtige Werke sind die *Historia plantarum* (Theophrast), *Materia medica* (Dioskorides) und die *Naturalis historia* (Plinius). Es wurde noch keine klare Unterscheidung zwischen Gattungen und Arten getroffen, Ausnahme ist hier Plinius, der z. B. bei Pappeln schon drei Genera („Geschlechter") unterschied (*Populus nigra, Populus alba, Populus líbyca*).
- Im Mittelalter wurden in Kloster- und Medizinschulen alte Pflanzenkenntnisse bewahrt, außerdem viele antike Texte in arabischen Bibliotheken.
- Im 17. Jahrhundert bemühte sich Caspar Bauhin um eine Ordnung der bestehenden nomenklatorischen Verwirrung (*Pinax theatri botanici*, 1623). In der Folgezeit erfolgte eine immer klarere Herausarbeitung von Arten unter Einsatz sogenannter Phrasen zu ihrer Kennzeichnung und Beschreibung (Bsp.: *Trifoliastrum pratense corymbiferum majus repens, foliis rotundioribus alba et sagittata macula notatis, corymbis florum magis sparsis, pediculis longissimis insidentibus, siliquis tetraspermis*). Dies führte zur Forderung von Tournefort (1694): *Nomina breviora sint* (Die Namen sollten kürzer sein). Der heutiger Name der oben beschriebenen Art ohne Phrase lautet: *Trifólium praténse* (Rotklee).
- Durch Carl Linné (u. a.: *Critica botanica*, 1737) erfolgte eine stufenweise Abkehr von den Phrasen, indem er Regeln für sprachliche Formung, Bewertung und Bedeutung der Gattungsnamen einführte und die Bildung von *Nomina specifica* anstrebte.
  Während der Artname (die Phrase) anfangs noch als Medium zur Angabe wesentlicher Unterscheidungsmerkmale diente, war der entscheidende Schritt in Linnés *Philosophia botanica* (1751) der Übergang von den *Nomina specifica* zu den *Nomina trivialia* (*Nomen triviale* = beliebiges lateinisches Wort, meist ohne phytographische Absicht, als Zusatz zum Gattungsnamen).
  Dies ist der eigentliche Anbeginn einer binären Nomenklatur (Gattungsname und Epitheton als Artbezeichnung im engeren Sinn). Auch wenn diese nicht von Linné erfunden wurde, so erkannte er aber ihre Bedeutung und wandte sie stringent an. In *Species plantarum* (1753) werden von ihm alle damals bekannten Pflanzenarten mittels Gattungs- und Epithetonangaben beschrieben.
- Die Entstehung international verbindlicher Nomenklaturregeln war ein langwieriger Prozess im Verlauf vieler Jahre und Kongresse, beginnend 1867 in Paris mit der Einführung der Prioritätsregel (nur der ältere Name sollte gelten, sofern er den Regeln entspricht), verbunden mit einer Autorzitatangabe (z. B. „L." für Linné). 1906 wurden erstmals internationale Regeln der botanischen Nomenklatur (Wiener Regeln) herausgebracht; heute gültig ist der *International Code of Botanical Nomenclature* (ICBN) in der jeweils aktuellen englischsprachigen Originalfassung.

1.2 Systematik der Pflanzen

Schon bei Aristoteles gab es Ansätze zur Schaffung einer Systematik, um die Pflanzenvielfalt in Form eines einheitlich geordneten Ganzen darzustellen. Namentlich für Lehrzwecke war und ist ein solches Bemühen unerlässlich. Die Einteilung erfolgte v. a. aufgrund äußerer Merkmale der Pflanzen, z. T. aber auch nach ihrem Nutzen.

Linné entwickelte ein auf den Geschlechtsmerkmalen (Verteilung, Zahl und Verwachsung der Staub- und Fruchtblätter) basierendes System, das noch nicht verwandtschaftlich bzw. entwicklungsgeschichtlich orientiert war. Es handelte sich dabei also um ein künstliches System. Auch die Einteilung der Pflanzen in Gruppen unter praktischen Gesichtspunkten in diesem Buch (Topfpflanzen, Gemüse etc.) stellt solch ein künstliches System dar.

Bereits im 18. Jahrhundert (auch Linné arbeitete daran) bemühte man sich, ein „natürliches" System der Pflanzen aufzustellen. Bedeutung erlangte hier Antoine-Laurent de Jussiens Werk „Genera plantarum" (1789). Die natürliche Systematik sollte die Entwicklung vom Niederen zum Höheren zum Ausdruck bringen und Verwandtschaftsbeziehungen darstellen. Aber gerade Letzteres bereitete und bereitet stets mehr oder weniger Schwierigkeiten. *Missing links* (fehlende Bindeglieder) sind dafür verantwortlich: Gar zu oft starben entscheidende Lebewesen oder ganze Gruppen aus und wurden uns nicht als Fossilien überliefert.

Im 20. Jahrhundert wurden molekulargenetische Untersuchungen möglich, die zur Klassifikation und Systematisierung der Pflanzen herangezogen wurden. Diese können Ergebnisse liefern, die den morphologischen Forschungsergebnissen widersprechen. So haben Vergleiche des Erbguts ergeben, dass die nordamerikanischen *Aster*-Arten näher verwandt sind mit Goldruten (*Solidago*) als mit den europäischen und den asiatischen *Aster*-Arten (NESOM 2009). Die Ähnlichkeiten im Phänotyp haben sich unabhängig voneinander entwickelt, beispielsweise aufgrund von Standortbedingungen und nicht aufgrund von Verwandtschaft.

Die Molekulargenetik hat heute große Bedeutung für die Systematisierung der Pflanzen. Die systematische Abteilung der Botanischen Gärten Bonn wurde z. B. nach dem modernen APG-System, das im Wesentlichen auf molekulargenetischen Daten beruht, umgestaltet. Die Pflanzensystematik unterliegt durch die fortwährende Forschung einem ständigen Wandel. Momentan ist das APG-III-System von 2009 aktuell, folgende Aufstellung der Samenpflanzen folgt dem APG-II-System (von 2003).

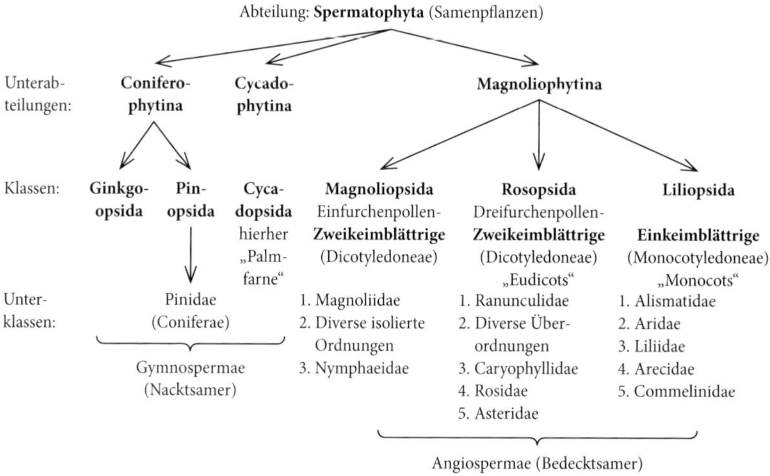

Es fällt auf, dass nunmehr bei den Bedecktsamern in drei Klassen differenziert wird: Einfurchenpollen-Zweikeimblättrige sind „primitiv“, solche mit Dreifurchenpollen „fortgeschritten“. Bei den Einkeimblättrigen sind lediglich die Unterklassen neu festgelegt worden. Auch bei den Zweikeimblättrigen wurden die Unterklassen zum Teil neu gefasst.

Die Klassen können als taxonomische Einheiten alternativ auch mit -atae enden (also Ginkgoopsida = Ginkgoatae, Cycadopsida = Cycadatae, Magnoliopsida = Magnoliatae usw.).

Insbesondere die angiosperme Dreiteilung ergibt sich aus der Anwendung DNA-analytischer Methoden, die zwingende molekulare Daten geliefert haben. Bei Befürwortung der althergebrachten Zweiteilung wären die „Eudicots“ den Magnoliopsida zuzurechnen.

Über Farnpflanzenfamilien, hervorgegangen aus der einstigen Großfamilie der Tüpfelfarngewächse, findet man Angaben in der Liste der Pflanzenfamilien (s. S. 158).

2 Liste der Pflanzen nach gärtnerischen Gesichtspunkten

2.1 Neue Zierpflanzen

Der Handel bietet heute eine solche Vielzahl von Neuzüchtungen und Neuheiten an Pflanzenarten und -sorten, dass sie hier unmöglich abschließend dargestellt werden kann. Daher soll an einigen Beispielen gezeigt werden, in welchen Gattungen oder Arten starke Entwicklungen stattgefunden haben, um so einen Überblick über die Tendenzen der letzten Jahre zu erhalten. Die größten Messen, auf denen die Neuheiten vorgestellt werden, sind die Internationale Pflanzenmesse (IPM) in Essen oder die Plantarium in Booskop in den Niederlanden.

Grundsätzlich kann man unterscheiden zwischen:

1. **Neuzüchtungen**, z. B. *Prímula obcónica* 'Nonprimina' oder 'Touch Me' (Sorte ohne Primin, bedeutungsvoll für Allergiker);
2. **Bislang bei uns nicht angebaute Species**, z. B. *Lonicéra kamtschátika*, Lenzbeere (neues Fruchtgehölz);
3. **Andere Angebotsformen bereits bekannter Species**, z. B. *Sédum morganiánum* auf *Kalánchoe tubiflóra* veredelt (Fetthenne mit Stämmchen), *Euónymus alátus* 'Compactus'-Korkflügel-Kugelbaum-Veredelung des Strauches auf einen Stamm. Hierzu zählen auch jene Species, die in zunehmendem Maß in „Hanging Baskets" angeboten werden oder „Säulenobst"-Sorten;
4. **Neuentdeckungen**, z. B. auf Forschungsreisen Entdeckung neuer Arten, wie 1999 *Xanthocyparis vietnaménsis* aus der Familie der Zypressengewächse. Auch in Gärten werden bisweilen neue, bisher bei uns unbekannte Sorten entdeckt;
5. **Wiederentdeckte Species,** d. h. erneute Vermarktung alter, in Vergessenheit geratener Sorten. Beispiel: *Málva sylvéstris* (Wilde Malve), früher in Bauerngärten häufig, dann selten geworden. Aktuell Entwicklung neuer Sorten (s. u.).

Um die Qualität der Neuheiten im Handel zu gewährleisten, findet z. B. für die Stauden die sogenannte „Staudensichtung" unter anderem im Rahmen des Kongresses der Internationalen Stauden-Union (ISU) statt. Die eingereichten Neuheiten werden auf einem Sichtungsgelände unter verschiedenen Standortbedingungen ein bis zwei Jahre angebaut und geprüft, bevor sie von einer Sichtungskommission während des Kongresses abschließend begutachtet werden und bei entsprechender Qualität ggf. ein ISU-Diplom erhalten. Diese Staudensichtung oder Staudenneuheitenprüfung ist zwar mit mehreren Jahren relativ langwierig, sie dient jedoch einer dauerhaften Qualitätssicherung in Bezug auf die Standardsortimente der Gärtnereien. Ein weiteres Gremium ist der „Arbeitskreis Staudensichtung", ein unabhängiges Gremium von Fachleuten von Sichtungsstandorten aus Deutschland, Österreich und der Schweiz. Auch an den Landesanstalten für Landwirtschaft und Gartenbau oder den Lehr- und Versuchsanstalten für Gartenbau werden neue Sorten auf ihre Praxistauglichkeit hin überprüft.

Es folgt eine exemplarische Auswahl von Neuheiten, beruhend auf den auf der Messe Plantarium vorgestellten und in der Zeitschrift „Gartenpraxis" veröffentlichten Neuheiten.

Sommerblumen (ein- und zweijährige)

2009	*Antirrhínum május* 'Bronze Dragon'	Löwenmaul, dunkles Laub
	Málva sylvéstris 'Zebrina'	Wilde Malve, zweijährige Bauerngartenpflanze, in Vergessenheit geraten, aktuell Entwicklung neuer Sorten
	Tagétes erácta 'Nosento Limegreen'	Studentenblume, limonengrüne Blüten
	Viola × williamsii 'Brush Strokes'	Mischung historischer Veilchen mit gestreiften Blüten
2010	*Cósmos bipinnátus* 'Double Click Rose Mint'	Kosmee, Schmuckkörbchen
	Cósmos bipinnátus 'Double Click Snow Puff'	Gefüllte Blüten, neue Farben
	Cúcumis satívus 'De Sikkim'	Netzgurke, zur Dekoration wie Zierkürbis, im jungen Zustand essbar
2011	*Dāucus caróta* 'Black Knight'	Zier-Karotte, zweijährig
	Láthyrus odorátus	Duft-Wicke, mehrere neue Sorten
	Coreópsis tinctoória 'Roulette'	Mädchenauge, dunkelrot-braune Blüten

Stauden

2009	*Cortáderia selloána* 'Golden Goblin'	Pampasgras, Sport der Sorte 'Pumila'
	Astílbe chinénsis, A japónica	Mehrere neue Sorten
	Echínacea purpúrea	Scheinsonnenhut, zahlreiche neue Sorten
2010	*Centrathérum intermédium*	Brasilianische Knopfblume „Ananas Blume Pineapple Sangria"
	Delphínium Magic Fountains Serie Elatum Gruppe	Rittersporn, samenvermehrbar
	Miscánthus sinénsis 'Little Zebra' und 'Aperitiv'	Chinaschilf
	Pennisétum	Lampenputzergras, mehrere Sorten aus verschiedenen Arten
	Echínacea purpúrea	Scheinsonnenhut, zahlreiche neue Sorten
2011	*Agástache* 'Astello Indigo'	Duftnessel, auch in Topfkultur
	Heūchera	Purpurglöckchen, mehrere neue Sorten
	Sálvia nemorósa	Mehrere Auslesen aus der „Merleau"-Serie

Topfpflanzen

2009	*Alyógyne* 'Magic Moments'	Malvengewächs ähnlich Hibiscus, Kreuzung zw. *A. huegélii* × *A. hakeífolia*
	Euphórbia pulchérrima Serie Princettia	Weihnachtsstern, kompakter Wuchs ohne chemische Stauchung
	Pelargónium zonále 'PAC First Yellow'	Erste gelbe Zonal-Pelargonie
2010	*Begónia* 'New Star' aus der Multiflora Gruppe	Reiche anhaltende Blüte, kleines Laub

2011	*Diánthus* 'Black Money'	„Sunflor", neue Gruppe, Zimmertopfpflanze und Gartenverwendung
	Petúnia 'Honey Bee'	Schwarze Blüten mit gelbem Stern, Stecklingsvermehrung
	Sálvia 'Bleu Armor' und 'Dancing Dolls'	Nicht winterharte neue Sorten

Gehölze

Diese Aufstellung berücksichtigt aufgrund der umfangreichen Neuentwicklungen nicht die Rosen.

2009	*Buddléja*	Schmetterlingsstrauch, Sommerflieder, mehrere neue Sorten
	Clématis	Waldrebe, zahlreiche neue Sorten in verschiedenen Sortengruppen
	Hibíscus syríacus	Roseneibisch, mehrere neue Sorten
2010	*Clématis*	Waldrebe, zahlreiche neue Sorten in verschiedenen Sortengruppen
	Hydrangéa	Hortensie, zahlreiche neue Sorten aus verschiedenen Arten
	Hébe	Strauchveronica, mehrere neue Sorten aus der Hebe-Donna-Serie (auch schon in Vorjahren)
2011	*Buddléja davidii*	Mehrere neue Sorten
	Clématis	Waldrebe, zahlreiche neue Sorten in verschiedenen Sortengruppen
	Hydrangéa	Hortensie, zahlreiche neue Sorten aus verschiedenen Arten
	Lonicéra kamtschátika 'Balalaika'	Lenzbeere, sibirische Blaubeere
	Nandina doméstica	Himmelsbambus, Entwicklung von Sorten mit intensiver herbstlicher Laubfärbung
	Euónymus alátus 'Compactus'	Korkflügel-Kugelbaum

2.2 Einjährige Pflanzen

Sommer- und winterannuelle Pflanzen; Blumen, die als einjährige Pflanzen kultiviert werden können.

Abelmóschus	**moschátus**	2	Moschusbisameibisch	Malváceae
Abrónia	**umbelláta**	1	Rosafarbene Sandverbene	Nyctagináceae
Acroclínium *(Helípterum róseum)*	**róseum**	5	Rosa Papierblümchen	Asteráceae
Adónis	**aléppica**	1	Sommerblutströpfchen, Adonisröschen	Ranunculáceae
Agástache	**cána**	3	Moskitopflanze	Lamiáceae
Agástache	**mexicána**	3	Limonen-Ysop, Duftnessel	
Agératum	**houstoniánum**	3	Leberbalsam	Asteráceae
Agróstis	**nebulósa** ✂	1a	Schleier-Straußgras	Poáceae
Alónsoa	**lineáris**	3	Maskenblume	Scrophulariáceae
Alónsoa	**meridionális**	3	Maskenblume	
Alcéa *(Althǣa rósea)*	**rósea**	1a	Stockrose, Malve	Malváceae
Amaránthus	**caudátus**	3	Garten-Fuchsschwanz	Amarantháceae
Amaránthus	**hýbridus**		Ausgebreiteter Fuchsschwanz	
Amaránthus	**hypochondríacus-**	3	Trauer-Fuchsschwanz	
Amaránthus	**retrofléxus**	3	Zurückgekrümmter Fuchsschwanz	
Amaránthus	**trícolor**	2	Surinamesischer Fuchsschwanz	
Ambérboa *(Centauréa moscháta)*	**moscháta**	1	Duftende Bisampflanze	Asteráceae
Ámmi	**május** ✂	1a	Große Knorpelmöhre	Apiáceae
Ámmi	**visnága** ✂	1a	Zahnstocher-Ammei	
Ammóbium	**alátum** ✂	5	Papierknöpfchen	Asteráceae
Anagállis	**monéllii** subsp. **linifólia**	1a	Gauchheil	Primuláceae
Anastática	**hierochúntica**	1a	Rose von Jericho	Brassicáceae
Anchúsa	**capénsis**	4	Kap-Ochsenzunge	Boragináceae
Andrósace	**septentrionális**	1	Nördlicher Mannsschild	Primuláceae
Antirrhínum	**május** ✂	1a	Löwenmaul	Scrophulariáceae
Arctótis	**breviscápa**	5	Kurzstängeliges Bärenohr	Asteráceae

Argemóne	**polyánthemos**	1	Gehörnter Stachelmohn	Papaveráceae
Artemísia	**ánnua**	1, 2	Absinth, Beifuß, Eberraute, Wermut	Asteráceae
Asteríscus	**pygmaéus**	1a	Sternauge, Rose von Jericho	Asteráceae
Basélla	**álba (rubra)**	2	Indischer Spinat	Baselláceae
Bássia *(Kóchia scopária)*	**scopária**	1	Besenkraut	Chenopodiáceae
	'Trichophýlla'		Sommerzypresse	
Begónia	**grácilis**	3	Stockrosen-Begonie, Schiefblatt	Begoniáceae
Begónia	**-Semperflórens -Cultórum-Grp**		Eis-Begonie	

(B. cuculláta var. *hoókeri × B. schmidtiána)*

Die sehr artenreiche Gattung Begonia wird insgesamt in acht Sortengruppen unterteilt.

Brachýscome	**iberidifólia** ⸸	5	Brachyscome, Blaues Gänseblümchen	Asteráceae
Brachýscome	**multífida**	5	Brachyscome	
Bríza	**máxima** ✂	1a	Größtes Zittergras	Poáceae
Brómus	**macrostáchys** ✂	1a	Langgrannige Trespe	Poáceae
Calandrínia	**umbelláta**	3	Schirm-Kalandrine	Portulacáceae
Caléndula	**officinális**	1a	Garten-Ringelblume	Asteráceae
Callístephus	**chinénsis**	1	Sommeraster	Asteráceae
Cánnabis	**satíva**	1, 2	Hanf	Cannabáceae s. S. 159
Cardiospérmum	**halicácabum** ⸸	3	Ballonrebe, Ballonwein	Sapindáceae
Celósia	**argéntea**	2	Silber-Brandschopf, Hahnenkamm	Amaranтháceae
	-Childsíi-Grp.		Hahnenkamm	
	-Cristáta-Grp.		Bizarrer Hahnenkamm	
	-Plumósus-Grp.		Gefiederter Hahnenkamm	
	-Spicáta-Grp.		Ähren-Celosie	
Centauréa	**americána**	1, 3	Amerikanische Flockenblume	Asteráceae
Centauréa	**cýanus**	1a	Flockenblume, Kornblume	
Centránthus	**macrósiphon**	1a	Spornblume	Valerianáceae
Cerínthe	**májor**	1a	Große Wachsblume	Boragináceae
Clárkia *(Godétia amoéna)* in vielen Sorten	**amoéna**	1	Atlasblume, Clarkie, Godetie	Onagráceae

Clárkia	**concínna**	1	Rotband-Godetie	
Clárkia	**pulchélla**	1	Großblütige Godetie	
Clárkia	**unguiculáta**	1	Mandelröschen	
Cleóme	**hassleriána**	3	Spinnenpflanze	Capparáceae
(C. púngens)				
Cobáea	**scándens** ⌇	3	Glockenrebe	Cobaeaceae
Coleóstephus	**multicáulis**	1a	Vielstämmige Chrysantheme	Asteráceae
(Chrysánthemum multicáule)				
Cóix	**lácryma-jóbi**	2	Jupiterträne, Tränengras	Poáceae
Collínsia	**bícolor**	1	Pagoden-Collinsie	Scrophulariáceae
Collínsia	**vérna**	1	Blauäugige Collinsie	
Collómia	**cavanillésii**	3	Leimsaat	Polemoniáceae
Consólida	**ajácis**	1a	Garten-Rittersporn	Ranunculáceae
(Delphínium ajácis)				
Consólida	**regális**	1	Acker-Rittersporn	
(Delphínium consólida)				
Coreópsis	**basális**	3	Mädchenauge	Asteráceae
Coreópsis	**bigelóvii**	1	Mädchenauge	
Coreópsis	**tinctória**	1, 3	Mädchenauge	
Cósmos	**atrosanguíneus**	3	Schwarze Kosmee	Asteráceae
Cósmos	**bipinnátus** ✂	3	Kosmee, Schmuckkörbchen	
Cósmos	**sulphúreus**	3	Gelbes Schmuckkörbchen	
Crépis	**rúbra**	1a	Roter Pippau	Asteráceae
Cucúrbita	**pépo**	3	Gemüse-Kürbis, Zuccini	Cucurbitáceae
Cúphea	**lanceoláta**	3	Köcherblümchen	Lythráceae
Cyclanthéra	**brachystáchya** ⌇	3	Explodiergurke	Cucurbitáceae
Datúra	**ceratocáula**	3	Stechapfel	Solanáceae
Datúra	**métel**	2	Flaumiger Stechapfel	
Diánthus	**chinénsis**	1	Chinesische Nelke	Caryophylláceae
Diáscia	**bárberae**	4	Doppelhörnchen	Scrophulariáceae
Dimorphothéca	**pluviális**	4	Regenzeigendes Kapkörbchen	Asteráceae
Dimorphothéca	**sinuáta**	4	Buschiges Kapkörbchen	
Dorotheánthus	**bellidifórmis**	4	Garten-Mittagsblume	Aizoáceae
Eccremocárpus	**scáber** ⌇	3	Schönranke	Bignoniáceae
Echium	**plantagíneum**	1a	Wegerichblättriger Natternkopf	Boragináceae
Eródium	**gruínum**	1a	Reiherschnabel	Geraniáceae

Erýsimum	**perovskiánum**	1	Afghanischer Schöterich, Goldlack	Brassicáceae
Eschschólzia	**califórnica**	1	Kalifornischer Goldmohn	Papaveráceae
Fibígia	**clypeáta**	1a	Schildkresse	Brassicáceae
Gaillárdía	**amblýodon**	3	Kokardenblume	Asteráceae
Gaillárdía	**pulchélla** var. **pícta** ✂	1	Kokardenblume	
Gazánia	**lineáris**	4	Gazanie	Asteráceae
Gazánia	**-Hybriden** in vielen Sorten		Gazanie	
Gília	**trícolor**	1	Dreifarbige Gilie	Polemoniáceae
Gláucium	**corniculátum**	1	Roter Hornmohn	Papaveráceae
Gláucium	**flávum**	1	Gelber Hornmohn	
Glebionis	**coronária** var. **coronária**	1a	Wucherblume	Asteráceae
(Chrysánthemum coronárium, Xantophtálmum c.)				
Glebionis	**ségetum**	1a	Wucherblume	
Xantophtálmum coronárium)				
Glebionis	**× spectábile**		Wucherblume	
(G. coronária × G. ségetum)				
Gomphréna	**globósa**	3	Echter Kugelamarant	Amarantháceae
Gypsóphila	**élegans**	1	Sommer-Schleierkraut	Caryophylláceae
Gypsóphila	**murális**	1	Mauer-Schleierkraut	
Hebenstrétia	**dentata**	4	Hebenstretie	Scrophulariáceae
Heliánthus	**ánnuus**	1, 3	Sonnenblume	Asteráceae
Heliánthus	**débilis** subsp. **cucumerifólius**	1	Gurkenblättrige Sonnenblume	
Helichrýsum	**apiculátum** ✂	5	Garten-Strohblume	Asteráceae
Helichrýsum	**bracteátum** ✂ 'Monstrósum'	5	Garten-Strohblume	
Heliotrópium	**arboréscens**	3	Heliotrop	Boragináceae
Hibíscus	**triónum**	1	Stundeneibisch	Malváceae
Hórdeum	**jubátum**	1, 3	Mähnengerste	Poáceae
Húmulus	**japónicus** ⌇	1	Japanischer Hopfen	Cannabaceae s. S. 159
Hunnemánnia	**fumariifólia**	3	Mexicomohn, Tulpenmohn	Papaveráceae
Hymenostémma	**paludósum** ✂	1a	Wucherblume	Asteráceae
(Chrysánthemum paludósum)				

Ibéris	**amára**	1	Schleifenblume	Brassicáceae
Ibéris	**umbelláta**	1a	Doldige Schleifenblume	
Impátiens	**balsámina**	1, 2	Balsamine, Springkraut	Balsamináceae
Ipomóea	**trícolor** ⸾	3	Himmelblaue Prunkwinde	Convolvuláceae
Ipomóea *(Pharbítis hederácea)*	**hederácea**	2, 3	Winde	
Ipomóea	**lobáta** (Quamoclit lobáta)	3	Sternwinde	
Ipomóea *(Pharbitis purpúrea)*	**purpúrea**	2	Winde	
Ismélia *(Chrysánthemum carinátum)*	**carináta**	1a	Bunte Wucherblume	Asteráceae
Isotóma	**axílláris**	5	Isotoma	Campanuláceae
Láblab *(Dólichos lablab)*	**purpúreus**	2	Faselbohne	Fabáceae
Lagúrus	**ovátus**	1a	Hasenschwanzgras	Poáceae
Lantána	**-Camára -Hybriden**		Wandelröschen	Verbenáceae
Láthyrus	**odorátus**	1a	Duft-Wicke	Fabáceae
Lavátera	**triméstris** ✂	1a	Becher-Malve, Garten-Strauchpappel	Malváceae
Láyia	**platyglóssa**	1	Láya	Asteráceae
Limnánthes	**douglásii**	1	Sumpfblume	Limnantháceae
Limónium *(L. sinénse)*	**tetragónum**	1	Meerlavendel, Strandflieder, Widerstoß	Plumbagináceae
Linária	**alpína**	1	Alpen-Leinkraut	Scrophulariáceae
Linária *(L. bipartíta × L. maroccána × L. aerugínea)*	**Bipartíta -Hybriden**		Zweiteiliges Leinkraut	
Linára	**maroccána**		Marokko-Leinkraut	
Línum	**grandiflórum**	1a	Roter Lein	Lináceae
Loása	**úrens**	3	Loasa	Loasáceae
Lobélia	**erínus**	4	Blaue Lobelie, Männertreu	Lobeliáceae s. S. 160
Lobulária *(Alýssum marítimum)*	**marítima**	1a	Duft-Steinrich	Brassicáceae
Lónas	**ánnua**	1a	Gelber Leberbalsam	Asteráceae
Malópe	**trífida**	1a	Trichtermalve	Malváceae

Matthiola	**incána**	1a	Levkoje	Brassicáceae
	-Brompton-Grp., ⚇ kultiviert			
	-East-Lothian-Grp., ⊙ und ⚇ kultiviert			
	-Ten-Week-Grp.			
	-Column-Grp., Unterglaskultur			
Maurándya	**barclaiána**	3	Windendes Löwenmaul	Scrophulariáceae
Maurándya	**scándens**	3	Maurandie	
Melinis	**répens** ✂	2, 4	Wollhaargras	Poáceae
Mentzélia	**lindlēyi**	1	Mentzelie	Loasáceae
Mesembry-ánthemum	**crystállinum**	4	Mittagsblume, Eiskraut	Aizoáceae
Molucélla	**lǣvis** ✂	1	Muschelblume	Lamiáceae
Monópsis	**unidentáta**	4	Sonderkraut	Campanuláceae
Nemésia	**-Hybriden**		Nemesie	Scrophulariáceae
(N. strumósa × N. versícolor)				
Nemóphila	**maculáta**	1	Gefleckte Hainblume	Hydrophylláceae
Nemóphila	**menziésii**	1	Hainblume	
Nicándra	**physalódes**	3	Giftbeere	Solanáceae
Nicotiána	**langsdórffii**	3	Tabak	Solanáceae
Nicotiána	**× sánderae**		Niederer Zier-Tabak	
(N. aláta × N. forgetiána)				
Nicotiána	**sylvéstris**	3	Berg-Tabak	
Nigélla	**damascéna**	1a	Jungfer im Grünen	Ranunculáceae
Nigélla	**hispánica**	1	Schwarzkümmel	
Nolána	**humifúsa**	3	Glockenwinde	Nolanáceae
Nolána	**napífórmis**	3	Nolana	
Omphalódes	**linifólia**	1	Weißes Sommer-Gedenkemein	Boragináceae
Osteospérmum	**ecklónis**	4	Kap-Margerite	Asteráceae
Papáver	**glaūcum**	1	Tulpenmohn	Papaveráceae
Papáver	**rhōeas**	1	Klatschmohn	
Papáver	**somníferum**	1a	Schlafmohn	
Pennisétum	**setáceum**	1a	Einjähriges Ferder-borstengras, Lampenputzergras	Poáceae
Pennisétum	**villósum**	2	Weißes Lampenputzer-gras	
Perilla	**frutéscens**	1, 2	Schwarznessel	Lamiáceae
Persicária	**orientalis**	2	Orient-Knöterich	Polygonáceae
(Polýgonum orientále)				

Petúnia	**× atkinsiána**		Gartenpetunie	Solanáceae
(P. axilláris × P. integrifólia)				
Phacélia	**campanulária**	1	Phacelie	Hydrophylláceae
Phálaris	**canariénsis**	1a	Kanariengras	Poáceae
Phaséolus	**coccíneus** ⚕	3	Feuer-, Prunkbohne	Fabáceae
Phlox	**drummóndii**	3	Einjahrsphlox, Sommerphlox	Polemoniáceae
Phýsalis	**peruviána**	3	Andenkirsche	Solanáceae
Polypógon	**monspeliénsis**	1, 1a	Bürstengras	Poáceae
Portuláca	**grandiflóra**	3	Großblütiger Portulak	Portulácaceae
Portuláca	**umbratícola**	2, 4a	Portulak	
Psylliostáchys	**suworówii** ✂	1a	Meerlavendel, Strandflieder, Widerstoß	Plumbagináceae
Reséda	**odoráta**	1a	Gartenresede	Resedáceae
Rhodanthe	**manglésii**	5	Rosen-Immortelle	Asteráceae
(Helípterum manglésii)				
Rícinus	**commúnis**	2	Wunderbaum, Rizinus	Euphorbiáceae
Rudbéckia	**hírta**	1	Rudbeckie, Rauer Sonnenhut	Asteráceae
Salpiglóssis	**sinuáta**	1	Trompetenzunge	Solanáceae
Sálvia	**farinácea**	3	Mehliger Salbei	Lamiáceae
Sálvia	**spléndens**	3	Salbei, Prachtsalbei	
Sálvia	**víridis**	1a	Schopf-Salbei	
(S. hórminum)				
Sanvitália	**procúmbens**	3	Husarenknopf	Asteráceae
Saponária	**calábrica**	1a	Kalabrisches Seifenkraut	Caryophylláceae
Scabiósa	**atropurpúrea**	1a	Samt-Skabiose	Dipsacáceae
Scabiósa	**stelláta**	1a	Sternskabiose	
Schizánthus	**× wisetonénsis**		Spaltblume	Solanáceae
Sédum	**caerúleum**	1a	Fetthenne, Mauerpfeffer	Crassuláceae
Senécio	**cinerária**	1a	Silber-Kreuzkraut	Asteráceae
(S. bícolor, Cinerária maritima)				
Senécio	**élegans**	4	Kreuzkraut	
Setária	**púmila**	1, 2, 4, 5	Fuchsrote Borstenhirse	Poáceae
Siléne	**cóeli-rósa**	1, 1a	Himmelsröschen, Leimkraut	Caryophylláceae

Stévia	**rebaudiána**	3	Stevie	Asteráceae
Tagétes	**erécta** ✂	3	Hohe Studentenblume	Asteráceae
Tagétes	**pátula**	3	Gewöhnliche Studentenblume	
Tagétes	**tenuifólia**	3	Feinblatt-Studentenblume	Asteráceae
Tanacétum	**parthénium** in vielen Sorten	1	Mutterkraut	Acantháceae
Thunbérgia	**aláta** ⸙	4	Schwarzäugige Susanne	Asteráceae
Tithónia	**rotundifólia**	3	Mexikanische Sonnenblume	Scrophulariáceae
Torénia	**fourniéri**	2	Schnappmäulchen	Apiáceae
Trachýmene (*Didiscus caerúleus*)	**coerúlea**	5	Blaudolde	
Tropaéolum	**május**	3	Echte Kapuzinerkresse	Tropaeoláceae
Tropaéolum	**mínus**		Kleine Kapuzinerkresse	
Tropaéolum	**peregrínum**		Kanarien Kapuzinerkresse	
Ursinia	**speciósa**	4	Ursinie	Asteráceae
Vaccária	**hispánica**	1, 1a	Kuhkraut, Bärenkamille	Caryophylláceae
Verbéna	**bonariénsis**	3	Verbene, Eisenkraut	Verbenáceae
Verbéna	**-Hybriden**		Garten-Verbene	
Verbéna	**rígida**	3	Steife Verbene	
Xeránthemum	**ánnuum** ✂	1, 2	Einjährige Papierblume	Asteráceae
Zínnia	**élegans** ✂	3	Garten-Zinnie	Asteráceae
Zínnia	**angustifólia** ✂	3	Schmalblättrige Zinnie	
Zínnia	**haageána** ✂	3	Zinnie	

Anmerkungen: Zwischen einjährigen und zweijährigen Arten lässt sich häufig keine strenge Grenze ziehen, manchmal auch nicht zwischen Zweijährigen und Stauden. In manchen artenreichen Gattungen kommen außerdem sowohl zweijährige als auch ausdauernde Arten vor. In Zweifelsfällen sollte die gärtnerische Kulturpraxis den Ausschlag geben. In diesem Sinn wurde in diesem Buch vorgegangen.

Antirrhínum répens ist ein im Handel geführter Name für Züchtungen der Gebr. Hofmann, Forchheim; es handelt sich um Kreuzungen von *A. május* 'Hohes Lied' mit *A. hispánicum*. Die Pflanzen laufen wohl auch unter dem Namen *A. péndula*.

2.3 Zweijährige Pflanzen

Blumen, die als zweijährige Pflanzen kultiviert werden können.

Agástache	**urticifólia** ✂	3	Duftnessel, Falsche Brennnessel	Lamiáceae
Alcéa	**rósea**	1a	Malve, Stockrose	Malváceae
(Althǣa rósea)				
Anchúsa	**azúrea**	1a	Italienische Ochsenzunge	Boragináceae
Béllis	**perénnis**	1	Gänseblümchen	Asteráceae
Campánula	**médium** ✂	1, 1a	Marienglockenblume	Campanuláceae
Campánula	**longestýla**	1	Langgriffelige Glockenblume	
Campánula	**thyrsoídes**	1	Gewöhnliche Straußen-Glockenblume	
Diánthus	**barbátus**	1	Bartnelke	Caryophylláceae
Digitális	**purpúrea**	1, 1a	Roter Fingerhut	Scrophulariáceae
Erýngium	**gigantéum** ✂	1	Elfenbeindistel	Apiáceae
Erýsimium	**× alliónii**		Schöterich	Brassicáceae
Erýsimum	**chēīri**		Goldlack	
(Cheiránthus chēīri)				
Heracléum	**mantegazziánum**	1	Herkulesstaude, Bärenklau	Apiáceae
Ipomópsis	**rúbra**	1	Krähenfuß	Polemoniáceae
Limónium	**bonduéllei** ✂	1a	Meerlavendel, Strandflieder, Widerstoß	Plumbagináceae
Limónium	**sinuátum** ✂	1a	Meerlavendel, Strandflieder, Widerstoß	
Lunária	**ánnua**	1a	Judas-Silberling	Brassicáceae
Myosótis	**sylvática**		Vergissmeinnicht	Boragináceae
Onopórdum	**acánthium**	1	Eselsdistel	Asteráceae
Oenothéra	**glazioviána**	1	Rotkelchige Nachtkerze	Onagráceae
(O. erythrosépala)				
Verbáscum	**bombycíferum**	1	Seidenhaar-Königskerze	Scrophulariáceae
Verbáscum	**olýmpicum**	1a	Kandelaber-Königskerze	
Víola	**× wittrockiána**		Gartenstiefmütterchen	Violáceae
(V. altáica × V. lútea × V. trícolor)				

Anmerkung: Seit 2001 führt eine internationale Veilchen-Klassifikation zwölf Sortengruppen an, wovon vier den Stiefmütterchen (historische Sorten, Liebhabersorten, Showsorten, Beetsorten) vorbehalten sind.

2.4 Freilandstauden

Perennierende Pflanzen.

Acǽna	**buchanánii**	2	Stachelnüsschen	Rosáceae
Acǽna	**microphýlla**	2	Stachelnüsschen	
Acǽna	**nóvaezelándiae**	2	Stachelnüsschen	
Acantholímon	**glumáceum**	1	Igelpolster	Plumgagináceae
Acánthus	**hungáricus** ⤫	1	Ungarischer Akanthus	Acantháceae
Acánthus	**móllis** ∧	1a	Pracht-Akanthus	
Achilléa	**ageratifólia**	1	Silbergarbe	Asteráceae
Achilléa	**clypeoláta**	1a	Goldhaargarbe	
Achilléa	**filipendulína** ⤫	1	Gold-Garbe	
Achilléa	**millefólium** ⤫	1, 2, 5	Wiesen-Schafgarbe	
Achilléa	**ptármica**	1	Sumpf-Schafgarbe	
Achilléa	**tomentósa**	1	Gelbe Schafgarbe	
Achilléa	**umbelláta**	1	Doldige Schafgarbe	
Aconítum	**× cammárum**		Eisenhut	Ranunculáceae
(A. napéllus × A. variegátum)				
Aconítum	**carmichaélii** ⤫ **Aréndsii-Grp.** **Wilsónii-Grp.**	1	Chinesischer Eisenhut	
Aconítum	**napéllus**	1	Blauer Eisenhut, Sturmhut	
Actǽa	**spicáta**	1	Schwarzfrüchtiges Christophskraut	Ranunculáceae
Actǽa	**rúbra**	1	Rotfrüchtiges Christophskraut	
Actǽa	**álba**	1	Christophskraut	
Adiántum	**pedátum**	1	Pfauenradfarn	Adiantáceae
Adónis	**vernális**	1	Frühlings-Adonisröschen	Ranunculáceae
Adónis	**amurénsis**	1	Amur-Adonisröschen	
Ajánia	**pacífica**	1	Gold-und-Silber-Chrysantheme	Asteráceae
Ajuga	**réptans**	1	Kriechender Günsel	Lamiáceae
Ajúga	**× hybrida**		Hybrid-Günsel	
(A. genevénsis × A. réptans)				
Ajúga	**pyramidális**		Pyramiden-Günsel	
Alchemílla	**alpína**	1	Alpen-Frauenmantel	Rosáceae
Alchemílla	**erythrópoda**	1	Karpaten-Frauenmantel	

Alchemílla	**móllis**	1	Weicher Frauenmantel	Rosáceae
Ammóphila	**arenária**	1	Gewöhnlicher Strandhafer	Poáceae
Amsónia	**tabernaemontána**	1	Gewöhnliche Texas-Amsonie	Apocynáceae
Anácyclus var. **depréssus**	**pyrethrum**	1a	Marokko-Bertram	Asteráceae
Anáphalis	**margaritácea**	1	Silberimmortelle	Asteráceae
Anáphalis	**triplinérvis**	1	Perlkörbchen	
Andrósace	**sarmentósa**	1	Mannsschild	Primuláceae
Anemóne	**apennína**	1a	Apenninen-Windröschen	Ranunculáceae
Anemóne	**blánda**	1	Balkan-Windröschen	
Anemóne	**coronária** ✂	1a	Garten-Anemone	
Anemóne	× **fúlgens** ✂		Anemone	
(A. horténsis × A. pavonína)				
Anemóne	**hupehénsis** (var. **japónica**) ✂	1	Herbstanemone	
Anemóne	**nemorósa**	1	Busch-Windröschen	
Anemóne	**sylvéstris**	1	Großes Windröschen	
Anemonélla	**thalictroídes**	1	Rautenanemone	Ranunculáceae
Antennária	**dioíca**	1	Katzenpfötchen	Asteráceae
Ánthemis	**marschalliána**	1	Anatolische Hundskamille	Asteráceae
(A. biebersteiniána)				
Ánthemis	**tinctória**	1	Färber-Hundskamille	
Anthýllis	**montána**	1, 1a	Berg-Wundklee	Fabáceae
Apocýnum	**cannabínum**	1	Amerikanisches Hundsgift	Apocynáceae
Aquilégia	**canadénsis**	1	Rote Akelei	Ranunculáceae
Aquilégia	**flabelláta**	1	Akelei	
Aquilégia	**chrysántha**	1	Gold-Akelei	
Aquilégia	**olýmpica**	1	Akelei	
Aquilégia	**-Hybriden** ✂		Akelei	
Aquilégia	**vulgaris**	1, 1a	Akelei	
Árabis	× **aréndsii**		Gänsekresse	Brassicáceae
(A. aubretioídes × A. caucásica)				
Árabis	**blepharophýlla** ∧	1	Gänsekresse	

Árabis	**caucásica**	1, 1a	Kaukasische Gänsekresse	Brassicáceae
Árabis	**procúrrens**	1	Ungarische Gänsekresse	
Árabis	**× suendermánnii**		Gänsekresse	
(A. ferdinándi-cobúrgi × A. procúrrens)				
Arenária	**montána**	1a	Alpen-Sandkraut	Caryophylláceae
Arméria	**marítima**	1	Gewöhnliche Grasnelke	Plumbagináceae
Arnébia	**púlchra** ∧	1	Prophetenblume	Boragináceae
Artemísia	**lactiflóra**	1	Weißer China-Beifuß, Wermut, Edelraute	Asteráceae
Ártemísia	**schmidtíana**	1	Kurilen-Beifuß	
Artemísia	**spléndens**		Kaukasischer Beifuß	
Artemísia	**stelleriána**	1	Silber-Wermut	
Artemísia	**umbellifórmis**	1	Echte Edelraute	
Arúncus	**dioícus** (A. sylvéstris)	1	Geißbart	Rosáceae
Arúndo	**dónax** ∧	1, 3	Pfahlrohr	Poáceae
Asarína	**procúmbens** ∧	1	Felsenlöwenmaul	Scrophulariáceae
Ásarum	**europaeum**	1	Gewöhnliche Haselwurz	Aristotochiáceae
Aspáragus	**pseudoscáber** ✂	1	Garten-Zier-Spargel	Asparagáceae
Asphodelíne	**lútea** ∧	1a	Junkerlilie	Asphodeláceae s. S. 159
Asphódelus	álbus	1, 1a	Weißer Affodill	Asphodeláceae s. S. 159
Asplénium	**adiántumnígrum**	1, 1a	Schwarzer Streifenfarn	Aspleniáceae
Asplénium	**rúta-murária**	1, 1a	Mauer-Streifenfarn	
Asplénium	**Scolopéndrium**	1	Hirschzungenfarn	
(Phyllitis scolopéndrium)				
Asplénium	**trichómanes**	1–5	Steinfeder	
Áster	**alpínus**	1	Alpenaster	Asteráceae
Áster	**améllus**	1	Bergaster	
Áster	**cordifólius**	1	Schleieraster, Blaue Waldaster	
Áster	**divaricátus**	1	Sperrige A., Weiße Waldaster	
Áster	**-Dumósus -Hybriden** in vielen Sorten		Zwergherbstaster, Kissen-Aster	
(A. dumósus × A. nóvi-bélgii)				

Áster	**ericoídes** ✂ in Sorten	1	Erika-Aster	Asteráceae
Áster	**linosýris**	1	Goldhaaraster	
Áster	**nóvae-ángliae** ✂ in vielen Sorten	1	Raublattaster	
Áster	**nóvi-bélgii** ✂ in vielen Sorten	1	Glattblattaster	
Áster	**prínglei**		Schmetterlingsaster	
Áster	**sedifólius**	1	Aster	
Áster	**tongolénsis**	1	Frühlingsaster	
Asteríscus	**maritimus** ∧	1a	Sternauge	Asteráceae
Astílbe	**× aréndsii** in vielen Sorten		Astilbe, Prachtspiere	Saxífragáceae
Astílbe	**chinénsis**	1	China-Astilbe	
Astílbe	**× críspa**		Astilbe	
Astílbe	**japónica** ✂		Japanische Astilbe	
Astílbe	**simplicifólia** in Sorten		Kleine Astilbe	
Astílbe	**thunbérgii**		Thunberg's Astilbe	
Astrágalus	**centralpínus**	1	Tragant	Fabáceae
Astrántia	**májor** in vielen Sorten	1, 1a	Sterndolde	Apiáceae
Athýrium	**filix-fémina**	1, 1a, 3	Wald-Frauenfarn	Woodsiáceae
Aubriéta	**deltoídea**		Griechisches Blaukissen	Brassicáceae
Aurínia *(Alýssum saxátile)*	**saxátilis**	1	Steinkresse	Brassicaceae
Azorélla	**trifurcáta** ∧	3	Andenpolster	Apiáceae
Ballóta	**pseudodic-támnus** ∧	1a	Gottvergiss, Kreta-Nessel	Lamiáceae
Bergénia	**cordifólia**	1	Altai-Bergenie, Riesensteinbrech	Saxifragáceae
Bergénia	**crassifólia**	1	Dickblatt-Bergenie	
Bergénia	**× schmidtii**		Bergenie	
Bergénia	**× smíthii**	....		
(B. ciliáta × B. crassifólia) (B. cordifólia × B. purpuráscens)				
Bístórta *(Polýgonum affíne)*	**affínis**	1	Teppich-Wiesenknöterich	Polygonaceae
Bléchnum	**spícant**	1	Gewöhnlicher Rippenfarn	Blechnáceae

Boltónia	**asteroídes**	1	Scheinkamille	Asteráceae
Borágo	**pygmāéa**	1, 1a	Ausdauernder Borretsch	Boragináceae
Boutelōúa	**grácilis**	1, 3	Moskitogras	Poáceae
Bríza	**média**	1	Mittleres Zittergras	Poáceae
Brúnnera	**macrophýlla**	1	Kaukasus-Vergissmeinnicht	Boragináceae
Buphthálmum	**salicifólium**	1	Ochsenauge	Asteráceae
Calamagróstis	**× acutiflóra**		Reitgras	Poáceae
(C. arandinácea × C. epigéjos)				
Calamíntha	**népata**	1	Bergminze	Lamiáceae
Camássia	**leichtlínii**	1	Prärielilie	Hyacintháceae s. S. 159
Camassia	**quámash** ∧		Camassie	
Campánula	**carpática**	1	Karpaten-Glockenblume	Campanuláceae
Campánula	**cochleariifólia**	1	Zwerg-Glockenblume	
Campánula	**gargánica** ∧	1, 1a	Glockenblume	
Campánula	**glomeráta**	1	Knäuel-Glockenblume	
Campánula	**latifólia**	1	Wald-Glockenblume	
Campánula	**persicifólia** ✂	1	Pfirsichblättrige Glockenblume	
Campánula	**portenschlagiána**	1	Dalmatiner Glockenblume	
Campánula	**poscharskyána**	1a	Hängepolster-Glockenblume	
Campánula	**pyramidális** ∧	1, 1a	Pyramiden-Glockenblume	
Cárex	**buchanánii**	2	Fuchsrote Segge	Cyperáceae
Cárex	**cómans** ∧	2	Segge	
Cárex	**grāýi**	1	Morgenstern-Segge	
Cárex	**hachijoénsis**	1	Segge	
Cárex	**montána**	1	Berg-Segge	
Cárex	**morrówii**	1	Japan-Segge	
Cárex	**muskinguménsis**	1	Palmwedel-Segge	
Cárex	**ornithópoda**	1	Vogelfuß-Segge	
Carlína	**acāúlis**	1, 1a	Silberdistel	Asteráceae
Carlína	**vulgáris**	1	Gewöhnliche Golddistel	

Centauréa	**dealbáta**	1	Flockenblume, Kornblume	Asteráceae
Centauréa	**hypoleū́ca**	1	Flockenblume	
Centauréa	**macrocéphala**	1	Großköpfige Flockenblume	
Centauréa	**montána**	1, 1a	Berg-Flockenblume	
Centránthus	**rúber**	1, 1a	Rote Spornblume	Valerianáceae
Cephalária	**gigantéa**	1	Großer Schuppenkopf	Dipsacáceae
Cerástium	**biebersteinii**	1	Hornkraut	Caryophylláceae
Cerástium	**tomentósum** subsp. **colúmnae**	1a	Filziges Hornkraut	
Ceratostígma	**plumbaginoídes**	1, 1a	Kriechende Hornnarbe	Plumbagináceae
Chelóne	**oblíqua**	1	Schildblume, Schlangenknopf	Scrophulariáceae
Chiastophýllum	**oppositifólium**	1	Goldtröpfchen, Walddickblatt	Crassuláceae
Chrysanthemum (*Chr. × hortorum*)	× **grandiflorum** in sehr vielen Sorten		Winteraster, Garten-Chrysantheme	Asteráceae
Chrysógonum	**virginiánum**	1	Goldkörbchen	Asteráceae
Cimicífuga	**japónica**	1	Silberkerze	Ranunculáceae
Cimicífuga	**racemósa**	1	Lanzen-Silberkerze	
Cimicífuga	**ramósa**	1	September-Silberkerze	
Cimicífuga	**símplex**	1	Oktober-Silberkerze	
Conoclínium (*Eupatórium coelestínum*)	**coelestínum**	1	Himmelblaue Nebelblume	Asteráceae
Convallária	**majális** ✂ in Sorten	1	Maiglöckchen	Convallariáceae s. S. 159
Coreópsis	**grandiflóra** ✂	1, 3	Großblumiges Mädchenauge	Asteráceae
Coreópsis	**lanceoláta** ✂	1, 3	Lanzettblättriges Mädchenauge	
Coreópsis	**verticilláta**	1	Quirlblättriges Mädchenauge	
Coronílla	**coronáta**	1, 1a	Berg-Kronwicke	Fabáceae

Cortadéria	**selloána**	3	Pampasgras	Poáceae
	in Sorten			
Corýdalis	**lútea**	1, 1a	Lerchensporn	Fumariáceae s. S. 160
Corydalis	**flexuósa**	1	Lerchensporn (blaublütig)	
Crámbe	**cordifólia**	1	Meerkohl	Brassicáceae
Cýclamen	**cóum**	1	Alpenveilchen	Primuláceae
Cýclamen	**hederifólium**	1a	Herbst-Alpenveilchen	
(C. neapolitánum)				
Cýclamen	**purpuráscens**	1	Sommer-Alpenveilchen	
(C. europǣum)				
Cymbaláría	**murális**	1	Mauer-Zymbelkraut	Scrophulariáceae
Cystópteris	**bulbífera**	1	Bulbenblasenfarn	Woodsiáceae
Cystópteris	**frágilis**	1–5	Zerbrechlicher Blasenfarn	
Dármera	**peltáta**	1	Schildblatt	Saxifragáceae
(Peltiphýllum peltátum)				
Delphínium	**elátum**		Hoher Rittersporn	Ranunculáceae
	Wichtige Ausgangsart für:			
	Belladónna-Gruppe			
	Elátum-Gruppe			
	Pacífic-Gruppe			
Delphínium	**nudicaūle** ∧	1	Rittersporn	
Deschámpsia	**cespitósa**	1, 2	Rasenschmiele	Poáceae
	in Sorten			
Diánthus	**arenárius**	1	Sandnelke	Caryophylláceae
Diánthus	**carthusianórum**	1	Karthäuser-Nelke	
Diánthus	**caryophýllus** ✂	1a	Gartennelke	
Diánthus	**deltoídes**	1	Heide-Nelke	
	in vielen Sorten			
Diánthus	**gratianopolitánus**	1, 1a	Pfingst-Nelke	
Diánthus	**knáppii**	1	Schwefel-Nelke	
Diánthus	**plumárius**	1	Feder-Nelke	
	in vielen Sorten			
Diánthus	**supérbus**	1	Gewöhnliche Prachtnelke	
Diánthus	als Gattung ermöglicht folgende Gruppierung:			
	Hybrid-Federnelken			
	Einjährige Nelken			
	Remontant-Nelken			
	Rabatten-Nelken			
	Malmaison-Nelke			

Dicéntra	**exímia**	1	Kleines Tränendes Herz	Fumariáceae s. S. 160
Dicéntra	**formósa**	1	Tränendes Herz	
Dicéntra	**spectábilis** ✂	1	Tränendes Herz	
Dicéntra	**-Hybriden** in vielen Sorten		Tränendes Herz	
Dictámnus	**álbus**	1, 1a	Gewöhnlicher Diptam	Rutáceae
(D. fraxinélla)				
Dodecátheon	**meádia**	1	Götterblume	Primuláccac
Dorónicum	**orientále**	1	Gemswurz	Asteráceae
(D. caucásicum)				
Dorónicum	**plantagíneum** ✂	1	Wegerich-Gemswurz	
Drába	**aizoídes**	1	Immergrünes Felsenblümchen	Brassicáceae
Drósera	**rotundifólia**	1, 1a	Rundblättriger Sonnentau	Droseráceae
Drýas	× **suendermánnii**		Silberwurz	Rosáceae
(Dr. drummóndii × Dr. octopétala)				
Drýas	**octopétala**	1	Weiße Silberwurz	
Dryópteris	**affínis**	1, 2	Spreuschuppiger Wurmfarn	Dryopteridáceae
(D. bórreri)				
Dryópteris	**fílix-más**	1, 3	Gewöhnlicher Wurmfarn	
Echínops	**bannáticus**	1	Bannater Kugeldistel	Asteráceae
Echínops	**rítro**	1, 1a	Kugeldistel	
Echínops	**sphaerocéphalus**	1, 1a	Drüsige Kugeldistel	
Epilóbium	**cánum** ∧	1, 3	Kolibritrompete	Onagráceae
Epimédium	**grandiflórum**	1	Großblütige Elfenblume	Berberidáceae
Epimédium	× **rúbrum**		Elfenblume	
(E. alpínum × E. grandiflórum)				
Epimédium	× **versícolor**		Elfenblume	
(E. grandiflórum × E. pinnátum)				
Epimédium	× **youngiánum**		Elfenblume	
(E. diphýllum × E. grandiflórum)				
Eremúrus	**aitchinsónii** ∧		Steppenkerze	Asphodeláceae s. S. 159
(E. elwésii)				

Eremúrus	**robústus** ∧	1	Steppenkerze	Asphodeláceae s. S. 159
Eremúrus	**spectábilis** ∧	1	Steppenkerze	
Eremúrus	**stenophýllus** ∧	1	Steppenkerze	
Erígeron	**glaucus**	1	Strand-Berufkraut	Asteráceae
Erígeron	**karvinskiánus**	3	Karwinskis Berufkraut	
Erígeron	**speciósus**	1	Berufkraut	
Erígeron	**-Hybriden** in vielen Sorten			
Erínus	**alpínus**	1, 1a	Alpenbalsam	Scrophulariáceae
Eriophýllum	**lanátum**	1	Großköpfiges Wollblatt	Asteráceae
Eródium	**reichárdii** ∧	1a	Balearen-Reiherschnabel	Geraniáceae
Erýngium	**alpínum** ✂	1	Alpen-Mannstreu, Edeldistel	Apiáceae
Erýngium	**amethýstinum** ✂	1a	Amethyst-Mannstreu	
Erýngium	**plánum** ✂	1	Flachblättriger Mannstreu	
Erýngium (*E. alpínum × E. bourgátii*)	**× zabélii** ✂		Edeldistel	
Eupatórium	**purpúreum**	1	Purpur-Wasserdost	Asteráceae
Euphórbia	**myrsiníted**	1a	Walzen-Wolfsmilch	Euphorbiáceae
Euphórbia	**polychróma** in Sorten	1	Wolfsmilch	
Euphórbia	**seguieriána**	1	Steppen-Wolfsmilch	
Fallópia (*Polýgonum cuspidátum*)	**japónica**	1	Japanischer Flügel-knöterich	Polygonáceae
Fallópia (*Polýgonum sachalinénse*)	**sachalinénsis**	1	Sachali-Flügelknöterich	
Fargesia	**murieliae**	1	Muriels Schirmbambus (winterhart, bildet keine Ausläufer, Schösslinge essbar)	Poáceae
Felícia	**amelloides** ∧	4	Blaue Kapaster	Asteráceae
Festúca	**amethýstina**	1	Gewöhnlicher Amethyst-Schwingel	Poáceae
Festúca	**cinérea**	1, 1a	Schwingel	
Festúca	**éskia**		Schwingel	
Festúca (*F. scopária*)	**gautiéri**		Bärenfellschwingel	

Festúca	**glaúca** in vielen Sorten	1a	Blau-Schwingel	Poáceae
Festúca	**maírei**	1	Atlas-Schwingel	
Festúca	**valesíaca**		Walliser Schaf-Schwingel	
Filipéndula	**ulmária**	1	Echtes Mädesüß	Rosáceae
Filipéndula	**vulgáris**	1, 1a	Kleines Mädesüß	
Gálax	**urceoláta**	1	Bronzeblatt	Diapensiáceae
Gálium	**odorátum**	1, 1a	Waldmeister	Rubiáceae
(Aspérula odoráta)				
Gentiána	**acaúlis**	1, 1a	Keulen-Enzian	Gentianáceae
(Gentiána kochiána)				
Gentiána	**angustifólia**	1	Schmalblättriger Enzian	
Gentiána	**asclepiádea**		Schwalbenwurz-Enzian	
Gentiána	**clúsii**	1	Clusius' Enzian	
Gentiána	**pneumonánthe**		Lungen-Enzian	
Gentiána	**septémfida**	1	Kaukasus-Enzian	
(G. lagodechiána)				
Gentiána	**síno-ornáta**	1	Chinesischer Herbst-Enzian	
Gentiána	**triflóra**	1	Enzian	
Geránium	**× cantabrigiénse** in Sorten	1	Cambridge-Storch-schnabel	Geraniáceae
(G. dalmaticum × G. macrorryzum)				
Geránium	**dalmáticum**		Dalmatiner Storch-schnabel	
Geránium	**endréssii**		Pyrenäen-Storchschnabel	
Geránium	**macrorrhízum**	1	Felsen-Storchschnabel	
Geránium	**× magníficum**		Pracht-Storchschnabel	
(G. ibericum subsp. ibericum × G. platypetalum)				
Geránium	**platypétalum**	1	Horstiger Storchschnabel	
Geránium	**renárdii**	1	Kaukasus-Storchschnabel	
Geránium	**sanguíneum** in Sorten	1	Blutroter Storchschnabel	
Geránium	**wallichiánum**	1	Storchschnabel	
Geránium	**-Hybriden** in vielen Sorten		Storchschnabel	

Gattung	Art		Deutscher Name	Familie
Géum	**-Hybriden**		Nelkenwurz	Rosáceae
(G. chiloénse × G. coccíneum, G. bulgáricum × G. réptans)				
Gillénia	**trifoliáta**		Dreiblatt-Spierstrauch	
Goniolímon	**tatáricum**	1, 1a	Statice	Plumbagináceae
(Statíce tatárica, alter Gärtnername)				
Gúnnera	**manicáta** ∧	3	Mammutblatt	Gunneráceae s. S. 160
(Gúnnera brasiliénsis)				
Gúnnera	**tinctória** ∧	3	Mammutblatt	
Gypsóphila	**paniculáta** ✂	1	Rispiges Schleierkraut	Caryophylláceae
Gypsóphila	**répens**	1, 1a	Teppich-Schleierkraut	
Hakonéchloa	**mácra** ∧	1	Japangras	Poáceae
Helénium	**autumnále**	1	Gewöhnliche Sonnenbraut	Asteráceae
Helénium	**bigelóvii**	1	Bigelows Sonnenbraut	
Helénium	**-Hybriden** ✂ in vielen Sorten		Sonnenbraut	
Heliánthemum	**-Hybriden** in vielen Sorten		Sonnenröschen	Cistáceae
(H. appenínum × H. nummulárium)				
Heliánthus	**atrórubens**	1	Geäugte Sonnenblume	Asteráceae
(H. sparsifólius)				
Heliánthus	**decapétalus**	1	Stauden-Sonnenblume	
Heliánthus	**× laetiflórus**		Schönblumige Sonnenblume	
(H. pauciflórus × H. tuberósus)				
Heliánthus	**× multiflórus**		Sonnenblume	
(H. ánnuus × H. decapétalus)				
Heliánthus	**salicifólius**	1	weidenblättrige Sonnenblume	
Helichrýsum	**petioláre** ∧	4	Lakritz-Strohblume	Asteráceae
Helichrýsum	**stoēchas** ∧	1a	Strohblume	
Helichrýsum	**thianschánicum**	1	Strohblume (mit Silberlaub)	
Helichrýsum	**-Hybriden** in vielen Sorten		Strohblume	
Helictótrichon	**sempérvirens**	1a	Blaustrahlhafer	Poáceae
(Avéna sempérvirens)				

Heliópsis	**helianthoídes** var. **scábra** ✂ in vielen Sorten		Raues Sonnenauge	Asteráceae
(H. scábra)				
Helléborus	**-Hybriden** in vielen Sorten			
Helléborus	**níger**	1	Christrose, Nieswurz	Ranunculáceae
Helléborus	**× nigercors**	1	Christrose, Garten-Nieswurz	
(H. argutifólius × H. níger)				
Helléborus	**orientális**		Christrose	
(H. guttátus)				
	Early Purple Grp.			
Helléborus	**purpuráscens**		Christrose	
Helléborus	**× stérnii**	1	Christrose	
(H. argutifólius × H. lívidus Christrose)				
Helónias	**bulláta**	1	Sterile Sumpfnelke	Melanthiáceae s. S. 159
Hemerocállis	**citrína**	1	Zitronen- Taglilie	Hemerocallidáceae s. S. 159
Hemerocállis	**fúlva** var. **aurantíaca**	1	Orangefarbene Taglilie	
Hemerocállis	**-Hybriden** in vielen Sorten			
Hemerocállis	**middendórffii**	1	Middendorffs Taglilie	
Hepática	**nóbilis** var. **nobilis**	1	Gewöhnliches Leberblümchen	Ranunculáceae
(H. triloba, Anemone hepática)				
Heracléum	**pubéscens**	1	Herkulesstaude, Riesen-Bärenklau	Apiáceae
Heracléum	**stevénii**	1	Stevens Bärenklau	
Hésperis	**matronális**	1	Nachtviole	Brassicáceae
Heúchera	**americána**		Hohes Purpurglöckchen	Saxifragáceae
Heúchera	**× brizoídes** in vielen Sorten		Purpurglöckchen	
(H. americana × H. micrántha × H. sanguínea)				
Heúchera	**-Hybriden** in vielen Sorten			
Heúchera	**micrántha**		Kleinblütiges Purpurglöckchen	

He͞uchera	**sanguínea**	1	Blut-Purpurglöckchen	Saxifragáceae
× He͞ucherélla	**álba**		Weiße Bastardschaumblüte	
(He͞uchera × brizoides × Tiarélla wherryi)				
Hibiscus	**msche͞utos**	1	Sumpf-Roseneibisch	Malváceae
Hierácium	**aurantíacum**	1	Orangerotes Habichtskraut	Asteráceae
Hósta	**'Fortúnei'**	1	Graublatt-Funkie	Hostáceae s. S. 159
Hósta	**-Hybriden** in vielen Sorten			
Hósta	**'Lancifólia'**	1	Funkie	
Hósta	**siebóldii**	1	Schmalblatt-Funkie	
Hósta	**'Unduláta'**	1	Funkie	
Hósta	**ventricósa**	1	Glocken-Funkie	
Houttuýnia	**cordáta**	1	Molchschwanz	Sauruáceae
Hylomécon	**japónica**	1	Japanischer Waldmohn	Papaveráceae
(Stylóphorum japónicum)				
Ibéris	**saxátilis**	1a	Schleifenblume	Brassicáceae
Ibéris	**sempérvirens**	1a	Immergrüne Schleifenblume	
Imperáta	**cylíndrica** ∧	1a, 2	Flammengras	Poáceae
Incarvíllea	**delava͞yi**	1	Incarvillee, Freilandgloxinie	Bignoniáceae
Incarvíllea	**ma͞irei**	1	Incarvillee	
Ínula	**ensifólia**	1, 1a	SchwertblättrigerAlant	Asteráceae
Ínula	**helénium**	1a	Echter Alant	
Ínula	**magnífica**		Großer Alant	
Ínula	**orientális**	1	Orientalischer Alant	
Kirengeshóma	**palmáta**	1	Wachsglocke	Hydrangeáceae s. S. 158
	-Koreana-Grp.			
Kna͞utia	**macedónica**	1a	Knautie, Witwenblume	Dipsacáceae
Kniphófia	**-Hybriden** in vielen Sorten		Fackellilie, Tritome	
	uvária ✂	4		Asphodeláceae s. S. 159
Koeléria	**gla͞uca**	1	Blaugrünes Schillergras	Poáceae

Lamium	**galeóbdolon** in Sorten	1	Echte Goldnessel	Lamiáceae
(Lamiástrum galeóbdolon, L. lúteum)				
Láthyrus	**latifólius**	1, 1a	Staudenplatterbse	Fabáceae
Láthyrus	**vérnus**	1	Frühlings-Platterbse	
Leontopódium	**nívale** subsp. **alpinum**	1	Edelweiß	Asteráceae
Leptinélla	**dioíca**	2	Salz-Fiederpolster	Asteráceae
(Cótula dioíca)				
Leptinélla	**squálida**	2	Echtes Fiederpolster	
(Cótula squálida)				
Leucánthemum	**vulgare** (s. S. 148)	1	Wiesenmargerite	Asteráceae
Leucánthemum	**× superbum**	1	Großblumige Margerite	
(L. máximum × L. lacustre) ✂ (s. S. 148)				
Lewísia	**cotylédon** ∧	1	Bitterwurzel	Portulacáceae
Leȳ́mus	**arenárius**	1	Strandroggen	Poáceae
(Élymus arenárius)				
Líatris	**spicáta** in Sorten	1	Ährige Prachtscharte	Asteráceae
Ligulária	**dentáta**	1	Stern-Ligularie	Asteráceae
(Ligulária clivórum)				
Ligulária	**× héssei**		Goldkolben, Ligularie	
(L. déntáta × L. wilsoniána)				
Ligulária	**przewálskii**	1	Ligularie	
Ligulária	**sibírica**	1	Sibirische Ligularie	
Ligulária	**stenocéphala**	1	Ligularie	
Limónium	**bellidifólium** ∧	1, 1a	Meerlavendel, Strandflieder, Widerstoß	Plumbagináceae
Limónium	**gmelínii**	1	Steppenschleier	
Limónium	**latifólium**	1	Breitblättriger Steppenschleier	
Limónium	**ramosíssimum**	1a	Widerstoß	
Línum	**flávum**	1	Gelber Lein	Lináceae
Línum	**narbonénse** ∧	1a	Südfranzösischer Lein	
Línum	**perénne**	1, 1a	Ausdauernder Lein	
Lithospermum	**purpurocaerúleum**	1	Blauroter Steinsame	Boragináceae

Gattung	Art		Deutscher Name	Familie
Lobélia	**cardinális**	1	Kardinals-Lobelie	Lobeliáceae
Lobélia	**× gerárdii**		Lobelie	s. S. 160
(L. cardinális × L. siphilítica)				
Lobélia	**siphilítica**	1	Blaue Kardinals-Lobelie	
Lobélia	**× speciósa** ∧ ✂ in Sorten		Lobelie	
(L. cardinális × L. spléndens × L. siphilítica)				
Lobélia	**spléndens**		Lobelie	
(L. fúlgens)				
Lobélia	**válida** ∧	4	Lobelie	
Lupínus	polyphýllus		Vielblättrige Lupine	Fabáceae
Lupínus	**-Hybriden** in vielen Sorten		Lupine	
Lúzula	**sylvática** in Sorten	1–3	Wald-Hainsimse	Juncáceae
Lysimáchia	**ciliáta**	1	Bewimperter Felberich	Primuláceae
Lysimáchia	**clethroides** ∧		Entenschnabel-Felberich	
Lysimáchia	**congestiflóra** ∧	1, 2	Schnee-Felberich	
Lysimáchia	**punctáta**	1	Punktierter Gilbweiderich	
Lysimáchia	**nummulária**	1, 1a	Pfennig-Gilbweiderich	
Lýthrum	**salicária** in Sorten	1, 1a	Blut-Weiderich	Lythráceae
Lýthrum	**virgátum**	1, 1a	Ruten-Weiderich	
Macleáya	**cordáta**	1	Macleaya, Federmohn	Papaveráceae
Málva	**moscháta**	1	Moschus-Malve	Malváceae
Matteúccia	**pensylvánica**	1	Amerikanischer Straußenfarnfarn	Woodsiáceae
Matteúccia	**struthiópteris**	1	Europäischer Straußenfarn	
(Struthiópteris germánica)				
Meconópsis	**cámbrica**	1	Kambrischer Scheinmohn	Papaveráceae
Meconópsis	**betonicifólia** ∧	1	Tibet-Scheinmohn	
Meconópsis	**grándis**	1	Großer Scheinmohn	
Melampódium	**paludósum**	1	Sterntaler	Asteraceae
Mélica	**ciliáta**	1a	Östliches Wimper-Perlgras	Poáceae
Melíttis	**melissophýllum**	1, 1a	Immenblatt	Lamiáceae

Merténsia	**echioídes** ∧	1	Blauglöckchen	Boragináceae
Merténsia	**virgínica** ∧	1	Virginisches Blauglöckchen	
Mímulus	× **hýbridus** in vielen Sorten		Gauklerblume	Scrophulariáceae
(M. guttátus × M. lúteus)				
Mirábilis	**jalápa**	3	Wunderblume	Nyctagináceae
Miscánthus	**sacchariflórus**	1	Amurschilf	Poáceae
Miscánthus	**sinénsis** in vielen Sorten	1	Silber-Chinaschilf	
Moehríngia	**muscósa**	1	Moosmiere	Caryophylláceae
Molínia	**arundinácea** in Sorten	1	Pfeifengras	Poáceae
Molínia	**caerúlea** in Sorten	1, 1a	Blaues Pfeifengras	
Monárda	**-Hybriden** in vielen Sorten		Indianernessel	Lamiáceae
(M. dídyma × M. fistulósa)				
Morína	**longifólia**	1	Nepal-Kardendistel	Morinaceae
Muehlenbéckia	**axilláris** ∧	2	Schwarzfrüchtiger Drahtstrauch	Polygonáceae
Myosótis	**sylvática**	1, 1a	Wald-Vergissmeinnicht	Boragináceae
Népeta	× **faasénii**		Blaue Katzenminze	Lamiáceae
(N. nepetélla × N. racemósa)				
Népeta	**grandiflóra**	1	Großblütige Katzenminze	
Oenothéra	**fruticósa**	1	Nachtkerze	Onagráceae
(O. tetragóna)				
Oenothéra	**macrocárpa**	1	Missouri-Nachtkerze	
(O. missouriénsis)				
Omphalódes	**vérna**	1a	Frühlings-Gedenkemein	Boragináceae
Onóclea	**sensíbilis**	1–4	Perlfarn	Woodsiáceae
Oríganum	**laevigátum** ∧	1a	Dost, Majoran	Lamiáceae
Ornithógalum	**arábicum** ∧	2	Stern von Bethlehem, Milchstern	Hyacintháceae
Osmúnda	**regális**	1–3	Königsfarn	Osmundáceae
Óxalis	**acetosélla**	1	Wald-Sauerklee	Oxalidáceae
Óxalis	**adenophýlla** ∧	3	Anden-Sauerklee	
Paeónia	**-Lactiflóra-Hybriden** in vielen Sorten		Chinesische Päonie, Edelpäonie	Paeoniáceae

Paeónia	**officinális** in Sorten	1a	Päonie, Pfingstrose	Paeoniáceae
Pánicum	**virgátum** ✂	1–3	Rispenhirse	Poáceae
Papáver	**alpinum**	1	Alpen-Mohn	Papaveráceae
Papáver	**nudicaule**	1	Island-Mohn	
Papáver	**orientále**	1	Türkischer Mohn	
Patrínia	**tríloba**	1	Gold-Baldrian	Valerianáceae
Pennisétum	**alopecuroídes** in Sorten	1, 5	Japanisches Feder-borstengras, Lampen-putzergras	Poáceae
Penstémon	**barbátus** ∧	1, 3	Roter Bartfaden	Scrophulariáceae
Persicária *(Polýgonum capitátum)*	**capitáta**		Knöterich	Polýgonaceae
Petrorhágia	**saxifraga**	1	Steinbrech-Felsennelke	Caryophylláceae
Phálaris	**arundinácea 'Picta'**	1	Rohr-Glanzgras	Poáceae
Phlómis	**russeliána**	1	Brandkraut	Lamiáceae
Phlómis	**sámia**	1a	Brandkraut	
Phlóx	**amœ́na**	1	Phlox, Flammenblume	Polemoniáceae
Phlóx	**carolína**	1	Carolina-Phlox	
Phlóx	**douglásii** in Sorten	1	Polster-Phlox	
Phlóx	**paniculáta** ✂ in vielen Sorten		Stauden-Phlox	
Phlóx	**subuláta** in vielen Sorten	1	Moos-Phlox	
Phuópsis	**stylósa**		Baldriangesicht	Rubiáceae
Phygélius *(P. aequalis × P. capensis)*	× **réctus** in Sorten		„Kaffernlilien"	Scrophulariáceae
Phyllostáchys	**flexuósa** ∧	1	Goldrohrbambus	Poáceae
Phýsalis	**alkekéngi** var. **franchétii**	1	Blasenkirsche, Lampion-blume	Solanáceae
Physostégia	**virginiána**	1	Gelenkblume	Lamiáceae
Phyteúma	**orbiculáre**	1, 1a	Kugel-Teufelskralle	Campanuláceae
Phyteúma	**spicátum**	1, 1a	Ährige Teufelskralle	
Phytolácca	**americána**	1, 3	Amerikanische Kermes-beere	Phytolaccáceae

Plantágo	**nivális**	1a	Wegerich	Plantagináceae
Platycódon	**grandiflórus**	1	Großblütige Ballonblume	Campanuláceae
Podophýllum	**hexándrum**	1	Himalaya-Maiapfel, Fußblatt	Podophylláceae s. S. 160
Podophýllum	**peltátum**	1	Entenfuß, Gewöhnlicher Maiapfel	
Polemónium	**caerúleum**	1	Blaue Himmelsleiter, Jakobsleiter	Polemoniáceae
Polemónium	**réptans**	1	Horstbildende Himmelsleiter	
Polygonátum	**multifórum**	1	Vielblütige Weißwurz	Convallariáceae s. S. 159
Polygonátum	**odorátum**	1, 1a	Salomonssiegel	
(P. officinále)				
Polypódium	**vulgáre**	1, 3, 4, 6	Gewöhnlicher Tüpfelfarn, Engelsüß	Polypodiáceae
Polýstichum	**acrostichoídes**	1	Dolch-/Weihnachts-Farn	Dryopteridáceae
Polýstichum	**aculeátum**	1, 1a, 2	Dorniger Schildfarn	
Polýstichum	**lonchítis**	1	Lanzen-Schildfarn	
Polýstichum	**setíferum**	1, 1a, 2	Borstiger Schildfarn	
Potentílla	**álba**	1	Weißes Fingerkraut	Rosáceae
Potentílla	**atrosanguínea**	1, 2	Fingerkraut	
Potentílla	**áurea**	1	Gold-Fingerkraut	
Potentílla	**neumanniána**	1	Fingerkraut	
Potentílla	**palústris**	1	Sumpfblutauge	
(Cómarum palustre)				
Prímula	**aurícula**		Alpen-Aurikel	Primuláceae
Prímula	**× bullesiána**		Garten-Primel	
Prímula	**denticuláta**	1	Kugel-Primel	
Prímula	**elátior**		Hohe Schlüsselblume	
Prímula	**farinósa**	1	Mehl-Primel	
Prímula	**floríndae**	1	Tibet-Primel	
Prímula	**japónica**	1	Japanische Etagen-Primel	
Prímula	**júliae**	1	Teppich-Primel	

Prímula	**× pubéscens** in vielen Sorten		Garten-Primel	Primuláceae
(P. aurícula subsp. auricula × P. hirsúta)				
Prímula	**rósea**	1	Rosen-Primel	
Prímula	**véris**	1, 1a	Echte Schlüsselblume	
Prímula	**viálii**	1	Orchideen-Primel	
Prímula	**vulgáris**	1	Stängellose Schlüsselblume	

Primula ist eine Gattung mit 400 (!) Arten, die einschließlich ihrer Sorten in 38 (!) Sektionen unterteilt sind. Die Sektion ist eine Untereinheit der Gattung (Gattung-Untergattung-Sektion).

Pseudoly-simáchion	**longifólium** in Sorten	1	Langblättriger Blauweiderich	Scrophulariáceae
(Verónica longifólia)				
Pseudoly-simáchion	**spicátum**	1	Blauweiderich	
(Verónica spicáta)				
Pseudoly-simáchion	**spicátum** subsp. **incánum** in Sorten		Graulaubiger Ähriger Blauweiderich	
(Verónica incána)				
Pterídium	**aquilínum**	1–6	Gewöhnlicher Adlerfarn	Dennstaedtiáceae
Pulmonária	**angustifólia**	1	Schmalblättriges Lungen-kraut	Boragináceae
Pulmonária	**officinális**	1, 1a	Echtes Lungenkraut	
Pulmonária	**saccharáta**	1, 1a	Großgeflecktes Lungen-kraut	
Pulsatílla	**vernális**	1, 1a	Frühlings-Küchenschelle	Ranunculáceae
Pulsatílla	**vulgáris**	1	Gewöhnliche Küchenschelle	
(Anemóne pulsatílla)				
Pulsatílla	**pratensis**	1	Wiesen-Küchenschelle	
Ramónda	**mycóni**	1	Ramonde	Gesneriáceae
Ranúnculus	**asiáticus** ✂ ∧	1a	Ranunkel	Ranunculáceae
Rodgérsia	**aesculifólia**	1	Kastanien-Schaublatt	Saxifragáceae
Rodgérsia	**pinnáta**	1	Gefiedertes Schaublatt	
Rodgérsia	**podophylla**	1	Gezähntes Schaublatt	
Rudbéckia	**fúlgida** ✂	1	Sonnenhut	Asteráceae
Rudbéckia	**laciniáta**	1	Schlitzblättriger Sonnenhut	

Rudbéckia	**nítida**	1	Glänzender Sonnenhut	Asteráceae
Sáccharum	**ravénnae**	1, 2	Ravennagras, Zuckerrohr	Poáceae
(Eriánthus ravénnae)				
Sagína	**subuláta**	1, 1a	Sternmoos	Caryophylláceae
Sálvia	**glutinósa**	1	Klebriger Salbei	Lamiáceae
Sálvia	**nemorósa** in vielen Sorten	1, 1a	Steppen-Salbei	
Sanguinária	**canadénsis**	1	Blutwurzel	Papaveráceae
Sanguisórba	**obtúsa**	1	Wiesenknopf	Rosáceae
Santolína	**chamae-cyparíssus** ∧	1, 1a	Graues Heiligenkraut	Asteráceae
Saponária	**caespitósa**	1	Seifenkraut	Caryophylláceae
Saponária	**ocymoídes**	1a	Kleines Seifenkraut	
Saponária	**officinális**	1	Echtes Seifenkraut	
Saxífraga	**aizoídes**	1	Fetthennen-Steinbrech	Saxifragáceae
Saxífraga	**× aréndsii**		Steinbrech	
Saxífraga	**cespitósa**	1	Polster-Steinbrech	
Saxífraga	**cortusifólia** ∧	1	Oktober-Steinbrech	
Saxífraga	**cotylédon**	1	Strauß-Steinbrech	
Saxífraga	**federíci-augústi**	1	Steinbrech	
Saxífraga	**fortúnei**	1	Steinbrech	
(S. cortusifólia var. *fortúnei)*				
Saxífraga	**ferdinándi-coburgii**	1	Steinbrech	
Saxífraga	**hypnoídes**	1	Steinbrech	
Saxífraga	**longifólia**	1	Pyrenäen-Steinbrech	
Saxífraga	**paniculáta**	1	Steinbrech	
(S. aízoon)				
Saxífraga	**sempervívum**	1	Steinbrech	
Saxífraga	**trifurcáta**	1	Steinbrech	
Saxífraga	**umbrósa**	1	Porzellanblümchen	
Saxífraga	**× úrbium**			
(S. hirsúta × S. umbrósa)				
Die Gattung Saxífraga umfasst etwa 400 Arten, die einschließlich ihrer Sorten 15 Sektionen zugeordnet werden.				
Scabiósa	**caucásica** ✂	1	Große Skabiose	Dipsacáceae
Scutellária	**baicalénsis**	1	Chinesisches Helmkraut	Lamiáceae
Sédum	**ácre**	1, 1a	Scharfer Mauerpfeffer	Crassuláceae

Sédum	**album**	1, 1a	Weiße Fetthenne	Crassuláceae
Sédum	**anacámpseros**	1	Rundblättrige Fetthenne	
Sédum	**cautícola**	1	Fetthenne	
Sédum	**ewérsii**	1	Fetthenne	
Sédum	**floríferum**	1	Fetthenne	
Sédum	**hýbridum**		Sibirische Fetthenne	
Sédum	**kamtscháticum**	1	Fetthenne	
Sédum	**lýdium**	1	Fetthenne	
Sédum	**rupéstre**	1, 1a	Tripmadam	
(S. refléxum)				
Sédum	**sedifórme**	1	Fetthenne	
Sédum	**sexanguláre**	1, 1a	Milder Mauerpfeffer	
Sédum	**siebóldii**	1	Fetthenne	
Sédum	**spathulifólium**	1	Colorado-Fetthenne	
Sédum	**spectábile**	1	Schöne Fetthenne	
Sédum	**spúrium**	1	Kaukasus-Fetthenne	
Sédum	**teléphium**	1	Purpur-Fetthenne	
Sempervívum	**arachnoídeum**		Spinnenweben-Hauswurz	
Sempervívum	**tectórum**	1	Dach-Hauswurz	
Senécio	**abrotanifólius**	1	Eberrauten-Greiskraut, Kreuzkraut	Asteráceae
Sesléria	**caerúlea**	1	Moor-Blaugras	Poáceae
Setária	**macrostáchya** ∧	1, 3	Borstenhirse, Kolbenhirse	Poáceae
Sidalcéa	**-Hybriden** ∧ in vielen Sorten		Präriemalve	Malváceae
Siléne	**alpéstris**	1	Alpen-Leimkraut	Caryophylláceae
Siléne	**banksia 'Haageána'**		Lichtnelke	
(Lýchnis × haageána)				
Siléne	**chalcedónica**	1	Brennende Liebe	
(Lýchnis chalcedónica)				
Siléne	**coronária**	1	Vexiernelke	
(Lýchnis coronária)				
Siléne	**flos-cucúli**	1	Kuckucks-Lichtnelke	
(Lýchnis flós-cucúli)				
Siléne	**schafta**	1	Leimkraut	

Siléne	**viscaria**	1	Gewöhnliche Pechnelke	Caryophylláceae
(Viscária viscósa)				
Smilacína	**racemósa**	1	Duftsiegel	Convallariáceae s. S. 159
Soldanélla	**montána**	1	Alpenglöckchen, Berg-Troddelblume	Primuláceae
Solidágo	**canadénsis** ⤫	1	Kanadische Goldrute	Asteráceae
Solidágo	**cǽsia**	1	Blaustänglige Goldrute	
Soliago	**gigantéa**	1	Riesen-Goldrute	
Solidágo	**rugósa**	1	Raue Goldrute	
Solidágo	**shórtii**	1	Königs-Goldrute	
Solidágo	**virgáurea**	1, 1a	Gewöhnliche Goldrute	
× **Solidáster**	**lúteus**		Bastardaster, Goldrutenaster	Asteráceae
(Áster ptarmicoídes × Solidágo species)				
Sorghástrum	**nútans**	1	Gelbes Indianergras	Poáceae
Spartína	**pectináta**	1, 3	Kamm-Schlickgras	Poáceae
Stáchys	**macrántha**	1	Großblütiger Ziest	Lamiáceae
(St. grandiflóra)				
Stáchys	**byzantína**	1	Woll-Ziest, „Eselsohren"	
(S. lanáta, S. olýmpica)				
Stípa	**barbáta**	1a	Reiher-Federgras	Poáceae
Stípa	**calamagróstis**	1	Alpen-Rauhgras	
(Achnátherum calamagróstis)				
Stípa	**capilláta**	1, 1a	Haar-Federgras	
Stípa	**tenacíssima** ∧	1, 1a	Espartogras	
Stokésia	**lǽvis**	1	Kornblumenaster	Asteráceae
Tanacetum	**coccineum**		Bunte Margerite	Asteráceae
(Pyrethrum roseum)				
Thalíctrum	**aquilegifólium**	1	Akeleiblättrige Wiesen-raute	Ranunculáceae
Thalíctrum	**dipterocárpum**	1	Chinesische Wiesenraute	
Thápsia	**gargánica** ∧	1a	Purgierdolde	Apiáceae
Thýmus	× **citriodórus**		Zitronen-Thymian	Lamiáceae
(T. pulegioídes × T. vulgáris)				
Thýmus	**doérfleri**	1a	Thymian	

Thýmus	**serpýllum** in Sorten	1	Sand-Thymian, Quendel	Lamiáceae
Tiarélla	**cordifólia**	1	Schaumblüte	Saxifragáceae
Tiarélla	**whérryi-Hybriden** in vielen Sorten	1	Schaumblüte	
Tradescántia	**andersoniána** in vielen Sorten		Garten-Dreimasterblume	Commelináceae
(T. ohiénsis × T. subáspera × T. virginiána)				
Tradescántia	**virginiána**	1	Virginische Dreimasterblume	
Tricýrtis	**hirta** ∧	1	Borstige Krötenlilie	Convallariáceae s. S. 159
Trifólium	**répens 'Purpúreum'**	1, 1a	Weißklee	Fabáceae
Tríllium	**catesbǽi**	1	Rosa Dreizipfellilie	Trilliáceae
Tríllium	**grandiflórum**	1	Große Dreizipfellilie	
Tríllium	**séssile**	1	Braune Dreizipfellilie	
Tróllius	**× cultórum**		Trollblume	Ranunculáceae
(T. chinénsis × T. eurpǽus)				
Tróllius	**chinénsis**	1	Chinesische Trollblume	
Tróllius	**europǽus**	1	Europäische Trollblume	
Tróllius	**láxus**	1	Amerikanische Trollblume	
Uvulária	**grandiflóra**	1	Hänge-Goldglocke	Convallariáceae s. S. 159
Verbáscum	**cháixii**	1	Chaix-Königskerze	Scrophulariáceae
Verónica	**pedunculáris** ∧	1	Ehrenpreis	Scrophulariáceae
Verónica	**prostráta**	1, 1a	Gewöhnlicher Liegender Ehrenpreis	
Verónica	**teúcrium**	1	Großer Ehrenpreis	
Víola	**cornúta**	1	Horn-Veilchen	Violáceae
Víola	**odoráta**	1, 1a	März-Veilchen	
Víola	**labradórica**	1	Alaska-Veilchen	
Víola	**sorória**	1	Pfingst-Veilchen	
Waldsteinia	**geoídes**	1	Waldsteinie, Golderdbeere	Rosáceae
Waldsteinia	**ternáta**	1	Dreiblättrige Waldsteinie	

Wulfénia	**carinthíaca**	1	Kärntner Kuhtritt	Scrophulariáceae
Xerophýllum	**asphodeloídes** ∧	1	Bärengras	Melanthiáceae s. S. 159
Yúcca	**filamentósa** in Sorten	1	Fädige Palmlilie	Agaváceae
Yúcca	**fláccida**	1	Schlaffe Palmlilie	

Abschlussbemerkung: Stauden sind an sich ± vieljährige, im Prinzip unverholzte, immergrüne oder meist zum Herbst einziehende Pflanzen, die bei uns gar nicht oder kaum des Winterschutzes bedürfen. Deshalb kann man *Yúcca filamentósa* z. B., wie in diesem Buch geschehen, getrost zu den Stauden rechnen. Selbst große wissenschaftliche Werke umgehen das zuweilen, indem sie in diesem Fall eine Zuordnung vermissen lassen. Problematisch ist es bei *Pachysándra terminális*. Sie zeigt kaum Verholzungen und wird dennoch im Regelfall zu den Sträuchern gezählt. Dieser Meinung folgen wir in unserem Buch, wenn auch nicht vorbehaltlos.

2.5 Zwiebel- und Knollengewächse

Pflanzen, die größtenteils zu den Stauden gerechnet werden.

Állium	**christóphii**	1	Sternkugel-Lauch	Alliáceae s. S. 158
Állium	**flávum**	1	Gelber Lauch	
Állium	**gigantéum** ✂	1	Riesen-Lauch	
Állium	**karataviénse**	1	Blauzungen-Lauch	
Állium	**móly**		Gold-Lauch	
Állium	**narcissiflórum**	1	Narcissen-Lauch	
Állium	**neapolitánum**	1a	Neapel-Lauch	
Állium	**oreóphilum**	1	Rosen-Zwerg-Lauch	
Állium	**ursínum**	1	Bär-Lauch	
Alstroeméria	**aúrea** ✂	3	Goldene Inkalilie	Alstroemeriáceae s. S. 159
Alstroeméria	**-Hybriden** ✂ in vielen Sorten (Kreuzungen von *A. ligtu* mit anderen *A.*-Arten)		Inkalilie	
Alstroeméria	**pelegrína** ✂	3	Inkalilie	
Alstroeméria	**haemántha** ✂	3	Inkalilie	
Alstroeméria	**versícolor** ✂	3	Inkalilie	
Amarýllis	**bélla-dónna**	4	Amaryllis, Belladonnalilie	Amaryllidáceae
Anemóne	**apennína**	1a	Apenninen-Windröschen	Ranunculáceae
Anemóne	**hupehénsis** var. **japonica** ✂		Herbstanemone	
Árum	**itálicum**	1, 1a	Italienischer Aronstab	Aráceae
Árum	**orientále**	1	Aronstab	
Begónia	**Tuberhýbrida-Grp.**		Knollenbegonie	Begoniáceae
Brodiaéa	**élegans**	1	Großblütige Brodiee	Alliáceae s. S. 158
Bulbocódium	**vérnum**	1	Frühlings-Lichtblume	Colchicáceae s. S. 159
Calochórtus	**venústus**	1	Mormonentulpe	Liliáceae s. S. 158
Cánna	× **generális**		Blumenrohr	Cannáceae
Chionodóxa	**lucíliae**	1	Großer Schneestolz	Hyacintháceae s. S. 159
Chionodóxa	**sardénsis**	1	Dunkler Schneestolz	
Cólchicum	**autumnále**	1, 1a	Herbst-Zeitlose	Colchicáceae s. S. 159
Cólchicum	× **byzantínum**	1	Zeitlose	
Cólchicum	**neapolitánum**	1a	Zeitlose	
Cólchicum	**speciósum**	1	Zeitlose	

Crocósmia	**× crocosmiiflóra** ✂		Garten-Montbretie	Iridáceae
(C. āūrea × C. póttsii)				
Crócus	**angustifólius**	1	Krokus	
Crócus	**vérnus**	1	Frühlings-Krokus	
	in vielen Sorten			
Crócus	**chrysánthus**	1, 1a	Kleiner Krokus	
Crócus	**flávus**	1	Gold-Krokus	
Crócus	**korolkówii**	1	Krokus	
Crócus	**pulchéllus**	1	Krokus	
Crócus	**satívus**	1a	Echter Safran	
Crócus	**síeberi**		Krokus	
Crócus	**speciósus**	1	Krokus	
Crócus	**tommasiánus**	1	Dalmatiner Krokus	
Cýclamen	**cóum**	1	Alpenveilchen	Primuláceae
Cýclamen	**hederifólium**	1a	Herbst-Alpenveilchen	
(C. neapolitánum)				
Cýclamen	**purpuráscens**	1	Sommer-Alpenveilchen	
(C. europǣum)				
Cyclamen	**pseudibéricum**	1	Alpenveilchen	
Dahlia	**× horténsis** ✂		Dahlie	Asteráceae
	in vielen Sorten			
(D. coccínea × D. pinnáta)				

Dahlien werden in 13 Sortengruppen unterteilt, die zusätzlich noch nach Blütengröße klassifiziert werden können (riesenblütig bis miniaturblütig).

Eránthis	**hyemális**	1a	Kleiner Winterling	Ranunculáceae
Erythrónium	**déns-cánis**	1, 1a	Europäischer Hundszahn	Liliáceae
Erythrónium	**grandiflórum**	1	Großblütiger Hundszahn	
Frēēsia	**-Hybriden** ✂		Freesie	Iridáceae
	in vielen Sorten			
Fritillária	**imperiális**	1	Kaiserkrone	Liliáceae
Fritillária	**meléagris**	1, 1a	Schachbrettblume	
Fritillária	**pérsica**	1	Persische Kaiserkrone	
Galánthus	**elwésii**	1a	Großblütiges Schneeglöckchen	Amaryllidáceae
Galánthus	**nivális**	1	Kleines Schneeglöckchen	
Galtónia	**cándicans**	4	Sommerhyazinthe	Hyacintháceae s. S. 159
Gladíolus			Gladiole	Iridáceae

Grandiflórus-Grp. (großblättrig)
Nánus-Grp. (zwergig)
Primulínus-Grp. (kleine gefleckte Blätter)

Gladíolus	**murielae**	2	Stern-Gladiole	Iridáceae
(G. calliánthus)				
Gloriósa	**supérba** ✂	2	Ruhmeskrone	Colchicáceae s. S. 159
(Gloriósa rotschildina)				
Hyacinthoídes	**hispánica** in Sorten	1a	Hyazinthe	Hyacintháceae s. S. 159
(Scílla hispánica)				
Hyacínthus	**orientális** in vielen Sorten	1	Spanische Scilla, Hasenglöckchen	Hyacintháceae s. S. 159
Íris	**danfórdiae**		Schwertlilie, Iris	Iridáceae
Íris	**ensáta** in vielen Sorten	1	Japanische Sumpf-Schwertlilie	
(Íris kǣmpferi)				
Íris	× **germánica** ✂	1a	Deutsche Schwertlilie	
Íris	**gramínea**	1	Pflaumenduft-Iris	
Íris	× **holländica** ✂		Holländische Iris	
Íris	**latifólia**	1	Englische Schwertlilie	
Íris	**púmila**	1, 1a	Zwerg-Schwertlilie	
Íris	**reticuláta** in vielen Sorten	1	Schwertlilie	
Íris	**suavéolens**	1	Schwertlilie	
Íris	**susiána** ∧		Iris, „Dame in Trauer"	
Íris	**xíphium** ✂	1a	Spanische Schwertlilie	
(Íris hispánica)				

Íris wird als Gattung in 17 Gruppen aufgelistet. *Weitere Hybriden werden gelistet unter* Íris ensáta (früher I. Kaempferi-Hybriden), Í. sibírica und Í. spúria.

Íxia	**-Hybriden** in vielen Sorten		Klebschwertel	Iridáceae
Ixiolírion	**tatáricum**	1	Ixiolirion	Ixíoliriáceae
Leucójum	**aestívum**	1	Sommer-Knotenblume	Amaryllidáceae
Leucójum	**vérnum**	1, 1a	Märzenbecher	
Lílium	**aurátum**	1	Goldband-Lilie	Liliáceae s. S. 158
Lílium	**bulbíferum**	1, 1a	Feuer-Lilie	
Lílium	**cándidum** ✂	1a	Madonnen-Lilie	
Lílium	**davídii**		Riesenlilie	
Lílium	**hansónii** ✂		Gold-Türkenbund-Lilie	
Lílium	**lancifolium**		Tiger-Lilie	
(L. tigrínum)				

Lílium	**longiflórum** ✂		Oster-Lilie	Liliáceae s. S. 158
Lílium	**maculátum** ✂	1	Lilie	
Lílium	**mártagon**	1	Türkenbundlilie	
Lílium	**pardalínum** ✂		Panther-Lilie	
Lílium	**regále** ✂	1	Königs-Lilie	
Lílium	**speciósum** ✂		Prachtlilie	
Lílium als Gattung hat u. a. folgende Gruppen:				
	Asiatische Hybriden			
	Mártagon-Hybriden			
	Cándidum-Hybriden			
	Amerikanische Hybriden			
	Longiflórum-Hybriden			
	Trompetenlilien			
	Orienthybriden			
Muscári	**armeníacum**	1, 1a	Armenische Traubenhyazinthe	Hyacintháceae s. S. 159
Muscári	**botryoídes**	1	Kleine Traubenhyazinthe	
Muscári	**comósum**	1, 1a	Schopfige Traubenhyazinthe	
Narcíssus	**bulbocódium**		Reifrock-Narzisse	Amaryllidáceae
Narcíssus	**× incomparábilis** ✂		Unvergleichliche Narzisse	
(N. poéticus × N. pseudonarcíssus)				
Narcíssus	**jonquílla**	1a	Echte Jonquille	
Narcíssus	**poéticus** ✂	1	Dichter-Narzisse	
Narcíssus	**pseudonarcíssus** ✂	1, 1a	Osterglocke, Trompetennarzisse	
Narcíssus	**tazétta**	1a	Echte Tazette	
Neríne	**bowdénii**	4	Nerine	Amaryllidáceae
Neríne	**sarniénsis**	4	Guernseylilie	
Neríne	**unduláta**	4	Nerine	
Ornithógalum	**thyrsoídes** ✂	4	Milchstern, „Chincherinchee“	Hyacintháceae s. S. 159
Ornithógalum	**umbellátum**	4	Stern von Bethlehem	
Puschkínia	**scilloídes**	1a	Kegelblume, Puschkinie	Hyacintháceae s. S. 159
Ranúnculus	**asiáticus** ✂	1a	Hahnenfuß, Ranunkel	Ranunculáceae
Scílla	**bifólia**	1	Scilla, Zweiblättriger Blaustern	Hyacintháceae s. S. 159
Scílla	**sibérica**	1	Sibirischer Blaustern	
Sinníngia	**canéscens**	3	Gartengloxinie	Gesneriáceae

Sinníngia	**cardinális**	3	Gartengloxinie	Gesneriáceae
Sparáxis	**trícolor** ✂	4	Dreifarbiges Fransen-schwertel	Iridáceae
Triteléia	**laxa**	1	Blaue Triteleie	Alliáceae s. S. 158
Túlipa	**fosteriána**		Tulpe	Liliáceae s. S. 158
Túlipa	**gesneriana**		Garten-Tulpen	siehe unten
Túlipa	**gréigii**		Tulpe	
Túlipa	**kaufmanniána**		Kaufmanns Tulpe	
Túlipa	**sylvéstris**	1	Wilde Tulpe	
Túlipa	**tárda**	1	Tulpe	

Narzissen-Klassifikation für gärtnerische Zwecke

1: **Trompetenförmige Blüte** (Nebenkrone so lang wie oder länger als die Tepale)
2: **Große Nebenkrone** (Nebenkrone nicht ganz so lang wie die Tepale)
3: **Kleine Nebenkrone**
4: **Gefüllte Blüte**
5: **Triandrus** (je Trieb mehrere Blüten mit zurückgeschlagenen Tepalen)
6: **Cylamíneus** (Blüten wie bis Klassen 1–4 einzeln, Tepalen stark zurückgeschlagen)
7: **Jonguílla** (Triebe mit mehrere Blüten, deren Nebenkrone klein und flach sind)
8: **Tazetta** (bis zu 20 Blüten pro Trieb)
9: **Poëticus** (einzelne weiße Blüten, Nebenkrone nur angedeutet)
10: **Botanische Arten** (wild vorkommend, z. B. *Narcíssus pseudonarcíssus)*
11: **Nebenkrone** geschlitzt
12: **Gemischte** (solche, deren Zuordnung problematisch ist)

Garten-Tulpen

Hierher gehört ein sehr großes Sortiment mit folgender Gruppenaufteilung:

Einfache frühe Tulpen	Darwin-Hybrid-Tulpen
Gefüllte frühe Tulpen	Einfach blühende späte Tulpen
Mendel-Tulpen	Rembrandt-Tulpen
Triumph-Tulpen	Papagei-Tulpen
Darwin-Tulpen	Gefüllte späte Tulpen

Diese Aufteilung hat empfehlenden, nicht verbindlichen Wert. Das gilt auch für die Narzissen-Klassifikation.

Anmerkung: Ein nicht unbeachtlicher Teil der hier angeführten Zwiebel- und Knollengewächse ist in diesem Buch auch bei den Freilandstauden oder Topfpflanzen zu finden. Das ergibt sich aus dem ausdauernden Charakter sowie den entsprechenden Verwendungsmöglichkeiten dieser Arten.

2.6 Topfpflanzen

Einschließlich Pflanzen, die im Warmhaus bis Kalthaus auch ausgepflanzt kultiviert werden können.

Abutílon	× **hybridum** in vielen Sorten		Chinalaterne	Malváceae
(A. darwínii × A. píctum)				
Abutílon	**megapotámicum**	3	Kriechende Samtpappel	
Abutílon	**píctum** **'Thompsónii'**	3	Bunte Samtpappel	
(A. striátum)				
Abutílon	**sellowiánum**	3	Selows Samtpappel	
Acácia	**baileyána**	5	Baileys Akazie	Mimosáceae
Acácia	**cyanophýlla**	5	Akazie	
Acácia	**dealbáta**	5	Akazie („Mimose")	
Acácia	**decúrrens**	5	Frühe Schwarzholz-Akazie („Mimose")	
Acácia	**longifólia**	5	Sydney Gold-Akazie	
Acácia	**parádoxa**	5	Känguru-Akazie	
(A. armáta)				
Acácia	**podalyriifólia**	5	Queensland-Akazie	
Acácia	**retinódes**	5	Wasser-Akazie	
Acalýpha	**amentacea** subsp. **wilkesiána**	2	Buntlaubiges Kupferblatt	Euphorbiáceae
(A. wilkesiána)				
Acalýpha	**chamedrifólia**	1	Katzenschwanz, Nesselblatt	
(A. hispaniólae)				
Acalýpha	**híspida**	2	Roter Katzenschwanz	
Acánthus	**montánus**	2	Gebirgs-Akanthus	Acantháceae
Ácca	**sellowiána**	3	Brasilianische Myrte	Myrtáceae
Ácer	**japónicum**	1	Japanischer Ahorn	Aceráceae
Ácer	**palmátum** in vielen Sorten **Disséctum-Grp.** **Linearilóbum-Grp.** **Amœ́num-Grp.**	1	Fächer-Ahorn	
Achímenes	**-Hybriden** in vielen Sorten		Schiefteller	Gesneriáceae

Achímenes	**longiflóra**	2	Schiefteller	Gesneriáceae
Acmélla	**olerácea**	2, 3	Parakresse	Asteráceae
Ácorus	**gramíneus**	1, 2	Zwerg-Kalmus	Acoráceae
Adénium	**obésum 'Pusíllus'**	2	Gewöhnliche Wüstenrose	Apocynáceae
Adiántum	**capíllus- véneris**	1, 1a	Gewöhnlicher Frauen- haarfarn	Adiantáceae
Adiántum	**raddiánum**	2, 3	Dreieckiger Frauenhaarfarn	
(A. cuneátum)				
mit den wichtigen Marktsorten:				
	'Brillantelse', Auslese aus 'Goldelse', lebhafter gefärbt			
	'Elegans', hellgrün, feinzerteilt, raschwüchsig			
	'Fragrantissimum', schwarze Stiele, kräftig			
	'Goldelse', feingegliedert, im Austrieb rötlich			
	'Matador' und **'Matador Lyon'** für Schnitt			
Adiántum	**hispídulum**	2	Rauer Frauenhaarfarn	
Adiántum	**ténerum**	3	Fächer-Frauenhaarfarn	
mit den wichtigsten Marktsorten:				
	'Farleyénse', dichte, übereinandergreifende Fiedern			
	'Jan Bier', besser als die ähnliche 'Ruhm von Moordrecht'			
	'Lemkésii', Austrieb rot, dann hellgrün			
	'Ruhm von Moordrecht', prächtige Schaupflanze			
	'Scútum Róseum', rötlich, langstielig, kräftig			
Aechméa	**fasciáta**	3	Silbervase	Bromeliáceae
Aechméa	**fúlgens** var. **díscolor**	3	Aechmea	
Aechméa	**weilbáchii 'Leodi- énsis'**	3	Aechmea	
Aeónium	**arbóreum**	1a	Aeonium	Crassuláceae
Aeschynánthus	**evrárdii**	2	Aeschynanthus	Gesneriáceae
Aeschynánthus	**hillebrándtii**		Aeschynanthus	
Aeschynánthus	**longicaulis** ↓	2	Aeschynanthus	
(A. marmorátus)				
Aeschynánthus	**micránthus** ↓	2	Aeschynanthus	
Aeschynánthus	**parasíticus** ↓	2	Aeschynanthus	
Aeschynánthus	**púlcher**	2	Aeschynanthus	
Aeschynánthus	**radícans** ↓	2	Aeschynanthus	
Aeschynánthus	**speciósus** ↓	2	Aeschynanthus	
Aeschynánthus	**× splendidus**		Aeschynanthus	
(A. parasíticus × A. speciósus)				

Agapánthus	**africánus**	4	Afrikanische Schmucklilie	Alliáceae s. S. 158
Agapánthus	**campanulátus**	4	Liebesblume, Schmucklilie	
Agapánthus	**prǽcox**	4	Agapanthus	
Agapánthus als Gattung kann man wie folgt untergliedern:				
	Africanus-Grp.			
	Campanulátus-Grp.			
	Inapértus-Grp			
	Prǽcox-Grp.			
Agapétes	**buxifólia**	2	Agapetes	Ericáceae
Agáthis	**austrális**	2	Kaurifichte	Araucariáceae
Agáve	**americána**	3	Hundertjährige Agave	Agaváceae
Agáve	**attenuáta**	3	Drachenbaum-Agave	
Agáve	**victóriae regínae**	3	Königs-Agave	
(Agáve fernándi-regis)				
Agáve	**filífera**	3	Faden-Agave	
Aglaia	**pinnáta**	2	Glanzbaum	Meliáceae
Aglaonéma	**brevispáthum**	2	Kolbenfaden	Aráceae
Aglaonéma	**commutátum**	2	Kolbenfaden	
Aglaonéma	**costátum**	2	Kolbenfaden	
Aglaonéma	**críspum**	2	Kolbenfaden	
Aichrýson	**× aizoídes**		Immergold	Crassuláceae
(Aeónium × domésticum)				
Allamánda	**cathártica** ↟	3	Goldtrompete	Apocynáceae
Allamánda	**schóttii**		Strauch-Allamande	
Allopléctus	**capitátus**	3	Alloplectus	Gesneriáceae
Alocásia	**cúprea**	2	Metallisches Pfeilblatt	Aráceae
Alocásia	**longiloba**	2	Langes Pfeilblatt	
(A. korthálsii)				
Áloë	**arboréscens**	4	Tintenfisch-Aloë	Aloáceae s. S. 158
Áloë	**aristáta**	4	Bebänderte Aloë	
Áloë	**férox**	4	Kap-Aloë	
Áloë	**× príncipis**		Aloë	
(A. arboréscens × A. férox)				
Áloë	**variegáta**	4	Tiger-Aloë	
Aloýsia	**citriodora**	3	Zitronenstrauch	Verbenáceae
(A. triphýlla)				
Alpínia	**galánga**	2	Falscher Zimt, Siamesische Ingwerlilie	Zingiberáceae
(A. zingibérina)				
Alpínia	**purpuráta** ✂	2	Roter Ingwer	

Alternanthéra (*A. amœ́na*)	**ficoídea**	3	Papageienblatt	Amarantháceae
Alyógyne	**huegélii**	5	Blauer Hibiscus	Malváceae
Amarýllis	**bélla-dónna**	4	Belladonnalilie	Amaryllidáceae
Amorpho-phállus	**konjac**	2	Stinkende Titanenwurz	Aráceae
Amorpho-phállus	**titánum**	2	Titanenwurz	
Ampelópsis	**brevipedunculáta** ⌇	1	Scheinrebe	Vitáceae
Ampelópsis	**japónica**	1	Japanische Scheinrebe	
Ampelópsis	**orientális**	1	Scheinrebe	
Ánanas	**comósus**	3	Ananas	Bromeliáceae
Ánanas	**nánus**	3	Ananas	
Angelónia	**angustitólia**	3	Angelonie	Scrophulariáceae
Angelónia	**gárdneri**	3	Angelonie	
Anisodóntea (*Malvástrum capénse*)	**capénsis**	4	Kapmalve	Malváceae
Anthúrium	**-Andreánum-Hybriden**		Große Flamingoblume	Aráceae
Anthúrium	**crystállinum**	3	Kristall-Schweifblume	
Anthúrium	**magníficum**	3	Flamingoblume	
Anthúrium	**-Scherzeriánum-Hybriden**		Kleine Flamingoblume	
Anthúrium (*A. trinérve*)	**obtúsum**	3	Flamingoblume	
Anthúrium	**vḗitchii**	3	Anthurium	
Antígonon	**léptopus** ⌇	3	Mexikanischer Knöterich	Polygonáceae
Aphelándra	**aurantíaca**	3	Glanzkölbchen	Acantháceae
Aphelándra	**squarrósa**	3	Glanzkölbchen	
Aporocáctus	**flagellifórmis**	3	Schlangenkaktus	Cactáceae
Apténia	**cordifólia**	4	Aptenie	Aizoáceae
Araucária	**araucána**	3	Chilenische Araukarie	Araucariáceae
Araucária	**heterophýlla**	3	„Zimmertanne“	
Arbútus	**menziésii**	1	Erdbeerbaum	Ericáceae
Archonto-phœ́nix	**alexándrae**	5	Feuerpalme	Arecáceae
Ardísia	**crenáta**	1, 2	Gewürzbeere	Myrsináceae
Ardísia	**malouiána**	1, 2	Ardisie	
Aréca	**cát(h)echu**	2	Betelnuss	Arecáceae

Ariocárpus	**retúsus**	3	Wollfruchtkaktus	Cactáceae
Aristolóchia	**grandiflóra** ↟	2, 3	Großblütige Pfeifenwinde	Aristolochiáceae
Aristolóchia	**littorális** ↟	3	Strand-Pfeifenwinde	
Asclépias	**curassávica**	3	Indianer-Seidenpflanze	Asclepiadáceae
Asclépias	**fruticósa**	2, 5	Baumwoll-Seidenpflanze	
Aspáragus	**asparagoídes** ↟	4	Stechwinden-Spargel	Asparagáceae
(Medéola asparagoídes)				s. S. 158
Aspáragus	**densiflórus**	4	Zier-Spargel	
(A. spréngeri)	**'Spréngeri'**	4		
Aspáragus	**densiflórus**	4		
(A. mēÿeri)	**'Myérsii'**			
Aspáragus	**falcátus** ↟	2, 4	Sicheldorn-Spargel	
Aspáragus	**retrofráctus** var. **myriocládus**	4	Zier-Spargel	
Aspáragus	**scándens** var. **deflexus** ↟	4	Kletternder Spargel	
Aspáragus	**setáceus**	4	Farn-/Feder-Spargel	
(A. plumósus)				
Aspáragus	**simluans**	2	Zier-Spargel	
(A. madagascariénsis)				
Aspáragus	**umbellátus**	1a	Kanaren-Spargel	
Aspáragus	**virgátus**	4	„Tiki"-Spargel	
Aspidístra	**elátior**	1	Schusterpalme	Convallariáceae s. S. 159
Asplénium	**antíquum**	2	Streifenfarn	Aspleniáceae
Asplénium	**australásicum**	2, 5	Nestfarn	
(Asplénium nídus var. *australásicum)*				
Asplénium	**bulbíferum**	2, 5	Mutterfarn	
(A. vivíparum)				
Asplénium	**dimórphum**	2	Streifenfarn	
Asplénium	**nídus**	2, 5	Vogel-Nestfarn	
Astróphytum	**astérias**	3	Sternkaktus	Cactáceae
Astróphytum	**myriostígma**	3	Bischofsmütze	
Aucúba	**japónica** in Sorten	1	Aukube	Aucubaceae
Bambúsa	**múltiplex**	1, 2	Hecken-Bambus	Poáceae
Bambúsa	**tuldoides**	1, 2	Bambus	
(B. ventricósa)				
Bánksia	**attenuáta**	5	Banksie	Proteáceae
Bánksia	**báxteri**	5	Vogelnest-Banksie	

Bánksia	**coccínea** ✂	5	Scharlachrote Banksie	Proteáceae
Bánksia	**grándis** ✂	5	Stier-Banksie	
Bánksia	**hookeriána** ✂	5	Hookers Banksie	
Bánksia	**scéptrum**	5	Banksie	
Bánksia	**speciósa**	5	Prächtige Banksie	
Barringtónia	**asiática**	2, 5	Barringtonie	Lecythidáceae
Bauhínia	**tomentósa**	2	Bauhinie	Caesalpiniáceae
Beaucárnea	**recurváta**	3	Klumpstamm	Nolinaceae
(Nolína recurváta)				
Begónia	**albopícta**	3	Weißgefleckte Begonie	Begoniáceae
Begónia	**× corállina-Hybriden**		Begonie, Schiefblatt	
Begónia	**× crédneri**		Begonie, Schiefblatt	
Begónia	**-Elátior-Grp.**		Begonie, Schiefblatt	
(B. socotrána × tuberhýbrida)				
Begónia	**fuchsioídes**	3	Fuchsien-Begonie	
Begónia	**grácilis**	3	Stockrosen-Begonie	
Begónia	**-Lorraine-Grp.**		Lorrainebegonie	
(B. drégei × B. socotrána)				
Begónia	**masoniána 'Iron Cross'**		Ordens-Begonie	
Begónia	**metállica**	3	Metallische Begonie	
Begónia	**radícans** ⇣	3	Garnelen-Begonie	
(B. limmingheana, B. glaucophylla)				
Begónia	**rájah**	2	Begonie, Schiefblatt	
Begónia	**-Rex-Cultórum-Grp.**		Blattbegonie	
Begónia	**schárffiana**	3	Elefantenohr-Begonie	
(B. schárffii)				
Begónia	**serratipétala**	2	Begonie, Schiefblatt	
Begónia	**sutherlándii**	4	Begonie	
Begónia	**Tuberhybrida-Grp.**		Knollenbegonie	
Benincása	**híspida**		Wachs-Kürbis	Cucurbitáceae
Bertolónia	**maculáta**	3	Bertolonie	Melastomatáceae
Bídens	**ferulifólia**	3	Fenchelblättriger Zweizahn	Asteráceae
Bióphytum	**sensitívum**	2	Sinnklee	Oxalidáceae
Billbérgia	**chlorostícta**	3	Billbergie	
(B. saundérsii)				

Billbérgia	**nútans**	3	Zimmerhafer	Bromeliáceae
Billbérgia	**pyramidális**	3	Billbergie	
Billbérgia	**rósea**	3	Billbergie	
Billbérgia	**vittáta**	3	Billbergie	
Billbérgia	**zebrína**	3	Billbergie	
Bléchnum	**brasiliénse**	3	Rippenfarn	Blechnáceae
Bléchnum	**gíbbum**	2	Rippenfarn	
Borónia	**molloyae**	5	Korallenraute	Rutáceae
Bougainvíllea	**glábra**	3	Glatte Bougainvillee	Nyctagináceae
Bougainvíllea	**spectábilis** ≀	3	Pracht-Bougainvillee	
Bougainvíllea	**-Hybriden** in vielen Sorten			
Bouvárdia	**-Hybriden**		Bouvardie	Rubiáceae
Brachýchiton	**popúlneus**	5	Flaschenbaum	Sterculiáceae
Brachy(s)come	**iberidifólia**		Blaues Gänseblümchen	Asteráceae
Brachy(s)come	**multífida**	5	Blaues Gänseblümchen	
Brugmánsia	**× cándida**		Weiße Engelstrompete	Solanáceae
(Datúra × cándida)				
Brugmánsia	**sanguínea**	3	Rote Engelstrompete	
(Datúra sanguínea)		3		
Brugmánsia	**suavéolens**		Duftende Engelstrompete	
(Datúra suavéolens)				
Browállia	**speciósa**	3	Saphir-Veilchenbusch	Solanáceae
Brunfélsia	**pauciflóra** var. **calýcina**	3	Brunfelsie	Solanáceae
Brúnia	**albiflóra**	4	Brunie	Bruniáceae
Bryophýllum	**daigremotiánum**	2	Brutblatt	Crassuláceae
(Kalánchoë daigremontíana)				
Bryophýllum	**laxiflórum**	2	Brutblatt	
(B. crenátum)				
Bryophýllum	**mangínii**	2	Brutblatt	
(Kalánchoë mangínii)				
Bryophýllum	**tubiflórum**	2	Röhrenblütiges Brutblatt	
(Kalánchoë tubiflóra)				
Buddléja	**índica**	2	„Zimmereiche“	Buddlejáceae
Bútia	**capitáta**	3	Gelee-Palme (frosthart)	Arecáceae
Caióphora	**laterítiae** ≀	3	Brennwinde	Loasáceae
Caládium	**bicolor**		Elephantenohr	Aráceae
Caládium	**schombúrgkii**		Kaladie	
Calánthe	**rósea**	2	Schönorchis	Orchidáceae

Caláthea	**crocáta**	3	Calathea	Marantáceae
Caláthea	**lancifólia**	3	Calathea	
Caláthea	**makoyána**	3	Calathea	
Caláthea	**róseopícta**	3	Calathea	
Caláthea	**rufibárba**	3	Calathea	
Caláthea	**warscewíczii**	3	Calathea	
Caláthea	**zebrína**	3	Calathea	
Calceolária	**Herbeohybrida-Grp.**		Pantoffelblume	Scrophulariáceae
Calceolária *(C. rugósa)*	**integrifólia**	3	Pantoffelblume	
Calibrachoa	**parviflora**	3	Zauberglöckchen, Kleinblütige Petunie	Solanaceae
	-Hybriden in vielen Sorten, u. a. die Serien „Superbells", „Celebration" oder „Mini-Famous"			
Callísia *(C. élegans)*	**gentlei** var. **élegans** ↯	3	Callisie, Schönpolster	Commelináceae
Callísia	**répens** ↯	3	Kriechendes Schönpolster	
Callistémon	**cítrinus**	5	Zylinderputzer	Myrtáceae
Camássia	**leichtlínii**	1	Camassie, Prairielilie	Hyacintháceae
Caméllia	**japónica** in vielen Sorten	1	Japanische Kamelie	Theáceae
Caméllia	**sinénsis**	1, 2	Teestrauch	
Campánula	**isophýlla**	1a	Stern-Glockenblume	Campanuláceae
Canístropsis *(Nidulárium billbergioídes)*	**billbergioídes**	3	Nestbromelie	Bromeliáceae
Canístrum *(C. lindénii)*	**fragráns**	3	Kanistrum	Bromeliáceae
Cánna	**índica** **'Tropicanna'**	2	Blumenrohr	Cannáceae
Cántua	**buxifólia**	3	Cantue	Polemoniáceae
Cápsicum	**ánnuum** **Cerasifórme-Grp.**	3	Paprika, Zier-Paprika	Solanáceae
Cárex	**brúnnea**	2, 5	Segge	Cyperáceae
Cárica	**papāýa**	3	Papaya	Caricáceae
Cárica	**pentagóna**	3	Melonenbaum, Babaco (Papaya)	

Caríssa	**macrocárpa**	4	Wachsbaum, Natal-Pflaume	Apocynáceae
Carludovíca	**palmáta**	3	Carludovike, Panama-palme	Cyclantháceae
Carnegíea	**gigantéa**	3	Riesenkaktus	Cactáceae
Caryóta	**mítis**	2	Fischschwanzpalme	Arecáceae
Caryóta	**úrens**	2	Brennpalme, Sagopalme	
Casuarína	**equisetifólia**	5	Känguruhbaum	Casurarináceae
Casuarína	**strícta**	5	Känguruhbaum	
Catharánthus *(Vinca rósea)*	**róseus**	2	Zimmerimmergrün	Apocynáceae
Cattléya	**bícolor**	3	Cattleya	Orchidáceae
Cattléya	**bowringiána**	3	Cattleya	
Cattléya	**labiáta**	3	Cattleya	
Cattléya	**warscewíczii**	3	Cattleya	
Cattléya	**-Hybriden** in vielen Sorten			
Centradénia	**'Cascade'**		Centradenie	Melastomatáceae
Cephalocéreus	**senílis**	3	Greisenhaupt	Cactáceae
Ceratozámia	**mexicána**	3	Ceratozamie	Zamiáceae s. S. 160
Céreus *(C. chalybáeus)*	**aethiops**	3	Säulenkaktus	Cactáceae
Céreus *(C. peruviánus)*	**repándus**	3	Felsenkaktus	
Ceropégia	**lineáris** subsp. **wóodii**	4 1	Leuchterblume	Asclepiadáceae
Céstrum	**aurantíacum**	3	Orangefarbener Hammerstrauch	Solanáceae
Céstrum *(Cestrum purpúreum)*	**élegans** var. **élegans**	3	Roter Hammerstrauch	
Chamaedórea	**élegans**	3	Mexikanische Bergpalme	Arecáceae
Chamaedórea	**metállica**	3	Metallische Bergpalme	
Chamaedórea	**pinnatifrons**		Bergpalme	
Chamaedórea *(Ch. erúmpens)*	**seiffrízii**		Bergpalme	
Chameláucium	**uncinátum**	5	Australische Myrte	Myrtáceae
Chamáerops	**húmilis**	1a	Zwergpalme	Arecáceae

Chloróphytum	**capénse** §	4	Chlorophytum	Anthericáceae
Chloróphytum	**comósum** §	4	Grüner Heinrich, Grünlilie	s. S. 158
Choísya	**ternáta**	3	Orangenblume	Rutáceae
Chrysalido-cárpus	**lutéscens**	2	Goldfruchtpalme	Arecáceae
Chrysán-themum	**× grandiflorum**		Garten-Chrysantheme	Asteráceae
Chrysánthemum als Gattung wird jetzt in mehr als 30 Gruppen aufgeteilt. Der Sortenname steht dann meist direkt hinter dem Gattungsnamen, gefolgt von der Abkürzung der Gruppennamen in Klammern.				
Cibótium	**schiédei**	3	Mexikanischer Baumfarn	Dicksoniáceae
Císsus	**antárctica** §	5	Känguruh-Klimme	Vitáceae
Císsus	**díscolor** §	5	Begonien-Klimme	
Císsus	**gongylódes** §	3	Klimme, Zimmerrebe	
Císsus	**rhombifólia** §	2, 3	Klimme	
(Rhoicissus rhomboídea)				
Císsus	**striáta**	3	Kleine Zimmerrebe	
Cistus	**populifólius**	1a	Zistrose	Cistáceae
Citrus	**madurénsis**		Zierorange, Limequat	Rutáceae
(× Citrofortunélla microcárpa)				
Cleistocáctus	**stráusii**	3	Silberkerzenkaktus	Cactáceae
Clerodéndrum	**búngei**	2	Herrlicher Losstrauch	Verbenáceae
Clerodéndrum	**philippínum**	2	Lauben-Losstrauch	
Clerodéndrum	**speciosíssimum**	2	Losstrauch	
Clerodéndrum	**spléndens**	2	Clerodendrum	
Clerodéndrum	**thomsóniae**	2	Kletternder Losstrauch	
Clerodéndrum	**ugandénse**	2	Uganda-Losstrauch	
Clethra	**arbórea**		Scheineller, Zimterle	Clethráceae
Cléyera	**japónica**	1	Sakakistrauch	Theáceae
Clivia	**miniáta**	4	Zimmer-Clivie	Amaryllidáceae
Clúsia	**májor**	2, 3	Rosa Balsamapfel	Clusiáceae
Coccóloba	**pubèscens**	3	Meertraubenbaum	Polygonáceae
Codiáeum	**variegátum**	2	Croton, Wunderstrauch	Euphorbiáceae
Codonánthe	**crassifólia**	3	Codonanthe	Gesneriáceae
Codonánthe	**grácilis**		Codonanthe	
(C. ventricósa)		3		
Coelógyne	**asperáta**	2	Coelogyne	Orchidáceae
Coelógyne	**cristáta**	2	Engelsorchidee	
Cóffea	**arábica**	2	Kaffeestrauch	Rubiáceae

Coleonéma	**album**	4	Götterduft	Rutáceae
Coleonéma	**púlchrum**	4	Götterduft	
Collétia	**paradóxa**	3	Anker-Pflanze	Rhamnáceae
Colocásia	**affínis**	2	Zehrwurz	Aráceae
Colúmnea	**× bánksii** ⸾		Kolumnee	Gesneriáceae
Colúmnea	**gloriósa** ⸾	3	Kolumnee	
Colúmnea	**hírta** ⸾	3	Kolumnee	
Colúmnea	**microphýlla** ⸾	3	Kolumnee	
Colúmnea	**× vedrariénsis** ⸾	3	Kolumnee	
(C. magnífica × C. schiediána)				
Convólvulus	**sabátius**	1a	Kriechende Winde	Convolvuláceae
Convólvulus	**cneórum** ⸾	1a	Silberwinde	
Coprósma	**× kírkii**		Coprosma	Rubiáceae
(C. acerósa × C. répens)				
Coprósma	**répens** in Sorten	2	Coprosma	
Cordýline	**austrális**	2	Keulenlilie	Draceánaceae
Cordýline	**frúticosa**	2, 5	Keulenlilie	
(C. terminális)				
Cordýline	**indivísa**	2	Keulenlilie	
Cordýline	**rúbra**		Keulenlilie	
Corókia	**cotoneáster**	2	Zickzackstrauch	Corókiaceae
Córrea	**× bicolor**		Australische Fuchsie	Rutáceae
(C. álba × C. pulchélla)				
Corynocárpus	**laevigátus**	2	Karakabaum	Corynocarpáceae
Corýpha	**umbraculífera**	2	Talipotpalme	Arecáceae
Cóstus	**speciósus**	2	Prächtige Kostwurz	Costáceae
Cotylédon	**orbiculata**		Cotyledon	Crassuláceae
(Cotylédon unduláta)		4		
Crássula	**perfoliáta** var. **minor**	4	Propellerpflanze	Crassuláceae
(C. falcáta)				
Crássula	**muscósa**	4	Dickblatt	
Crássula	**orbiculáris**	4	Dickblatt	
Crássula	**ováta**		Jadestrauch	
(C. portulácea)				
Crássula	**rupéstris**	4	Dickblatt	
Crossándra	**infundibuliformis**	2	Crossandre	Acantháceae
(C. undulifólia)				

Cryptánthus *(C. sinuósus)*	**acaulis**	3	Grüner Erdstern	Bromeliáceae
Cryptánthus	**beuckeri**	3	Cryptanthe	
Cryptánthus	**bivittátus**	3	Erdstern	
Cryptánthus	**bromelioídes**	3	Cryptanthe	
Cryptánthus	**fosteriánus**	3	Cryptanthe	
Cryptánthus	**lacérdae**	3	Cryptanthe	
Cryptánthus	**zonátus**	3	Zebra-Erdstern	
Ctenánthe	**oppenheimiána**	3	Kammmaranthe	Marantáceae
Ctenánthe	**setósa**	3	Borstige Kammmaranthe	
Cúphea	**hyssopifólia**	3	Falsches Heidekraut	Lythráceae
Cúphea	**ígnea**	3	Zigarettenblümchen	
Cúphea	**llávea**		Köcherblümchen	
Cúphea	**micropétala**	3	Köcherblümchen	
Curculígo	**latífolia**	2	Palmgras	Hypoxidáceae
Cúrcuma	**roscoeána**	2	Safranwurz	Zingiberáceae
Cussónia	**paniculáta**	4	Kohlpalme	Araliáceae
Cyanótis *(C. kewénsis)*	**beddomei**	2	Teddybärpflanze	Commelináceae
Cyanótis	**somaliénsis**	2	Katzenohren	
Cyáthea	**austrális**	5	Rauer Becherfarn	Cyatheáceae
Cýcas	**circinális**	2	Eingerollter Sagopalmfarn	Cycadáceae
Cýcas	**revolúta**	2	Japanischer Sagopalmfarn	
Cýcas	**rúmphii**	2	Palmfarn	
Cýclamen	**pérsicum** ✂	1a	Alpenveilchen	Primuláceae
Cymbídium	**élegans**	3	Kahnorchis	Orchidáceae
(C. longifólum)			Kahnorchis	
Cymbídium	**insígne**	2	Kahnorchis	
Cymbídium	**iridioídes**		Kahnorchis	
Cymbídium	**lowiánum**	2	Kahnorchis	
Cymbídium	**mastérsii**	2	Kahnorchis	
Cymbídium	**-Hybriden** ✂ in vielen Sorten		Kahnorchis	
Cyrtánthus *(C. purpúreus)*	**elatus**	4	Feuerblüte	Amaryllidáceae
Cyrtánthus	**oblíquus**	4	Feuerblüte	
Darlingtónia	**califórnica**	1	Kobralilie	Sarraceniáceae
Dasylírion	**acrótrichum**	3	Rauschopf	Dracaenáceae
Dasylírion	**longíssimum**	3	Rauschopf	

Delaírea	**odoráta**	1a	Salon-Efeu	Asteráceae
(Senécio mikanioídes)				
Delospérma	**pruinósum**	4	Mittagsblume	Aizoáceae
Dendróbium	**bigíbbum** ✂	5	Dendrobium	Orchidáceae
Dendróbium	**nóbile**	1	Dendrobium	
Dendróbium	**pulchéllum**	2	Dendrobium	
Diáscia	**rígéscens**	4	Doppelhörnchen	Scrophulariaceae
Diáscia	**vígilis**	4	Diascie	
Diáscia	**-Hybriden** in vielen Sorten			
Dichóndra	**repens**	3	Dichondra	Convolvuláceae
Dichóndra	**argéntea** §		Dichondra	
Dichorisándra	**regínae**	3	Dichorisandre	Commelináceae
Dichorisándra	**thyrisflóra**	3	Dichorisandre	
Dicksónia	**antárctica**	5	Australischer Taschenfarn	Dicksoniáceae
Didimochlǣna	**truncátula**	2	Farn	Dryopteridáceae
Dieffenbáchia	× **bā́usei**		Dieffenbachie	Aráceae
(D. seguíne × D. wī́rii)				
Dieffenbáchia	**costáta**	3	Dieffenbachie	
Diefenbáchia	**seguíne** subsp. **seguíne** in vielen Sorten, u. a.: 'Exótica', 'Hoffmánnii', 'Lancifolia' 'Rudolph Roehrs'	3	Dieffenbachie	
(D. maculáta, D. picta)				
Dionǣa	**muscípula**	1	Venusfliegenfalle	Droseráceae
Dioscórea	**bulbífera**	2	Yamswurzel	Dioscoreáceae
Dioscórea	**dodecaneura**	3	Yamswurzel	
Dischídia	**vidalii** §	2	Urnenpflanze	Asclepiadáceae
(D. pectenoídes)				
Dorsténia	**hildebrándtii**	2	Dorstenie	Moráceae
Dracǣna	**braunii**		Panaschierter Drachenbaum	Dracaenáceae s. S. 159
(D. sanderiána)				
Dracǣna	**dráco**	2	Echter Drachenbaum	
Dracǣna	**frágrans**	2	Drachenbaum	
(D. dereménsis)				
Dracǣna	**surculósa**	2	Dracaene	
(D. godseffiána)				
Dracǣna	**refléxa**	2	Dracaene	

Dracaēna	**refléxa** var. **angustifolia**	2	Dracaene	Dracaenáceae s. S. 159
(D. margináta)				
Duchésnea	**índica**	2	Indische Erdbeere	Rosáceae
Duránta	**eréсta**	3	Einzelstämmige Himmelsblüte	Verbenáceae
(D. répens)				
Echevéria	**derenbérgii**	3	Echeverie	Crassuláceae
Echevéria	**élegans**	3	Echeverie	
Echevéria	**hármsii**	3	Echeverie	
Echevéria	**gibbiflóra**	3	Echeverie	
Echevéria	**peacóckii**	3	Echeverie	
Echevéria	**secúnda**	3	Echeverie	
(E. púmila)				
Echevéria	**setósa**	3	Echeverie	
Echevéria	**-Hybriden** in vielen Sorten			
Echinocáctus	**grusónii**	3	Goldkugelkaktus	Cactáceae
Echinocáctus	**horizonthalónius**	3	Igel-/Kugelkaktus	
Echinocáctus	**platyacánthus**	3	Riesen-Igelkaktus	
Echinocéreus	**knippeliánus**	3	Igel-Säulenkaktus	Cactáceae
Echinocéreus	**pectinátus**	3	Regenbogenkaktus	
Echinópsis	**eyriésii**	3	Seeigelkaktus	Cactáceae
Echinópsis	**leucántha**	3	Seeigelkaktus	
Echinópsis	**oxygóna**	3	Seeigelkaktus	
Ehrétia	**acumináta**	2	Ehretie	Boragináceae
Elaphoglóssum	**crinítum**	3	Zungenfarn	Lomariopsidáceae
Elettária	**cardamómum**	2	Kardamome	Zingiberáceae
Encephalártos	**altenstēinii**	4	Brotpalmfarn	Zamiáceae s. S. 160
Enséte	**ventricósum**	1a	Zierbanane	Musáceae
(Músa enséte)				
Epácris	**-Hybriden**		Australheide	Epacridáceae
Epidéndrum	**ánceps**	3	Epidendrum	Orchidáceae
Epiphýllum	**angulígerum**	3	Sägeblattkaktus	Cactáceae
Epiphýllum	**crenátum**	3	Kerbenblattkaktus	
Epiprémnum	**pinnátum** ⚕	2	Efeutute, Tongapflanze	Aráceae
Epíscia	**cupreáta**	2	Episcie	Gesneriáceae
Eránthemum	**wáttii**	2	Purpurne Frühlingsblume	Acantháceae
Eríca	**bāuera**	4	Erika, Heide	Ericáceae

Eríca	**cáffra**	4	Erika	Ericáceae
Eríca	**canaliculáta**	4	Erika	
Eríca	**cerinthoídes**	4	Scharlach-Heide	
Eríca	**× cylíndrica**	4	Glockenheide	
Eríca	**doliifórmis**		Erika	
Eríca	**grácilis**	4	Erika	
Eríca	**× hiemális**	4	Erika	
Eríca	**mammósa**	4	Signal-Heide	
Eríca	**subdivaricata**	4		
(E. persolúta)			Erika	
Eríca	**ventricósa**	4	Erika	
Eríca	**vestíta**	4	Erika	
Eríca	**× willmórei**			
Erythrína	**crísta-gálli**	3	Korallenstrauch	Fabáceae
Escallónia	**× langleyénsis**		Andenstrauch	Escalloniáceae s. S. 159
(E. rúbra × E. virgáta)				
Eucalýptus	**botryoídes**	5	Eukalyptus	Myrtáceae
Eucalýptus	**cinérea**	5	Eukalyptus	
Eucalýptus	**glóbulus**	5	Blaugummibaum	
Eucalýptus	**gompho céphala**	5	Eukalyptus	
Eucalýptus	**gúnnii**	5	Eukalyptus	
Eucalýptus	**macarthúrii**	5	Eukalyptus	
Eucalýptus	**resinífera**	5	Eukalyptus	
Eucalýptus	**robústa**	5	Eukalyptus	
Eucalýptus	**salígna**	5	Sidney blue gum	
Euchāris	**amazónica** ✂	3	Amazonaslilie	Amaryllídáceae
Eucomis	**bícolor**	4	Gerandete Schopflilie	Hyacintháceae s. S. 159
Eucomis	**comósa**	4	Ananasblume	
Eugénia	**dombeyi**	3	Brasilkirsche	Myrtáceae
Euónymus	**fortúnei** in vielen Sorten	1	Pfaffenhütchen, Spindelstrauch	Celastráceae
(E. radícans)				
Euónymus	**japónicus**	1	Japanischer Spindelstrauch	
Euphórbia	**balsamífera**	2	Wolfsmilch	Euphorbiáceae
Euphórbia	**canariénsis**	2	Wolfsmilch	
Euphórbia	**cáput-medúsae**	4	Medusenhaupt	
Euphórbia	**fúlgens**	3	Leuchtende Wolfsmilch	

Euphórbia	**griffithii**	1	Wolfsmilch	Euphorbiáceae
Euphórbia	**× lómi**		Wolfsmilch	
(E. lophogóna × E. mílii)				
Euphórbia	**mílii**	2	Christusdorn	
(E. spléndens)				
Euphórbia	**pulchérrima**	3	Poinsettie, Weihnachtsstern	
Euphórbia	**tirucálli**	2	Latex-Wolfsmilch	
Euphórbia	**pentagóna**	4	Wolfsmilch	
Euphórbia	**tetragóna**	4	Wolfsmilch	
Éuryops	**virgíneus**	4	Goldmargerite	Asteráceae
Eustóma	**grandiflórum** ✂	1, 3	Präirieenzian	Gentianáceae
(Lisiánthus russelliánus)				
Eutérpe	**edúlis**	3	Assaipalme	Arecáceae
Éxacum	**affíne**	2	Blaues Lieschen	Gentianáceae
Fabiána	**imbricáta**	3	Falsche Heide	Solanáceae
× Fatshédera	**lízei**		Efeuaralie	Araliáceae
(Fátsia japónica × Hédera hibérnica)				
Fátsia	**japónica**	1	Zimmeraralie	Araliáceae
Ferocáctus	**grácilis**	3	Ferocactus	Cactáceae
Ferocáctus	**hamatacánthus**	3	Ferocactus	
Fícus	**altíssima**	2	Hohe Feige	Morácae
Fícus	**benghalénsis**	2, 5	Banyan-Feige	
Fícus	**benjamína**	2	Benjamin-Feige	
Fícus	**binnendíjkii**		Feigenbaum	
Fícus	**cárica**	1a	Echte Feige	
Fícus	**cyathistípula**	2	Feigenbaum	
Fícus	**deltoídea**	2	Mistelfeigenbaum	
(F. diversifólia)				
Fícus	**dryepondtiána**	2	Kongofeigenbaum	
Fícus	**elástica**	2	Gummibaum	
	'Doéscheri'			
	'Decóra'			
	'Variegáta'			
	'Robústa'			
Fícus	**natalénsis** subsp. **leprieúrii**	2	Feigenbaum	
(F. trianguláris)				
Fícus	**lyráta**	2	Leier-Gummiaum	
Fícus	**microcárpa**	2	Feigenbaum	
(F. retúsa)				

Fícus	**montána**	2	Eichenblättrige Feige	Morácae
Fícus	**púmila** ⌇	1	Kletterficus	
Fícus	**sagittáta**	2	Ficus	
Fícus	**religiósa**	2	Heiliger Feigenbaum, Pepulbaum	
Fícus	**rubiginósa**	5	Australischer Feigenbaum	
Fittónia (*Fittonia argyronéura*)	**albivénsis**	3	Fittonie, Silbernetzblatt	Acantháceae
Fittónia	**verschafféltii** var. **pearcei**	3	Fittonie	
Fortunélla	**japónica**	2	Marumi-Kumquat	Rutáceae
Fremontodéndron	**califórnicum**	1, 3	Flanellstrauch	Sterculiáceae
Fúchsia	**arboréscens**	3	Fliederfuchsie	Onagráceae
Fúchsia	**corymbiflóra**	3	Fuchsie	
Fúchsia	**fúlgens**	3	Fuchsie	
Fúchsia	**-Hybriden** in vielen Sorten		Gartenfuchsie	
Fúchsia	**lycioídes**		Fuchsie	
Fúchsia	**magellánica 'Riccartónii'**	3	Scharlachfuchsie	
Fúchsia	**procúmbens**	2	Kriechende Fuchsie	
Fúchsia	**triphýlla**		Traubenblättrige Fuchsie	
Furcrǣa	**fœ́tida**	1, 3	Mauritiushanf	Agaváceae
Furcrǣa	**sellóa**	3	Fourcroye	
Gardénia (*G. augústa*)	**jasminoídes**	1	Gardenie	Rubiáceae
Gastéria	**bícolor** var. **liliputána**	4	Gasterie	Aloáceae s. S. 158
Gastéria (*Gastéria maculáta*)	**bícolor** var. **bicolour**	4	Gasterie	
Gastéria	**carináta** var. **verrucósa**	4	Gasterie	
Gaúra	**lindhéimeri**	1, 3	Prachtkerze	Onagráceae
Gaulthéria (*Pernéttya mucronáta*)	**mucronáta**	3, 6	Torfmyrte, Scheinbeere	Ericáceae
Genísta (*Cýtisus canariénsis*)	**canariénsis**	2	Ginster	Fabáceae

Genísta	**× spachiána**		Ginster	Fabáceae
(G. canariénsis × G. stenopétala)				
Geogenánthus	**poeppígii**	3	Geogenanthe	Commelináceae
Geónoma	**grácilis**	3	Geonoma-Palme	Arecáceae
Geónoma	**macrostachys** var. **acáulis**			
(G. acáulis)				
Gerányium	**oxoniánum** in Sorten		Oxford-Strochschnabel	Geraniáceae
(G. endréssii × G. versícolor)				
Gérbera	**jamesónii**	4	Gerbera	Asteráceae
Gérbera	**viridifólia**	4	Gerbera	
Gérbera	**-Hybriden** in vielen Sorten			
Gleichénia	**microphýlla**	2, 5	Gabelfarn	Gleicheniáceae
Glóbba	**winitii**	2	Globba	Zingiberáceae
Grevíllea	**juniperína**	5	Silbereiche	Proteáceae
Grevíllea	**robústa**	5	Australische Silbereiche	
Griffínia	**hyacínthina**	3	Griffinie	Amaryllidáceae
Griselínia	**littorális**	2	Griselinie	Griselíniaceae
Guzmánia	**-Hybriden**		Guzmanie	Bromeliáceae
Guzmánia	**linguláta**	2, 3	Guzmanie	
	var. **concolor**	3		
Guzmánia	**monostáchia**	2, 3	Guzmanie	
Guzmánia	**musáica**	3	Guzmanie	
Guzmánia	**záhnii**	3	Guzmanie	
Gymno-calýcium	**denudátum**	3	„Spinnenkaktus“	Cactáceae
Gymno-calycium	**mihanovíchii**	3	Erdbeerkaktus	
Gynúra	**aurantíaca**	2	Purpur-Samtpflanze	Asteráceae
Haageocéreus	**versícolor**	3	Haageocereus	Cactáceae
Haemánthus	**álbiflos**	4	Elefantenohr	Amaryllidáceae
Haemánthus	**coccíneus**	4	Scharlachrote Blutblume	
Hardenbérgia	**víolácea** ≀	5	Hardenbergie	Fabáceae
Hawórthia	**attenuáta** var. **attenuáta**	4	Haworthie	Aloáceae s. S. 158
(H. fasciáta)				
Hawórthia	**púmila**	4	Perlen-Haworthie	
(H. margaritífera)				

Hawórthia	**truncáta**	4	Haworthie	Aloáceae s. S. 158
Hébe	**× andersonii**		Strauchveronika	Scrophulariáceae
Hébe	**buchanánii**	2	Strauchveronica	
Hébe	**cupressoídes**	2	Zypressen-Strauchehrenpreis	
Hébe	**ochrácea**	2	Strauchehrenpreis	
Hébe	**pinguifólia**	2	Fettblättriger Strauchehrenpreis	
Hébe	**salicifólia**	2	Strauchveronica	
Hébe	**-Hybriden** in vielen Sorten			
Héchtia	**argéntea**	3	Hechtie	Bromeliáceae
Hédera	**canariénsis**	1, 2	Kanarischer Efeu	Araliáceae
Hédera	**cólchica** ⌇	1	Kolchischer Efeu	
Hédera	**hélix** ⌇	1, 1a	Gewöhnlicher Efeu	
Hédera	**hibérnica**	1	Irischer Efeu	

Formen bzw. Sorten der angeführten *Hédera* spec. sind u. a.:

'Arboréscens', baumartige Altersform
'Argénteo-Variegáta', weißbunte Blätter
'Aúreo-Variegáta', gelbbunte Blätter
'Cavendíshii', mit weißem oder rotem Rand
'Conglomeráta', Zwergform, wenig gelappt, stark gewellt
'Cullísii', kleinblättrig, Mittellappen lang mit weißem oder rotem Rand
'Deltoídea', dreieckig, mit schwachen Lappen, Basallappen sich überdeckend
'Digitáta', länglich eiförmig, Seitenlappen rechtwinklig zum Mittellappen
'Erécta', rasig wachsende Zwergform, Blätter kahnförmig
'Glýmii', eiformlänglich, schwach dreilappig, stark kraus
'Maculáta', groß, gelbweiß gefleckt und gestreift
'Pedáta', sehr lang, grün mit weißen Adern
fo. **sagittifólia**, pfeilspitzig, grün-rot

Hedýchium	**coccíneum**	2	Kranzblume, Schmetterlingsingwer	Zingiberáceae
Hedýchium	**gardneriánum**	1, 2	Schmetterlingsingwer	
Helicónia	**latispátha** ✂	3	Falsche Paradiesvogelblume	Heliconiáceae s. S. 160

Helicónia	**metállica** ✂	3	Heliconie	Heliconiáceae s. S. 160
Helicónia	**psittacórum** ✂	3	Papageien-Hummerschere	
Helicónia	**rostráta** ✂	3	Hängende Hummerschere	
Helicónia	**zebrína** ✂	3	Heliconie	
Heterocéntron	**macrostáchyum**	3	Centradénie	Melastomatáceae
Hibbértia	**scándens** ⌇	4	Goldwein	Dilleniáceae
Hibíscus	**rósa-sinénsis**		Chinesischer Roseneibisch	Malváceae
Hibíscus	**schizopétalus**	2	Hängender Roseneibisch	
Hippeástrum	**-Hybriden** in vielen Sorten		Amaryllis der Gärtner	Amaryllidáceae
Hippeástrum	**regínae**	3	Ritterstern	
Hippeástrum	**vittátum**	3	Ritterstern	
Hoffmánnia	**ghiesbréghtii**	3	Hoffmannie	Rubiáceae
Holmskíoldia	**sanguínea**	2	Chinesenhut	Verbenáceae
Homalocládium	**platycládum**	2	Muehlenbeckie, Bandbusch	Polygonáceae
Hówea *(Kéntia belmoreána)*	**belmoreána**	2	Howeapalme	Arecáceae
Hówea *(Kéntia forsteriána)*	**forsteriána**	2	Kentiapalme	
Hṓya	**carnósa** ⌇	1, 5	Wachsblume	
Hṓya *(Hṓya bella)*	**lanceólata** subsp. **bella** ⌇			
Hṓya	**multiflóra**	2	Wachsblume	
Humáta	**tyermánnii**	1	Bärenfußfarn	Davalliáceae
Hydrangéa	**macrophýlla** **Hortensia-Grp.** **Lacecap-Grp.**	1	Garten-Hortensie (Mophead-Hortensien) (Teller-Hortensien)	Hydrangeáceae
Hymenocállis	**narcissiflóra**	3	Schönhäutchen	Amaryllidáceae
Hymenocállis	**speciósa**	2	Hymenocallis	
Hypoéstes	**phyllostáchya**	2	Hüllenklaue	Acantháceae
Impátiens	**aurícoma**	2	Fleißiges Lieschen (gelbblütig)	Balsamináceae
Impátiens *(I. háwkeri × I. walleriána)*	**-Neu-Guinea-Grp.**		Fleißiges Lieschen	

Impátiens	**répens**	2	Fleißiges Lieschen	Balsamináceae
Impátiens	**walleriána** in vielen Sorten	2	Fleißiges Lieschen	
Iochróma	**cyáneum**	3	Veilchenstrauch	Solanáceae
Iphḗion	**uniflórum**	3	Frühlingsstern	Alliáceae
Ipomṓea (*Quámoclit lobáta*)	**lobáta**	3	Kaiserwinde, Prunkwinde	Convolvuláceae
Iresíne	**hérbstii**	3	Iresine, Blutblatt	Amarantháceae
Iresíne	**lindénii**	3	Iresine	
Isolatocereus (*Stenocéreus dumortiéri*)	**dumortiéri**	3	Schraubenkaktus	Cactáceae
Ixóra	**coccínea**	2	Dschungelbrand	Rubiáceae
Jacaránda	**mimosifólia**	3	Jacaranda	Bignoniáceae
Jasmínum	**nítidum**	2	Engelsflügel-Jasmin	Oleáceae
Jasmínum	**polyánthum**	1	Jasmin	
Jasmínum	**sámbac**	2	Arabischer Jasmin	
Jatrópha	**podágrica**	3	Purgiernuss	Euphorbiáceae
Juanullóa	**mexicána**	3	Juanulloa	Solanáceae
Justícia (*Belopérone guttáta*)	**brandegeána**	3	Beloperone, Justizie	Acantháceae
Justícia	**cárnea**	3	Brasilianische Justizie	
Justícia	**carthaginénsis**	3	Purpurschopf, Zimmerhopfen	
Kalánchoë	**beharénsis**	2	Kalanchoë	Crassuláceae
Kalánchoë	**blossfeldiána** in Sorten	2	Flammendes Käthchen	
Kalánchoë	**laciniáta**	2, 3	Kalanchoë	
Kalánchoë	**marmoráta**	2	Kalanchoë	
Kalánchoë	**thyrsiflóra**	4	Kalanchoë	
Kennédia	**coccínea** ⌇	5	Kennedie	Fabáceae
Kennédia	**rubicúnda** ⌇	5	Purpurbohne	
Klḗinia (*Senécio kleinia*)	**neriifólia**	2	Kleinie	Asteráceae
Lachenália	**aloídes**	4	Lachenalie, Kaphyacinthe	Hyacintháceae s. S. 159
Lā́elia	**ánceps**	3	Laelie	Orchidáceae
Lámium	**maculátum 'Pink Pewter'**		Gefleckte Taubnessel	Lamiáceae
Lampránthus (*Lampránthus aurantíacum*)	**glaucoídes**	4	Mittagsblume	Aizoáceae

Lantána	**camára** in Sorten		Wandelröschen	Verbenáceae
Lantána	**montevidénsis**	3	Kriechendes Wandelröschen	
Lapagéria	**rósea**	3	Chileglöckchen	Philesiáceae s. S. 159
Laúrus	**nóbilis**	1a	Lorbeerbaum	Lauráceae
Lawsónia	**inérmis**	2, 3	Hennastrauch	Lythráceae
Leonótis	**leonúrus**	4	Großblättriges Löwenohr	Lamiáceae
Leptospérmum	**laévigátum**	5	Teebaum (Mückenabschrecker)	Myrtáceae
Leptospérmum	**scopárium**	5	Neuseelandmyrte	
Leucadéndron	**coníferum** ✂	4	Silberbaum	Proteáceae
Leucadéndron	**platyspérmum**	4	Leucadendron	
Leucocorýne	**ixioídes** ✂	3	Leucocoryne	Alliáceae
Leucophýta (*Calocéphalus brownii*)	**brównii**	5	Schönkopf, Silberblatt	Asteráceae
Leucospérmum	**cordifólium**	4	Herzblättriges Nadelkissen	Proteáceae
Leucospérmum	**grandiflórum**	4	Großblütiges Nadelkissen	
Licuála	**grándis**	2	Strahlenpalme	Arecáceae
Limónium	**perézii**	1a, 2	Meerlavendel, Strandflieder, Widerstoß	Plumbagináceae
Liríope	**muscári** in Sorten	2	Schlangenbart	Convallariáceae s. S. 159
Lithops	**pseudotruncatélla**	4	Lebender Stein	Aizoáceae
Livistóna	**austrális**	5	Australische Livistonie	Arecáceae
Livistóna	**chinénsis**	1	Chinesische Livistonie	
Lobívia	**pentlándii**	3	Lobivia	Cactáceae
Lonicéra	**japónica** in Sorten	1	Geißblatt	Caprifoliáceae
Lophóphora	**williámsii**	3	Pellote, Mescalkaktus	Cactáceae
Lótus	**berthelótii**	2	Hornklee	Fabáceae
Lótus	**maculátus**	1a	Hornklee	
Ludísia	**díscolor**	2	Blutständel	Orchidáceae
Lúma	**apiculáta**	3	Lumamyrte	Myrtáceae
Lycáste	**aromática**	3	Lycaste	Orchidáceae
Lycáste	**skínneri**	3	Lycaste	
Lycáste	**trícolor**	3	Lycaste	

Lyciánthes	**rantonnétii**	3	Kartoffelstrauch	Solanáceae
(Solánum rantonnétii)				
Lytocáryum	**weddelliánum**	3	Zimmer-Kokospalme	Arecáceae
(Microcóelum weddelliánum)				
Mackáya	**bélla**	4	Mackaya	Acantháceae
Macrozámia	**spirális**	5	Makrozamie	Zamiáceae s. S. 160
Magnólia	**grandiflóra** in Sorten	1, 3	Immergrüne Magnolie	Magnoliáceae
Malpíghia	**coccígera**	2	Barbadoskirsche	Malpighiáceae
Mammillária	**bombycína**	3	Seidiger Warzenkaktus	Cactáceae
Mammillária	**compréssa**	3	Warzenkaktus	
Mammillária	**eriacántha**	3	Warzenkaktus	
Mammillária	**longimámma**	3	Warzenkaktus	
Mammillária	**magnimámma**	3	Warzenkaktus	
Mammillária	**rhodántha**	3	Warzenkaktus	
Mammillária	**sempervivi**		Warzenkaktus	
(M. sempervivi var. *cáput-medúsae)*				
Mammillária	**zeilmanniãna**	3	Muttertags-Warzenkaktus	
Mandevilla	× **amábilis**		Falscher Jasmin	Apocynáceae
(Dipladenia-Hybriden)				
Manéttia	**luteorúbra**	3	Manettie	Rubiáceae
Maránta	**crístata**		Pfeilwurz	Marantáceae
(Maránta bícolor)		3		
Maránta	**leuconeu͡ra**	3	Bunte Pfeilwurz, Gebetspflanze	
	var. **kerchoviána**, smaragdgrün			
	var. **massangeána**, kleine Blätter, unten rot			
Maurándya	**barclayána**	3	Windendes Löwenmaul	Scrophulariáceae
Maxillária	**pícta**	3	Maxillaria	Orchidáceae
Medinílla	**magnífica**	2	Medinille	Melastomatáceae
Medinílla	**sedifólia**	2	Medinille	
Melaleu͡ca	**ericifólia**	5	Sumpf-Myrtenheide	Myrtáceae
Melaleu͡ca	**hypericifólia**	5	Johanniskrautblättrige-Myrtenheide	
Melastóma	**malabáthricum**	2, 5	Indischer Schwarzmund	Melastomatáceae
Melocáctus	**intórtus**	2	Melonenkaktus	Cactáceae
Méntha	**requiénii**	1a	Korsische Minze	Lamiáceae
Méntha	**suavéolens**	1a	Apfelminze	

Mesembryánthemum	**crystallinum**	2, 3, 5	Mittagsblume, Eiskraut, „Eisperlensalat“ (als Salatbeigabe essbar)	Aizoáceae
Metrosidéros	**excélsa**	2	Eisenholzbaum	Myrtáceae
Metróxylon	**ságu**	2	Sagopalme	Arecáceae
Meyenia *(Thunbérgia erécta)*	**erécta**	2	Thunbergie	Acantháceae
Michélia	**chámpaca**	2	Champaka	Magnoliáceae
Microlépia	**spelúncae**	2, 4	Microlepie	Dennstaedtiáceae
Microméria *(Saturéja douglásii)*	**douglásii**	1	Bohnenkraut	Lamiáceae
Miltoniópsis	**vexillária**	3	Stiefmütterchenorchidee	Orchidáceae
Mimósa	**pudíca**	3	Mimose, Sinnpflanze	Mimosáceae
Mímulus	**aurantíacus**	1	Gauklerblume	Scrophulariáceae
Mónstera	**adansónii**	2, 3	Geschlitztes Fensterblatt	Aráceae
Mónstera	**deliciósa**	2	Großes Fensterblatt	
Muehlenbéckia	**compléxa** ⸾	2	Weißfrüchtiger Drahtstrauch	Polygonáceae
Murrāýa	**paniculáta**	2, 5	Jasmin-Orangenraute	Rutáceae
Músa	**× paradisíaca**		Ess-Banane	Musáceae
Mussaénda	**erythrophýlla** ⸾	2	Signalstrauch	Rubiáceae
Myrciária	**cauliflóra**	3	Jaboticababaum	Myrtáceae
Mýrtus	**commúnis**	1a	Myrte, Brautmyrte	Myrtáceae
Myrsíne	**africána**	1a	Afrikanische „Buschbohne“	Myrisináceae
Nandína	**doméstica**	1, 2	Nandine, Himmelsbambus	Nandináceae s. S. 160
Nematánthus *(Hypocýrta)*	**‘Glabra’** ⸾	3	Kussmäulchen	Gesneriáceae
Neoregélia	**carolínae ‘Tricolor’**	3	Neoregelie	Bromeliáceae
Neoregélia	**concéntrica**	3	Neoregelie	
Neoregélia	**spectábilis**	3	Neoregelie	
Nepénthes	**-Hybriden**		Kannenstrauch	Nepentháceae
Nepénthes	**mirábilis**	2	Kannenstrauch	
Nepénthes	**sanguínea**	2	Kannenstrauch	
Nepénthes	**ventricósa**	2	Kannenstrauch	
Nephrólepis	**cordifólia**	2	Schlanker Schwertfarn	Nephrolepidáceae

Nephrólepis	**exaltáta**	2	Aufrechter Schwertfarn	Nephrolepidáceae

Als wichtige Exaltata-Sorten sind aufgeführt:
'Bornstedt', mehrfach fein gefiedert
'Bostoniénsis', einfach gefiedert
'Fósteri', hängend, doppelt gefiedert
'Harrísii', einfach gefiedert, gewellt
'Hílii', schmal doppelt gefiedert
'Maasii', gedrungen, einfach gefiedert
'Roosevéltii', gewellt, geöhrte Fiedern
'Whitmánnii', kraus, breit, gefiedert

Nérium	**oleánder** in vielen Sorten	1a	Oleander	Apocynáceae
Nértera	**granadénsis**	3	Korallenmoos	Rubiáceae
Nidulárium	**billbergoídes**	3	Nidularie	Bromeliáceae
Nidulárium	**fúlgens**	3	Nestbromelie	
Nidulárium	**innocéntii**	3	Trichterbromelie	
Nidulárium	**purpúreum**	3	Nidularie	
Nierembérgia	**hippománica**	3	Nierembergie	Solanáceae
Nopalxóchia	**phyllanthoídes**	3	Nopalxochie „Phyllokaktus“	Cactáceae
Óchna	**serruláta**	2	Micky-Mouse-Pflanze	Ochnáceae
Odontoglóssum	**críspum**	3	Odontoglossum	Orchidáceae
Odontoglóssum	**nóbile**	3	Odontoglossum	
Oncídium	**krameriánum**	3	Oncidium	Orchidáceae
Oncídium	**marshalliánum**	3	Oncidium	
Onýchium	**japónicum**	1, 2	Japanischer Klauenfarn	Adiantáceae
Ophiopógon	**jabúran**	1	Weißer Schlangenbart	Convallariáceae s. S. 159
Ophiopógon	**japónicus**	1	Japanischer Schlangenbart	
Oplísmenus	**hirtéllus**	2, 3	Stachelspelze	Poáceae
Opúntia	**clavarioídes**	3	Feigenkaktus	Cactáceae
Opúntia	**erinácea**	1, 3	Opuntie	
Opúntia	**fícus-índica**	1a, 2, 3	Feigenkaktus	
Opúntia	**micródasys**	3	Goldopuntie	
Opúntia	**subuláta**	3	Zylinder-(Pfriem-) Opuntie	
Órbea	**variegáta**	4	Stapelie	Asclepiadáceae
Oreocéreus	**celsiánus**	3	Bergcereus	Cactáceae
Oreópanax	**dactylifólius**	3	Bergaralie	Araliáceae

Ornithógalum	**arábicum**	1a	Stern von Bethlehem	Hyacintháceae
				s. S. 159
Ornithógalum	**dúbium**	4	Milchstern (gelbblütig)	
Osteoméles	**schweriníae** var. **microphylla**	1	Schwerins Steinapfel	Rosáceae
Otacánthus	**caerúleus**	3	Otacanthus	Scrophulariáceae
Óxalis	**articuláta**	3	Sauerklee	Oxalidáceae
Óxalis	**herrérae**	3	Sauerklee	
(O. succulénta)				
Óxalis	**tetraphýlla**	3	Glücksklee	
Óxalis	**trianguláris**	3	Sauerklee	
Ozothámnus	**rosmarinifólius**	5	Strohblume	Asteráceae
(Helíchrysum rosmarínífólius)				
Pachypódium	**geáyi**	2	Madagaskarpalme	Apocynáceae
Pachypódium	**lamérei**	2	Pachypodium	
Pachystáchys	**coccínea**	2, 3	Rote Dickähre	Acantháceae
Pachystáchys	**lútea**	3	Gelbe Dickähre	
Palisóta	**bracteósa**	2	Palisote	Commelináceae
Pándanus	**tectórius**	2	Schraubenbaum	Pandanáceae
(Pándanus sánderi, P. veītchii)				
Pándanus	**útilis**	2	Schraubenbaum	
Pandórea	**jasminoídes** ⌇	5	Pandoree	Bignoniáceae
Paphiopédilum	**callósum**	2	Venusschuh	Cypripediáceae
				s. S. 159
Paphiopédilum	**-Hybriden** in vielen Sorten		Venusschuh	
Paphiopédilum	**insígne**	2	Venusschuh	
Paphiopédilum	**philippinénse**	2	Venusschuh	
Parthenocíssus	**henryána** ⌇	1	Jungfernrebe	Vitáceae
Passiflóra	**caerúlea** ⌇	3	Blaue Passionsblume-	Passifloráceae
Passiflóra	**quadranguláris** ⌇	3	Riesen-Granadille	
Passiflóra	**racemósa** ⌇	3	Rote Passionsblume	
Passiflóra	× **violácea** ⌇	3	Passionsblume	
Passiflóra	**-Hybriden** in vielen Sorten			
Pavónia	× **gledhíllii**	3	Pavonie	Malváceae
(P. multiflora × P. mayokána)				
Pedilánthus	**tithymaloídes**	3	Schuhblüte	Euphorbiáceae
Pelargónium	**capitátum**	4	Rosenduft-Pelargonie	Geraniáceae
Pelargónium	**críspum**	4	Zitronenduft-Pelargonie	

Pelargónium	**× citrósmum**	4	Duftpelargonie (mücken-vertreibend)	Geraniáceae
Pelargónium	**× frágrans**	4	Duftpelargonie (Muskat)	
(P. exstipulátum × P. odoratíssimum)				
Pelargónium	**grandiflórum**		Edelpelargonie	
Pelargónium	**gravéolens** in Sorten	4	Rosen-Pelargonie	
Pelargónium	**odoratíssimum**	4	Apfelduft-Pelargonie	
Pelargónium	**peltátum** §		Efeublättrige Pelargonie	
Pelargónium	**quercifólium**	4	Eichblatt-Pelargonie	
Pelargónium	**rádens**	4	Balsamduft-Pelargonie	
(P. rádula)				
Pelargónium	**tomentósum**	4	Pfefferminz-Pelargonie	
Pelargónium	**× hortórum**		Zonalpelargonie	
(P. inquinans × P. zonále)				
Pelargónium ist eine artenreiche Gattung, deren Sorten in 13 Gruppen eingeteilt sind. Duftpelargonien und Zonale Pelargonien sind zwei Beispiele dafür.				
Pelecýphora	**aselliförmis**	3	Asselkaktus	Cactáceae
Pellǽa	**atropurpúrea**		Purpur-Klippenfarn	Adiantáceae
Pellǽa	**rotundifólia**	2	Pellaea	
Pellǽa	**víridis**	2	Grüner Klippenfarn	
Pelliónia	**púlchra**	2	Regenbogen-Pellionie	Urticáceae
Pelliónia	**répens**	2	Melonen-Begonie	
Péntas	**lanceoláta**	2	Stern von Ägypten	Rubiáceae
Peperómia	**argyréia**	3	Zwergpfeffer	Peperomiáceae s. S. 160
Peperómia	**caperáta**	3	Gerunzelte Peperomie	
Peperómia	**clusiifólia**	3	Zwergpfeffer	
Peperómia	**fráseri**	3	Reseden-Peperomie	
Peperómia	**glabélla**	3	Zypressen-Peperomie	
Peperómia	**incána**	3	Zwergpfeffer	
Peperómia	**obtusifólia**	3	Fleischige Peperomie	
Peperómia	**puteoláta**	3	Zwergpfeffer	
Peperómia	**verticilláta**	3	Zwergpfeffer	
Peréskia	**aculeáta**	3	Pereskie, Rosenkaktus	Cactáceae
Pericállis	**× hýbrida** in vielen Sorten		Garten-Zinerarie,	Asteráceae
(Senécio-Cruéntus-Hybriden)			„Senetti" (Handelsname) nur Stecklingsvermehrung	

Perístrophe	**hyssopifólia**	2	Gürtelklaue	Acantháceae
Perístrophe	**speciósa**	2	Gürtelklaue	
Petúnia	**× atkinsiána**		Petunie	Solanáceae
(vgl. auch Anmerkung am Ende dieses Kapitels)				
(P. axilláris × P. integrifolia)				
Pháius	**tankervílleae**	2	Phajus	Orchidáceae
Phalaenópsis	**amábilis**	2	Malayenblume	Orchidáceae
Phalaenópsis	**-Hybriden** ✂		Malayenblume	
	in vielen Sorten			
Phalaenópsis	**schilleriána**	2	Schmetterlingsorchidee	
Philodéndron	**bipinnatífidum**	3	Baum-Philodendron	Aráceae
Philodéndron	**angustiséctum** ⌇	3	Philodendron	
Philodéndron	**bipennifólium** ⌇	3	Geigenblatt-Philodendron	
(P. panduriforme)				
Philodéndron	**hastátum** ⌇	3	Philodendron	
(Philodéndron elongátum)				
Philodéndron	**erubéscens** ⌇	3	Rotblättriger Philodendron	
Philodéndron	**hederáceum** ⌇			
(Philodéndron scándens)				
Philodéndron	**imbe** ⌇	3	Philodendron	
Philodéndron	**melanochrýsum**		Philodendron	
(P. andreánum)				
Philodéndron	**ornátum** ⌇			
(Philodéndron ilsemánnii)				
Philodéndron	**pedátum** ⌇	3	Philodendron	
Philodéndron	**sagittifólium** ⌇	3	Philodendron	
Philodéndron	**squamíferum** ⌇	3	Philodendron	
Phlebódium	**áureum**	3	Goldener Hasenfußfarn	Polypodiáceae
Phoénix	**canariénsis**	2	Kanarische Dattelpalme	Arecáceae
Phoénix	**louréirii**	2	Phoenixpalme	
Phoénix	**roebelénii**	2	Zwerg-Dattelpalme	
Phórmium	**ténax**	2	Neuseelandflachs	Phormiáceae
	in Sorten			s. S. 159
Phylica	**ericoídes**	4	Kapmyrte	Rhamnáceae
Phyllánthus	**émblica**	2	Amblabaum	Euphorbiáceae
Phyllostáchys	**áurea**	1	Goldrohrbambus	Poáceae
Phyllostáchys	**aureosulcáta**		Goldrohrbambus	
Phyllostáchys	**bambusoídes**	1, 2	Goldrohrbambus	
Phyllostáchys	**nígra**	1	Schwarzrohrbambus	

Pílea	**cardiérei**	2	Kanonierblume	Urticáceae
Pílea *(P. muscósa)*	**microphýlla**	3	Kleinblättrige Kanonierblume	
Pílea	**nummularifólia**	2	Münzenblättrige Kanonierblume	
Pimélea	**ferrugínea**		Glanzstrauch	Thymelaeáceae
Piper	**bétle** ⌇	2	Betel-Pfeffer	Piperáceae
Piper	**ornátum** ⌇	2	Pfeffer	
Piquéria	**trinérvia** ✂	3	Piquerie	Asteráceae
Pisónia	**umbellífera**	5	Pisonie	Nyctagináceae
Pittósporum	**tobíra**	2	Chinesischer Klebsame	Pittosporáceae
Platycérium *(P. alcicórne)*	**bifurcátum** var. **bifurcátum**	5	Gewöhnlicher Geweihfarn	Polypodiáceae
Platycérium	**gránde**	2	Großer Geweihfarn	
Platycérium	**híllii**	5	Geweihfarn	
Platycérium	**vássei**	2	Geweihfarn	
Platycérium	**willínckii**	2	Geweihfarn	
Plectránthus	**fórsteri** **'Marginatus'**	2	Harfenstrauch, Buntnessel	Lamiáceae
Plectránthus	**fruticósus**	2	Mottenkönig	
Plectránthus *(Solenostémon scutellarioides, Cóleus-Blumei-Hybriden)*	**scutellarioides**			
Pleioblástus *(Arundinária variegáta)*	**variégatus**		Bambus	Poáceae
Plumbágo *(P. capénsis)*	**auriculáta**	4	Kap-Bleiwurz	Plumbagináceae
Plumbágo	**índica**	2	Bleiwurz	
Podránea	**ricasoliána**	4	Rosa Trompetenwein	Bignoniáceae
Pogonátherum	**paníceum**	2, 5	Zierbambus	Poáceae
Poliánthes	**tuberósa**		Nachthyazinthe	Agaváceae
Polýscias	**scutellária**	2	Glänzende Fiederaralie	Araliáceae
Polystichum	**falcátum**	2	Mondsichelfarn	Dryopteridáceae
Portulacária	**áfra**	4	Speckbaum	Portulacáceae
Prímula *(P. floribúnda × P. verticilláta)*	**× kewénsis**		Primel	Primuláceae
Prímula	**malacoídes**	1	Flieder-Primel	

Prímula	**obcónica**	1	Becher-Primel	Primuláceae
	'Touch me'		Sorte ohne Primin, für Allergiker	
Prímula *(P. sinénsis)*	**praenítens**	1	Chinesische Primel	
Proboscídea	**louisiánica**	3	Louisiana-Gämshorn	Pedaliáceae
Prostanthéra	**rotundifólia**	5	Australminze	Lamiáceae
Prótea	**barbígera** ✂	4	Wollige Protee	Proteáceae
Prótea	**cynaroídes**	4	Königs-Protee	
Prótea	**grándiceps** ✂	4	Pfirsich-Protee	
Prótea	**neriifólia** ✂	4	Oleander-Protee	
Prótea	**repens**	4	Zucker-Protee	
Prótea	**speciósa**	4	Protee	
Pseuderán-themum	**atropurpúreum**	2	Pseuderanthemum	Acantháceae
Pseuderán-themum *(Eránthemum atropurpúreum)*	**tuberculátum**	2	Pseuderanthemum	Acantháceae
Ptéris	**argyraéa**	2	Saumfarn	Pteridáceae
Ptéris *(P. trícolor)*	**quadriauríta**	2	Saumfarn	
Ptéris	**crética**	1a	Kretischer Saumfarn	
	'Albo-Lineáta', weißliches Mittelband			
	'Májor', dunkelgrün, hochwachsend			
	'Párkeri', sehr breit, ungekraust			
	'Wimsétti', hellgrün, doppelt gefiedert			
Ptéris	**trémula**	5	Australischer Saumfarn	Pteridáceae
Ptéris	**umbrósa**	5	Saumfarn	
Ptilótus	**manglésii**	5	Haarschöpfchen	Amarantháceae
Púnica	**granátum**	1a	Granatapfel	Punicáceae
Pycnóstachys	**dáwei**	2	Pycnostachys	Lamiáceae
Pycnóstachys	**urticifólia** ✂	2	Pycnostachys	
Quesnélia	**arvénsis**	3	Quesnelie	Bromeliáceae
Radermáchera	**sínica**	2	Radermachera	Bignoniáceae
Raoúlia	**austrális**	2, 5	Schafsteppich, kleinste Staude, 2–5 cm hoch	Asteráceae
Ráphia	**farinífera**	2	Raffiapalme	Arecáceae
Rebútia	**minúscula**	3	Rebutie	Cactáceae
Rebútia	**senílis**	3	Rebutie	
Reinwárdtia	**índica**	2	Indischer Lein, Gelber Flachs	Lináceae

Rhaphidóphora	**decursíva**	2	Rhaphidophora	Aráceae
Rhaphidóphora	**korthálsii**	2	Rhaphidophora	
(Rhaphidóphora celatocaúlis)				
Rhápis	**excélsa**		Hohe Steckenpalme	Arecáceae
Rhápis	**húmilis**	2	Niedere Steckenpalme	
Rhipsalidópsis	**gaértneri**	3	Osterkaktus	Cactáceae
Rhipsalidópsis	**× graéseri**		Rhipsalidopsis	
(R. gaertneri × R. rosea)				
Rhipsalidópsis	**rósea**	3	Rhipsalidopsis	
Rhípsalis	**baccífera** ⇡	2, 3	Rutenkaktus	Cactáceae
Rhípsalis	**cereúscula**	3	Rutenkaktus	
Rhípsalis	**rhómbea** ⇡	3	Rutenkaktus	
Rhípsalis	**téres** fo. **capilli-formis**	3	Rutenkaktus	
Rhodóchiton	**atrosanguíneus**	3	Purpurglockenwein	Scrophulariáceae
Rhododéndron	**símsii**	1	Azalee, Rhododendron	Ericáceae
(Azálea)				
Rhodohypóxis	**baúrii**	4	Rhodohypóxis	Hypoxidáceae
Hybriden in vielen Sorten				
Rhoicíssus	**capénsis**	4	Kapwein	Vitáceae
Róhdea	**japónica**		Rohdee	Convallariácea s. S. 159
Rondelétia	**amoéna**	3	Rondeletie	Rubiáceae
Rósa	**chinésis**	1	Bengalrose, Zwergrose	Rosáceae
Rossioglóssum	**gránde**	3	Tigerorchidee	Orchidáceae
Roystónea	**régia**	3	Kubanische Königspalme	Arecáceae
Ruéllia	**macrántha**	3	Ruellie	Acantháceae
Rumóhra	**adiantifórmis**	2, 3	Lederfarn	Dryopteridáceae
Russélia	**equisetifórmis**	3	Springbrunnenpflanze	Scrophulariáceae
Rúttya	**fruticósa**	2	Ruttya	Acantháceae
Sábal	**palmétto**	1, 2	Palmetto-Palme, Sabal-Palme	Arecáceae
(Sábal blackburniána)				
Sagerétia	**théa**	1, 2	Sageretie	Rhamnáceae
Saintpaúlia	**ionántha**	2	Usambaraveilchen	Gesneriáceae
Saintpaúlia	**-Hybriden** in vielen Sorten			
Sálvia	**coccínea**	2, 3	Blut-Salbei	Lamiáceae
Sálvia	**heerii**	3	Salbei	
Sálvia	**involucráta**	3	Salbei	

Sálvia	**leucántha**	3	Strauchiger Salbei	Lamiáceae
Sálvia	**pátens**	3	Mexikanischer Salbei	
Sálvia	**spléndens**	3	Pracht-Salbei	
Sanchézia	**nóbilis**	3	Sanchezie	Acantháceae
Sandersónia	**aurantíaca**	4	Laternenlilie	Colchicáceae s. S. 159
Sanseviéria	**trifasciáta**	2	Bogenhanf	Dracaenáceae s. S. 159
Sanseviéria	**hyacinthoídes**		Bogenhanf	
	'Craīgii', mehrere breite weißliche Längsstreifen			
	'Háhnii', rosettig trichterförmiger Wuchs			
	'Lauréntii', breite goldgelbe Randstreifen			
	'Golden Háhnii', goldgelbe Háhnii'			
Sarcocaūlon	**vanderiétiae**	4	Dickstängel	Geraniáceae
Sarracénia	**-Hybriden**		Fensterfalle, Krugpflanze	Sarraceniáceae
Saxifraga	**stolonífera** ⸾	1	Judenbart	Saxifragáceae
Scaēvola	**-Hybriden** ⸾		Fächerblume	Goodeniáceae
Scadóxus *(Haemanthus)*	**multiflórus** subsp. **katherinae**	4	Reichblühende Frühe Blutblume	Amaryllidáceae
Schéfflera *(Brassāīa actinophý lla)*	**actinophýlla**	2, 5	Schefflera, Strahlenaralie	Araliáceae
Schéfflera	**arborícola**	2	Fingeraralie	
Schéfflera *(Dizygothéca elegantíssima)*	**elegantíssima**	2, 5	Strahlenaralie	
Schéfflera	**pueckleri**	2	Schleffera	
Schismato-glóttis *(Sch. concínna)*	**acunimatíssima**	2	Schismatoglottis	Aráceae
Schizánthus *(S. grahámii × S. pinnátus)*	**× wisetonénsis**		Spaltblume, Orchidee des armen Mannes	Solanáceae
Schlumbérgera *(S. russelliána × S. truncáta)*	**× búckleyi**		Weihnachtskaktus	Cactáceae
Scutellária	**costaricána**	3	Helmkraut	Lamiáceae
Scutellária	**ventenátii**	3	Helmkraut	
Sédum	**lineáre**	1	Mauerpfeffer, Fetthenne	Crassuláceae
Sédum	**morganiánum** ⸾	3	Schlangen-Fetthenne	
Sédum	**pachyphýllum**	3	Fetthenne	

Selaginélla	**ápoda**	1	Wiesen-Moosfarn	Selaginelláceae
Selaginélla	**denticuláta**	1a, 2	Gezähnter Moosfarn	
Selaginélla	**kraussiána**	1a, 2	Feingliedriger Moosfarn	
Selaginélla	**lepidophýlla**	3	Auferstehender Moosfarn	
Selaginélla	**marténsii**	3	Moosfarn	
Selaginélla	**palléscens**	3	Bleicher Moosfarn	
Selenicéreus	**grandiflórus** ↟	2, 3	Königin der Nacht	Cactáceae
(Céreus grandiflórus)				
Selenicéreus	**pteránthus** ↟	3	Prinzessin der Nacht	
(Céreus nycticállus)				
Sémele	**andrógyna** ↟	2	Klettermäusedorn	Ruscáceae
Senécio	**herreánus** ↟	4	Kreuzkraut	Asteráceae
Senécio	**macroglóssus**	4	Kap-Kreuzkraut	
Sénna	**corymbósa** var. **corymbósa**	2	Cassie, Senna	Caesalpiniáceae
(Cassia corymbósa)				
Sénna	**didymobótrya**		Geflügelte Senna	
(Cassia didymobótrya)				
Seríssa	**fœ́tida**	2	Serissa	Rubiáceae
Setária	**palmifólia**	2	Palmblättrige Borstenhirse	Poáceae
Sidérasis	**fuscáta**	3	Siderasis	Commelináceae
Sinníngia	**cardinális**	3	Gartengloxinie	Gesneriáceae
Sinníngia	**speciósa**		Gartengloxinie	
Smithiántha	**zebrína**	3	Tempelglocke	Gesneriáceae
Smithiántha	**-Hybriden** in vielen Sorten			
Solándra	**máxima** ↟	3	Üppiger Goldkelch	Solanáceae
Solánum	**aviculáre**	5	Känguruh-Apfel	Solanáceae
Solánum	**capsicástrum**	3	Falsche Jerusalemkirsche	
Solánum	**jasminoídes**	3	Jasmin-Nachtschatten	
Solánum	**laciniátum**	2, 5	Großer Känguruapfel	
Solánum	**mammósum**	3	Warzen-Nachtschatten	
Solánum	**muricatum**	3	Melonenbirne, Frucht essbar	
Solánum	**pseudocápsicum**	2	Korallenstrauch, Jerusalemkirsche	

Soleirólia	**soleirólii**	1a	Bubikopf	Urticáceae
(Helxíne soleirólii)				
Sophóra	**prostráta**	2	Niederliegender Schnurbaum	Fabáceae
Sophronítis	**coccínea**	3	Sophronitis	Orchidáceae
Sophronítis	**purpuráta**	3		
(Lǽlia purpuráta)				
Sparrmánnia	**africána**	4	Echte Zimmerlinde	Tiliáceae
Spathiphýllum	**floribúndum**	3	Reichblühende Blattfahne	Aráceae
Spathiphýllum	**wallísii**	3	Zwerg-Blattfahne	
Sphaerálcea	**munroána**	1	Kugelmalve	Malváceae
Stanhópea	**insígnis**	3	Stanhopee	Orchidáceae
Stanhópea	**tigrína**	3	Getigerte Stanhopee	
Stapélia	**astérias**	4	Aasblume	Asclepiadáceae
Stapélia	**hirsúta**	4	Stapelie	
Stapélia	**pillánsii**	4	Stapelie	
Stenocárpus	**sinuátus**	5	Feuerradbaum	Proteáceae
Stenochlǽna	**palustris**	2	Stenochlaena	Blechnáceae
Stenotáphrum	**secundátum**	2	St.-Augustin-Gras	Poáceae
Stephanótis	**floribúnda**	2	Kranzschlinge	Asclepiadáceae
Strelítzia	**regínae**	4	Strelitzie, Paradiesvogelblume	Strelitziáceae s. S. 160
Streptocárpus	**hólstii**	2	Drehfrucht	Gesneriáceae
Streptocárpus	**-Hybriden** in vielen Sorten		Drehfrucht	
Streptocárpus	**kirkii**	2	Drehfrucht	
Streptocárpus	**saxórum**	2	Drehfrucht	
Streptocárpus	**wendlándii**		Drehfrucht	
Streptosólen	**jamesónii**	3	Drehkrone	Solanáeae
Strobilánthes	**dryeriánus**	2	Zapfenblume	Acantháceae
(Perilepta dryeriána)				
Strobilánthes	**isophýllus**	2	Zapfenblume	
Strománthe	**sanguínea**	3	Stromanthe	Marantáceae
Strongýlodon	**macrobótrys** ⌇	2	Jadewein	Fabáceae
Sulcorebútia	**cylíndrica**	3	Rebutie	Cactácea
(Rebútia cylíndrica)				
Sútera	**cordáta**		Schneeflockenblume, Bacopa des Handels	Scrophulariáceae
Swainsóna	**formósa**	2	Ruhmesblume	Fabáceae

Sýagrus	**romanzóffiána**	3	Kokospalme	Arecáceae
(Arecástrum romanzoffiánum)				
Syngónium	**podophýllum**	3	Fußblatt, Purpurtüte	Aráceae
Syzýgium	**jámbos**	2	Kirschmyrte, Rosenapfel	Myrtáceae
Tácca	**chantriéri**	2	Tacca, Teufelsblüte	Taccáceae
Tamaríndus	**índica**		Tamarinde	Caesalpiniáceae
Tecóma	**stans**	3	Trompetenstrauch	Bignoniáceae
Tecomária	**capénsis**	4	Kapgeißblatt	Bignoniáceae
Tetranéma	**róseum**	3	Tetraneme	Scrophulariáceae
Tetrastígma	**voinieriánum** ⸾	2	Testrastigma	Vitáceae
Thelocáctus	**setispínus**	3	Hakenkaktus	Cactáceae
Theobróma	**cacao**	3	Kakaobaum	Sterculiáceae
Thunbérgia	**battiscómbei** ⸾	2	Schwarzäugige Susanne	Acantháceae
Thunbergia	**grandiflora** ⸾	2	Bengalische Thunbergie	
Thunbergia	**gregórii** ⸾	2, 4	Orangefarbene Thunbergie	
Thunbergia	**mysorénsis** ⸾	2	Indische Thunbergie	Acantháceae
Tibouchina	**urvilleána**	3	Glänzende Tibouchina	Melastomatáceae
(T. semidecándra)				
Tillándsia	**cyánea**	3	Tillandsie	Bromeliáceae
Tillándsia	**lindénii**	3	Tillandsie	
Tillándsia	**polystáchya**	3	Tillandsie	
Tillándsia	**usneoídes**	3	Greisenbart	
Titanópsis	**schwantésii**	4	Titanopsis, Kalkblatt	Aizoáceae
Tódea	**bárbata**	4, 5	Elefantenfarn	Osmundáceae
Tolmíea	**menziésii**	1	Tolmie, Lebendblatt	Saxifragáceae
Torénia	**atropurpúrea**	2	Torenie, Schnappmäulchen	Scrophulariáceae
Trachélium	**caerúleum**	1a	Blaues Halskraut	Campanuláceae
Trachelospermum	**jasminoídes** ⸾	1	Chinesischer Sternjasmin	Apocynáceae
Trachycárpus	**fortúnei**	2	Chinesische Hanfpalme	Arecáceae
(Chamǣrops excélsa)				
Tradescántia	**fluminénsis**	3	Tradescantie	Commelináceae
Tradescántia	**cerinthoídes**	3	Dreimasterblume	
Tradescántia	**pállida**	3	Tradeskantie	
(Setcreásea purpúrea)				
Tradescántia	**spathácea**	3	Purpurblättrige Dreimasterblume	
(Rhœ́o díscolor, R. spatháceus)				
Tradescántia	**zebrína** ⸾	3	Tradeskantie	
(Zebrína pendula)				

Trevésia	**palmáta**	2	Schneeflockenbaum	Araliáceae
Trichodiadéma	**dénsum**	4	Trichodiadema	Aizoáceae
Tritónia	**crocáta**	4	Safranfarbige Tritonie	Iridáceae
Tropaéolum	**trícolor** §	3	Dreifarbige Kapuzinerkresse	Tropaeoláceae
Tropaéolum	**tuberósum** §	3	Peruanische Kapuzinerkresse	
Túrnera	**ulmifólia**	2, 3	Turnera	Turnerácea
Tweedia	**caerúlea** §	3	Spitzkrönchen	Asclepiadáceae
(Oxypétalum caerúleum)				
Urgínea	**marítima**	1, 2	Meerzwiebel	Hyacintháceae s. S. 159
Vánda	**coerúlea**	2	Vanda	Orchidáceae
Vánda	**trícolor**	2	Vanda	
Vánda	**-Hybriden** in vielen Sorten			
Vanílla	**planifólia**	3	Gewürz-Vanille	Orchidáceae
Vélla	**spinósa**	1a	Vella	Brassicáceae
Veltheímia	**capénsis**	4	Veltheimie	Hyacintháceae s. S. 159
Veltheímia	**bracteáta**	4	Veltheimie	
(V. viridifólia)				
Verbéna	**peruviána**	3	Eisenkraut	Verbenáceae
Verbéna	**ténera**	3	Verbene	
Vibúrnum	**tinus**	1a	Immergrüner Schneeball, Lorbeer-Sschneeball, Laurustinus	Viburnáceae s. S. 160
Víola	**hederácea** §	5	Australisches Veilchen	Violáceae
Víola	**suávis** ✂	1, 1a	Blaues Veilchen	
Vriésea	**fenestrális**	3	Vriesea	Bromeliáceae
Vriésea	**hieroglýphica**	3	Vriesea	
Vriésea	**-Hybriden**		Vriesea	
Vriésea	**psittacina**	3	Vriesea	
Vriésea	**saundérsii**	3	Vriesea	
Vriésea	**spléndens**	3	Flammendes Schwert	
Washingtónia	**filífera**	1, 3	Priesterpalme	Arecáceae
Wedélia	**trilobáta** §	2, 3	Wedelie	Asteráceae
Whitfiéldia	**elongáta**	2	Whitfieldie	Acantháceae
Woodwárdia	**radícans**	1a	Europäischer Kettenfarn	Blechnáceae

Xanthosóma	**violáceum**	2, 3	Goldnarbe	Aráceae
Yúcca	**aloifólia**	2, 3	Graue Palmlilie	Agaváceae
Yúcca	**elephántipes**	3	Riesen-Palmlilie	
Yúcca	**gloriósa**	3	Kerzen-Palmlilie	
Yúcca	**recurvifólia**	3	Palmlilie	
Yúcca	**rostráta**	3	Palmlilie	
Zámia	**púmila**	3	Zamie	Zamiáceae s. S. 160
Zamiocúlcas	**zamiifólia**	2	Zamioculcas	Aráceae
Zantedéschia	**aethiópica**	4	Zimmerkalla	Aráceae
Zantedéschia	**albomaculáta**	4	Zimmer-Calla	
Zantedéschia	**elliottiána** ✂	4	Goldene Kalla	
Zantedéschia	**rehmánnii**	4	Zimmer-Calla	
Zephyránthes *(Zephyránthes grandiflóra)*	**minuta**	3	Zephirblume	Amaryllidáceae
Zingíber	**spectábile**	2	Nickender Ingwer	Zingiberáceae

Surfinias

Petuniensorten, die das Ergebnis von Kreuzungen zwischenWildpetunien und Kultursorten sind und sich durch besondere Reichblütigkeit auszeichnen, laufen unter diesem Namen. Vegetative Vermehrung ist (fast immer) erforderlich.

1991 kamen die Surfinia-Petunien (Name geschützt) als Plantec-Neuheit bei uns auf den Markt. Sie sind das Züchtungsarbeitsergebnis des Dr. Sakazaki von der japanischen Firma Suntory Ltd. Alle anderen Hängepetunien tragen Seriennamen und sind aus Surfinias selektiert worden. Bei der nachfolgenden Aufzählung einiger Serien sind die Anbieter, die in der Mehrzahl der Fälle nicht die Züchter sind, in Klammern vermerkt: Anthofinia (Münz), Cascadia (Fischer), Fortunia (u. a. FIDES, Samenvermehrung möglich), Futura (Schmülling), Konstanza (Königer). Im weiteren Sinn gehören hierher auch Colgado-Hängepetunien (Grünewald) und die Sorte ‘Surprise Tiny’ (Dümmen).

Ausschließlich vegetative Vermehrung kann zunehmend Virusprobleme nach sich ziehen, insbesondere bei fragwürdigem Nachbau.

× Pachyveria

Die Pflanzen sind in jedem Fall Kreuzungsergebnisse von Species der Gattung *Echevéria* mit Species der Gattung *Pachýphytum*. Teilweise sind diese Hybriden, die wie ihre Eltern zu den Crassulaceae gehören, bedingt für Haltung im Freien geeignet.

Tamaya

Kulturtechnisch mittels Veredelung erzeugt. In Frankreich werden bei diesem Verfahren auf Exemplare einer nicht genau bekannten *Begónia* spec. „Reiser" von *B.-Corállina-Hybriden* „gepfropft". Es entstehen „Baumbegonien". In etymologischer Sicht ist Tamaya eine Himmelsgöttin der Indios. Tamaya-Pflanzen können offensichtlich auch ohne Veredelung erzeugt werden. IPM erbrachte dafür im Februar 1992 den Beweis. Tamayas scheinen aber beim Käufer kein sonderliches Interesse mehr zu finden. Man sieht sie kaum noch in den Blumenläden.

Kakteen

Echinópsis-Chamaecéreus-Hybriden sollen die Chamaecéreus-Silvéstrii-Hybriden nach Meinung von Sukkulenten-Spezialisten künftig genannt werden. Das ist insofern schlüssig, als eine selbständige Gattung Chamaecéreus aufgegeben wurde.

Epicáctus ist die gärtnerische Sammelbezeichnung für sehr viele Kakteenhybriden mit abgeflachten Trieben und großen Blüten. Zu den Vorfahren gehören die Gattungen *Epiphýllum*, *Echinópsis*, *Heliocéreus* und *Nopalxóchia*.

2.7 Wasserpflanzen

Für Warmwasserbecken und Aquarien

Alísma	**gramíneum** fo. **submérsum**	1a	Froschlöffel	Alismatáceae
Aponogéton	**madagascariénsis**	2	Gitterpflanze	Aponogetonáceae
(A. fenestrális)				
Aponogéton	**distáchyos**	2, 5	Kap-Wasserähre	
Azólla	**caroliniána**	1, 3	Moskito-Algenfarn	Azolláceae
Azólla	**filiculóides**	1, 3	Großer Algenfarn	
Cabómba	**caroliniána**	1, 3	Nordamerikanische Haarnixe	Cabombáceae
Callítriche	**palústris**	1, 2, 5	Sumpf-Wasserstern	Callitricháceae
Ceratópteris	**thalictroídes**	2	Wasser-Hornfarn	Parkeriáceae
Cryptocóryne	**ciliáta**	2	Bewimperter Wasserkelch	Aráceae
Cryptocóryne	**griffíthii**	2	Wasserkelch	
Cypérus	**alternifólius** subsp. **flabel-lifórmis**	2, 4	Zypergras	Cyperáceae
(C. involucrátus)				
Cypérus	**papýrus**	2	Papyrusstaude	
Echinodórus	**bolivianus**	3	Zwerg-Schwertpflanze	Alismatáceae
(Echinodórus quadricostátus)				
Echinodórus	**cordifólius**	1, 3	Herzblättrige Schwert-pflanze	
Echinodórus	**tenéllus**	2, 3	Grasartige Schwertpflanze	
Egéria	**dénsa**	3	Wasserpest	Hydrocharitáceae
(Helódea dénsa)				
Eichhórnia	**azúrea**	3	Wasserhyazinthe	Pontederiáceae
Eichhórnia	**crássipes**	3	Wasserhyazinthe	
Elódea	**callitrichoídes**	3	Argentinische Wasserpest	Hydrocharitáceae
Elódea	**canadénsis**	1	Kanadische Wasserpest	
Euryále	**férox**	1, 2	Stachelseerose	Nymphaeáceae
Heteranthéra	**zosterifólia**	3	Heteranthere	Pontederiáceae
Hydrílla	**verticilláta**	1a, 2, 5	Wasserquirl	Hydrocharitáceae
Isólepis	**cernua**	2	Frauenhaar	Cyperáceae
(Scírpus cérnuus)				
Limnóphila	**sessiliflóra**	1, 2	Sumpffreund	Scrophulariáceae

Ludwígia	**alternifólia**	1, 3	Klapper-Heusenkraut	Onagráceae
Myriophýllum	**aquáticum**	3	Brasilianisches Tausendblatt	Haloragáceae
(Myriophýllum brasiliénse)				
Myriophýllum	**hippuroídes**	1, 3	Tannenwedel-Tausendblatt	
Nelúmbo	**lútea**	2, 3	Amerikanische Lotosblume	Nelumbonáceae
Nelúmbo	**nucífera**	2, 5	Indische Lotosblume	
Nymphaéa	**lótus**	2	Ägyptische Lotosblume	Nymphaeáceae
Ottélia	**alismoídes**	2, 5	Ottelie	Hydrocharitáceae
Piluláris	**globulífera**	1a	Gewöhnlicher Pillenfarn	Marsileáceae
Pístia	**stratiótes**	2, 3	Wassersalat	Aráceae
Regnellídium	**diphýllum**	3	Regnellidium	Marsileáceae
Sagittária	**subuláta**	1, 2	Flutendes Pfeilkraut	Alismatáceae
Salvínia	**auriculáta**	2, 3	Schwimmfarn	Salviniáceae
Salvínia	**mínima**	3	Schwimmfarn	
Vallisnéria	**americána**	2, 5	Amerikanische Wasserschraube	Hydrocharitáceae
Vallisnéria	**spirális**	1a, 2	Gewöhnliche Wasserschraube	
Victória	**amazónica**	3	Viktoria	Nymphaeáceae
Victória	**cruziána**	3	Riesenseerose	

Abschlussbemerkung: Für fortgeschrittene „Aquarianer" sind weitere spezielle Arten im Fachhandel erhältlich.

Für Wasseranlagen im Freien

Ácorus	**cálamus**	1	Kalmus	Acoráceae s. S. 151
Alísma	**lanceolátum**	1, 1a	Lanzettblättriger Froschlöffel	Alismatáceae
Alísma	**plantágo-aquática**	1, 3	Froschlöffel	
Aponogéton	**distáchyos**	1, 2, 5	Kap-Wasserähre	Aponogetonáceae
Bútomus	**umbellátus**	1, 1a	Blumenbinse	Butomáceae
Callítriche	**stagnális**	1, 2, 3, 5	Teich-Wasserstern	Callitricháceae

Cálla	**palústris**	1	Sumpfkalla, Schlangenwurz	Aráceae
Cáltha	**palústris**	1	Sumpf-Dotterblume	Ranunculáceae
Cárex	**gráyi**	1	Morgenstern-Segge	Cyperáceae
Ceratophýllum	**demérsum**	1–6	Gewöhnliches Raues Hornblatt	Ceratophylláceae
Equisétum	**telmatéia**	1, 1a	Riesen-Schachtelhalm	Equisetáceae
Equisétum	**variegátum**	1, 6	Bunter Schachtelhalm	
Erióphorum	**angustifólium**	1	Schmalblättriges Wollgras	Cyperáceae
Erióphorum	**scheúchzeri**	1	Wollgras	
Erióphorum	**vaginátum**	1	Scheiden-Wollgras	
Gladíolus	**palústris**	1, 1a	Sumpf-Siegwurz	Iridáceae
Helónias	**bulláta**	1	Sterile Sumpfnelke	Melanthiáceae s. S. 159
Hippúris	**vulgáris**	1, 6	Tannenwedel	Hippuridáceae
Hottónia	**palústris**	1, 1a	Europäische Wasserfeder	Primuláceae
Hydrócharis	**mórsus-ránae**	1, 1a	Europäischer Froschbiß	Hydrocharitáceae
Íris	**ensáta**	1	Japanische Sumpf-Schwertlilie	Iridáceae
(I. kaémpferi)				
Íris	**laevigáta**	1	Asiatische Sumpf-Schwertlilie	
Íris	**pseudácorus**	1a	Sumpf-Schwertlilie	
Íris	**sibírica**	1	Sibirische Schwertlilie	
Júncus	**effúsus**	1–4	Flatter-Binse	Juncáceae
Lémna	**mínor**	1	Wasserlinse, Entengrütze	Lemnáceae
Lysichíton	**americánus**	1	Gelbe Scheinkalla	Aráceae
Menyánthes	**trifoliáta**	1	Bitterklee	Menyantháceae
Myriophýllum	**alterniflórum**	1, 1a	Wechselblütiges Tausendblatt	Haloragáceae
Myriophýllum	**aquáticum**	1a	Brasilianisches Tausendblatt	
Myriophýllum	**spicátum**	1, 4	Ähriges Tausendblatt	
Myriophýllum	**verticillátum**	1	Quirliges Tausendblatt	
Núphar	**lútea**	1, 1a	Gelbe Teichrose, Seekandel, Mummel	Nymphaeáceae
Nymphaéa	**álba**	1, 1a	Weiße Seerose	Nymphaeáceae

Nymphǽa	**candída**	1	Glänzende Seerose	Nymphaeáceae
Nymphǽa	**tetragóna**			
Nymphǽa als Gattung lässt sich in vier Gruppen (winterhart, tropisch, tagblühend, nachtblühend) gliedern.				
Nymphoídes	**peltáta**	1	Gewöhnliche Seekanne	Menyantháceae
Oróntium	**aquáticum**	1	Goldkeule	Aráceae
Phragmítes	**austrális**	1–6	Schilf, Rohr	Poáceae
Potamogéton	**nátans**	1, 3	Schwimmendes Laichkraut	Potamogetonáceae
Potentílla	**palústris**	1	Sumpf-Blutauge	Rosáceae
Ranúnculus	**aquátilis**	1–3	Gewöhnlicher Wasserhahnenfuß	Ranunculáceae
Ranúnculus	**circinátus**	1	Spreizender Wasserhahnenfuß	
Ranúnculus	**flámmula**	1	Brennender Hahnenfuß	
Ranúnculus	**hederáceus**	1	Efeublättriger Wasserhahnenfuß	
Ranúnculus	**língua**	1, 1a	Zungen-Hahnenfuß	
Sagittária	**sagittifólia** subsp. **sagittifólia**	1	Gewöhnliches Pfeilkraut	Alismatáceae
Schoenopléctus	**tabernaemontáni**		Salz-Teichsimse	Cyperáceae
Stratiótes	**aloídes**	1	Krebsschere, Wasseraloe	Hydrocharitáceae
Trápa	**nátans**	1, 1a	Wassernuss	Trapáceae
Týpha	**angustifólia**	1, 1a	Schmalblättriger Rohrkolben	Typháceae
Týpha	**latifólia**	1, 5	Breitblättriger Rohrkolben	
Týpha	**mínima**	1, 1a	Zwerg-Rohrkolben	
Utriculária	**vulgáris**	1	Wasserschlauch	Lentibulariáceae
Wólffia	**arrhíza**	1, 1a	Zwergwasserlinse	Lemnáceae

Anmerkung: Die Wasserpest-Arten und die Algenfarne, aufgeführt bei den Arten für Warmwasserbecken, haben sich bei uns längst auch in Teichen im Freien ausgebreitet, überwintern in ihnen hinlänglich und können regelrecht zu „Unkräutern" in den Gartenteichen werden.

2.8 Laubgehölze

Sträucher und Bäume des Freilandes. Ein Pluszeichen (+) vor dem Gattungsnamen ist ein Hinweis auf Propfbastardisierung.

Abeliophýllum	**dístichum**	1	Weiße Forsythie	Oleáceae
Ácer	**campéstre**	1,	Feld-Ahorn, Maßholder	Aceráceae
	in Sorten	1a		
Ácer	**japónicum**	1	Japanischer Ahorn	
Ácer	**Monspessulánum**	1,	Felsen-Ahorn	
		1a		
Ácer	**negúndo**	1	Eschen-Ahorn	
	in Sorten			
Ácer	**palmátum**	1	Fächer-Ahorn	
	in vielen Sorten, die in sieben Gruppen klassifiziert werden.			
Ácer	**platanoídes**	1	Spitz-Ahorn	
	in vielen Sorten			
Ácer	**pseudoplátanus**	1	Berg-Ahorn	
Hier Gruppeneinteilung wie folgt:				
	Gruppe 1: fünffingrige Blätter, grün			
	Gruppe 2: fünffingrige Blätter, rot oder panaschiert			
	Gruppe 3: fünffingrige Blätter, Unterseite purpurfarben			
	Gruppe 4: dreifingrige Blätter			
	Gruppe 5: dreieckige Blätter			
	Gruppe 6: abweichende Blattformen			
Ácer	**rúbrum**	1	Rot-Ahorn	
Ácer	**rufínerve**	1	Rotnerviger Ahorn	
Ácer	**saccharínum**	1	Silber-Ahorn	
(A. dasycárpum)				
Ácer	**sáccharum**	1	Zucker-Ahorn	
Ácer	**tatáricum** subsp. **gínnala**	1	Feuer-Ahorn	
Actinídia	**argúta**	1	Strahlengriffel	Actinidiáceae
Actinídia	**deliciósa**	1	Kiwifrucht	
Actinídia	**kolomikta**	1	Strahlengriffel	
Aesculus	**fláva**	1	Gelbe Rosskastanie	Hippocastanáceae
Aesculus	× **cárnea**		Rote Rosskastanie	
(A. hippocástanum × A. pávia)				
Aesculus	**hippocástanum**	1	Gemeine Rosskastanie	
Aesculus	**parviflóra**	1	Strauch-Rosskastanie	
Aesculus	**pávia**	1	Echte Pavie	

Ailánthus	**altíssima**	1	Götterbaum	Simaroubáceae
(A. glandulósa)				
Akébia	**quináta** ⌇	1	Fingerblättrige Akebie	Lardizabaláceae
Álnus	**glutinósa**	1, 1a	Schwarz-Erle (Eller)	Betuláceae
Álnus	**incána**	1	Grau-Erle	
Amelánchier	**canádénsis**	1	Kanadische Felsenbirne	Rosáceae
Amelánchier	**lamárckii**	1	Kupfer-Felsenbirne	
Amórpha	**fruticósa**	1, 3	Bastardindigo	Fabáceae
Ampelópsis	**aconitifólia** ⌇	1	Scheinrebe	Vitáceae
Andrómeda	**polifólia**	1	Rosmarinheide	Ericaceae
Arália	**eláta**	1	Aralie, Angelikabaum	Araliáceae
Árbutus	**unédo** ∧	1a, 2	Erdbeerbaum	Ericáceae
Arctostáphylos	**úva-úrsi**	1, 1a	Echte Bärentraube	Ericáceae
Aristolóchia	**macrophýlla**	1	Amerikanische Pfeifenwinde	Aristolochiáceae
(A. dúrior, A. sípho)				
Aucúba	**japónica** in Sorten	1	Japanische Aukube	Aucubaceae
Bérberis	**buxifólia**	3	Buxblättrige Berberitze	Berberidáceae
Bérberis	**canadénsis**	1	Kanadische Berberitze	
Bérberis	**candídula**	1	Schneeige Berberitze	
Bérberis	**gagnepainii** var. **lanceifólia**	1	Sauerdorn, Berberitze	
Bérberis	**ho͞okeri**	1	Hookers Berberitze	
Bérberis	× **hýbrido-gagnepa͞inii**		Sauerdorn, Berberitze	
(B. gagnepáinii var. *lanceifólia × B. verruculósa)*				
Bérberis	**juliánae**	1	Julianes Berberitze	
Bérberis	× **ottawénsis**		Sauerdorn, Berberitze	
(B. thunbérgii × B. vulgáris)				
Bérberis	× **stenophýlla**		Schmalblättrige Berberitze	
(B. darwínii × B. empetrifólia)				
Bérberis	**thunbérgii**	1	Thunbergs Berberitze	
Bérberis	**verruculósa**	1	Warzige Berberitze	
Bérberis	**vulgáris**	1	Gemeiner Sauerdorn	
Bétula	**alleghaniénsis**	1	Gelb-Birke	Betuláceae
Bétula	**lénta**	1	Zucker-Birke	

Bétula	**maximowicziána**	1	Lindenblättrige Birke	Betuláceae
Bétula	**nána**	1	Zwerg-Birke	
Bétula	**nígra**	1	Schwarz-Birke	
Bétula	**papyrífera**	1	Papier-Birke	
Bétula	**péndula**	1, 1a	Hänge-Birke, Sand-Birke	
(B. verrucósa)				
Bétula	**pubéscens**	1	Moor-/Besenbirke	
Bignónia	**capreoláta** ∧ ⌇	1	Kreuzrebe, Trompetenwein	Bignoniáceae
Broussonétia	**papyrifera**	1, 2	Papier-Maulbeerbaum	Moráceae
Bruckenthália	**spiculifólia**		Ährenheide	Ericáceae
Buddléja	**alternifólia**	1	Schmalblättriger Sommerflieder	Buddlejáceae
Buddléja	**críspa**	1	Schmetterlingsstrauch	
Buddléja	**davídii** var. **Nanhoénsis**	1	Kleinblättriger Sommerflieder	
(B. × nanhoénsis)				
Búxus	**sempérvirens**	1	Buchsbaum	Buxáceae
Callicárpa	**americána**	1, 2	Schönfrucht, Liebesperlenstrauch	Callicarpáceae
Callicárpa	**bodiniéri** var. **giráldii**	1	Schönfrucht	
Callúna	**vulgáris**	1, 1a	Heidekraut	Ericáceae
Calycánthus	**flóridus**	1	Echter Gewürzstrauch	Calycantháceae
Cámpsis	**radícans** ⌇	1	Trompetenblume	Bignoniáceae
(Bignónia radícans)				
Caragána	**arboréscens**	1	Gewöhnlicher Erbsenstrauch	Fabáceae
Caragána	**pygmǣa**	1	Zwerg-Erbsenstrauch	
Cárpinus	**bétulus**	1	Hainbuche, Weißbuche	Carpináceae (Betuláceae/ Coryláceae) s. S. 158
Cárya	**cordifórmis**	1, 3	Bitternuss	Juglandáceae
Cárya	**ováta**	1, 3	Hickorynuss	
Cárya	**tomentósa**	1	Spottnuss	
Carýopteris	**× clandonénsis**		Bartblume	Verbenáceae
(C. incána × C. mongólica)				

Cássia	**fístula**	2	Röhren-Kassie, Indischer Goldregen, Manna-Pflanze	Caesalpiniáceae
Castánea	**satíva**	1, 1a	Esskastanie, Marone	Fagáceae
Catálpa	**bignonioídes**	1	Trompetenbaum	Bignoniáceae
Ceanóthus	**americánus**	1	Säckelblume	Rhamnáceae
Ceanóthus	**-Hybriden** in vielen Sorten			
Celástrus	**orbiculátus** ⌇	1	Baumwürger	Celastráceae
Céltis	**occidentális**	1	Zürgelbaum	Ulmáceae
Cephalánthus	**occidentális**	1, 2	Knopfbusch	Rubiáceae
Cercidiphýllum	**japónicum**	1	Katsurabaum	Cercidiphylláceae
Cércis	**siliquástrum**	1a	Judasbaum	Caesalpiniáceae
Chaenoméles	**× supérba**		Zierquitte	Rosáceae
(C. japónica × C. speciósa)				
Chaenoméles	**japónica**	1	Japanische Zierquitte	
Chaenoméles	**speciósa**	1	Chinesische Zierquitte	
Chamaecýtisus	**purpúreus**	1	Purpur-Zwergginster	Fabáceae
Chamaespártium	**sagittále**	1	Flügelginster	Fabáceae
Chionánthus	**retúsus**	1	Chinesischer Schneeflockenstrauch	Oleáceae
Chionánthus	**virgínicus**	1	Schneeflockenstrauch	
Cistus	**laurifólius** ∧	1a	Lorbeerblättrige Zistrose	Cistáceae
Cladrástis	**lútea**	1	Gelbholz	Fabáceae
(C. kentúkea)				
Clématis	**alpína** ⌇	1	Alpen-Waldrebe	Ranunculáceae
Clématis	**-Hybriden** ⌇ in vielen Sorten	1	Alle großblättrigen Sorten	
Clématis	**integrifólia**	1	Ganzblättrige Waldrebe	
Clématis	**macropétala** ⌇	1	Großblumige Waldrebe	
Clématis	**montána** ⌇	1	Berg-Waldrebe	
Clématis	**vitálba** ⌇	1	Echte Waldrebe	
Clématis	**viticélla**	1	Italienische Waldrebe	
Clématis als Gattung mit zahlreichen Sorten, heute in 16 Gruppen differenziert.				
Clerodéndrum	**trichótomum**	1	Losbaum	Verbenáceae
Cléthra	**alnifólia**	1	Scheineller, Zimterle	Clethráceae
Colútea	**arboréscens**	1, 1a	Gelber Blasenstrauch	Fabáceae

Coriária	**terminális**	1	Gerberstrauch	Coriariáceae
Córnus	**álba 'Sibírica'**	1	Tatarischer Hartriegel	Cornáceae
Córnus	**canadénsis**	1	Kanadischer Hartriegel	
Córnus	**controversa**	1	Pagoden-Hartriegel	
Córnus	**flórida**	1, 3	Blumen-Hartriegel	
Córnus	**koúsa** in Sorten	1	Japanischer Blumen-Hartriegel	
Córnus	**más**	1	Kornelkirsche	
Córnus	**nutállii**	1	Blumen-Hartriegel	
Córnus	**sanguínea** in Sorten	1	Blutroter Hartriegel	
Córnus	**serícea** subsp. **Serícea**	1, 1a	Weißer Hartriegel	
(C. stolonífera, C. álba)				
Corylópsis	**pauciflóra** ∧	1	Armblütige Scheinhasel	Hamamelidáceae
Corylópsis	**spicáta** ∧	1	Ährige Scheinhasel	
Córylus	**avellána 'Contorta'**	1	Haselnuss, Korkenzieherhasel	Coryláceae s. S. 158
Córylus	**colúrna**	1	Baum-Hasel	
Córylus	**× colurnoídes**		Bastardhasel	
(C. avellána × C. colurna)				
Córylus	**máxima 'Purpúrea'**		Lambertsnuss, „Bluthasel"	
Cótinus	**coggýgria**	1, 1a	Europäischer Perückenstrauch	Anacardiáceae
(Rhus cótinus)				
Cotoneáster	**adpressus**	1	Kriechende Zwergmispel	Rosáceae
Cotoneáster	**bullátus**	1	Runzelige Zwergmispel	
Cotoneáster	**congéstus**	1	Gedrungene Zwergmispel	
Cotoneáster	**dámmeri**	1	Teppich-Zwergmispel	
Cotoneáster	**dielsiánus**	1	Zwergmispel	
Cotoneáster	**divaricátus**	1	Sparrige Zwergmispel	
Cotoneáster	**horizontalis**	1	Fächer Zwergmispel	
Cotoneáster	**integrifólius**	1	Zwergmispel	
Cotoneáster	**microphýllus**	1	Kleinblättrige Zwergmispel	
Cotoneáster	**multiflórus**	1	Vielblütige Zwergmispel	
Cotoneáster	**nanshan**	1	Zwergmispel	
(Cotoneáster praecox)				
Cotoneáster	**salicifólius**	1	Weidenblättrige Zwergmispel	

Cotoneáster	**× wateréri** in Sorten		Zwergmispel	Rosáceae
(C. frigidus × C. rugosus × C. salicifolius)				
Cratáegus	**crús-gálli**	1	Hahnensporn-Weißdorn	Rosáceae
Cratáegus	**intricáta**	1	Scharlachdorn	
Cratáegus	**× lavállei 'Carriérei'**		Lederblättriger Weißdorn (langdornig)	
(C. carriérei)				
Cratáegus	**monógyna**	1, 1a	Eingriffeliger Weißdorn	
Cratáegus	**laevigáta**	1, 1a	Zweigriffeliger Weißdorn	
(C. oxyacántha)				
Cratáegus	**laevigáta 'Paulii'**		„Rotdorn"	
Cratáegus	**pedicelláta**	1	Scharlach-Weißdorn	
Cratáegus	**× persímilis 'MacLeod' 'Prunifólia'**		Pfirsichblättriger Weißdorn	
Cýtisus	**× kewénsis**		Zwerg-Elfenbein-Ginster	Fabáceae
Cýtisus	**nígricans**	1	Schwarzwerdender Geißklee	
Cýtisus	**× práecox**		Elfenbein-Ginster	
(C. multiflórus × C. purgans)				
Cýtisus	**scopárius** in Sorten	1	Besenginster	
(Sarothámnus scopárius)				
Daboécia	**cantábrica**	1, 1a	Irische Glanzheide	Ericáceae
Dánaë	**rasemósa** ∧	1a	Alexandrinischer Lorbeer	Ruscáceae s. S. 159/160
Dáphne	**× burkwóodii**		Burkwoods Seidelbast	Thymelaeáceae
(D. caucásica × D. cneórum)				
Dáphne	**mezeréum**	1	Gewöhnlicher Seidelbast	
Decáisnea	**fargésii**	1	Blauschotenstrauch	Lardizabaláceae
Déutzia	**× candelábrum**		Armleuchter-Deutzie	Hydrangeáceae s. S. 157
(D. gracilis × D. scabra)				
Déutzia	**grácilis**	1	Zierliche Deutzie	
Déutzia	**× kalmiiflóra**		Kalmiablütige Deutzie	
(D. parviflora × D. purpurascens)				

Deū́tzia	× **lemoínei**		Lemoines Deutzie	Hydrangeáceae
(D. gracilis × D. parviflora)				s. S. 157
Deū́tzia	× **rósea**		Rosa Deutzie	
(D. gracilis × D. purpurascens)				
Deū́tzia	**scábra**	1	Raue Deutzie	
Deū́tzia	**vilmorínae**	1	Vilmorins Deutzie	
Deū́tzia	× **wilsónii**	1	Wilsons Deutzie	
(D. discolor × D. parviflora)				
Elaeágnus	**angustifólia**	1	Schmalblättrige Ölweide	Elaeagnáceae
Elaeágnus	**commutáta**	1	Silber-Ölweide	
Elaeágnus	× **ebbíngei** in Sorten		Wintergrüne Ölweide	
(E. macrophýlla × E. púngens)				
Elaeágnus	**multiflóra**	1	Reichblütige Ölweide	
Elaeágnus	**púngens**	1	Dornige Ölweide	
Eleuthero-cóccus	**sieboldiánus**	1	Stachelpanax, Fingeraralie	Araliáceae
(Acanthopánax sieboldiánus)				
Émpetrum	**nígrum**	1	Krähenbeere	Empetráceae
Enkiánthus	**campanulátus** in Sorten	1	Glockige Prachtglocke	Ericáceae
Eríca	**arbórea** ∧	1a	Erika, Baum-Heide	Ericáceae
Eríca	**cárnea**	1a	Erika, Schnee-Heide	
Eríca	**cinérea**	1	Erika, Graue Heide	
Eríca	**tetrálíx**	1	Glocken-Heide	
Eríca	**vágans**	1	Cornwall-Heide	
Euónymus	**alátus**	1	Flügel-Spindelstrauch	Celastráceae
Euónymus	**europaḗus**	1	Pfaffenhütchen	
Euónymus	**fortúnei** in vielen Sorten	1	Spindelstrauch	
(E. radícans syn. für die subsp. fortúnei)				
Euónymus	**latifólius**	1a	Breitblättriges Pfaffenhütchen	
Euónymus	**nánus** var. **turcestánicus**	1	Zwerg-Spindelstrauch	
Euónymus	**plánipes**	1	Flachstieliger Spindelstrauch	
Euónymus	**verrucósus**	1, 1a	Warzen-Pfaffenhütchen	
Exochórda	**giráldii**	1	Blumenspiere	Rosáceae
Exochórda	× **macrántha**		Radspiere	
(E. korolkówii × E. racemósa)				

Fágus	**sylvática** in vielen Sorten, u. a.: **'Asplenifólia'**, schlitzblättrige Buche **'Péndula'**, Hängebuche **Purpúrea-Grp.**, dunkelrote Hängebuchen	1	Rot-Buche	Fagáceae
Fallópia	**aubértii** ⸾	1	Flügelknöterich	Polygonáceae
Fallópia	**baldschuánica** ⸾	1	Schling-Flügelknöterich	
(Polýgonum baldschuánicum, Reynoūtria baldschuánica)				
Fícus	**cárica** ∧	1a	Echte Feige	Moráceae
Fontanésia	**phyllyreoídes**	1	Fontanesie	Oleáceae
Forsýthia	**× intermédia**		Goldglöckchen	Oleáceae
(F. suspénsa × F. viridíssima)				
Forsythia	**suspénsa**	1	Goldglöckchen	
Fothergílla	**májor**	1	Großer Federbusch-strauch	Hamamelidáceae
(F. montícola)				
Fothergílla	**gardénii**	1	Erlenblättriger Feder-buschstrauch	
(F. alnifólia)				
Frángula	**álnus**	1	Gemeiner Faulbaum	Rhamnáceae
(Rhámnus frángula)				
Fráxinus	**excélsior**	1	Gewöhnliche Esche	Oleáceae
Fráxinus	**órnus**	1a	Blumen-Esche	
Fráxinus	**pennsylvánica**	1	Rot-Esche	
Fúchsia	**magellánica**	1	Scharlach-Fuchsie	Onagráceae
Als reine Art vorwiegend in botanischen Gärten, aber Ausgangsart für zahlreiche Hybriden.				
Fumána	**procúmbens**	1	Nadelröschen	Cistáceae
Gaulthéria	**procúmbens**	1	Niedere Scheinbeere	Ericáceae
Gaulthéria	**shállon**	1	Hohe Scheinbeere	
Gaulthéria	**× wisleyénsis**		Torfmyrte, Scheinbeere	
Gelsémium	**sempérvirens**	1	Gelbe Jasminwurzel	Loganiáceae
Genísta	**germánica**	1	Deutscher Ginster	Fabáceae
Genísta	**hispánica**	1a	Spanischer Ginster	
Genísta	**lýdia**	1	Lydischer Ginster	
Genísta	**tinctória**	1, 1a	Färber-Ginster	
Gledítsia	**triacánthos**	1	Gleditschie, Falscher Christusdorn	Caesalpiniáceae

Gledítsia	**japónica**	1	Japanische Gleditschie	Caesalpiniáceae
Globulária	**cordifólia**	1	Herzblättrige Kugelblume	Globulariáceae
Globulária	**meridionális**	1	Südliche Kugelblume	
Globulária	**punctáta**	1	Gewöhnliche Kugelblume	
Gymnócladus	**dioícus**	1	Gewöhnlicher Geweihbaum	Caesalpiniáceae
Halésia	**carolína**	1	Schneeglöckchenbaum	Styracáceae
Halimodéndron	**halodéndron**	1	Salzstrauch	Fabáceae
Hamamélis	**× intermedia** in vielen Sorten		Zaubernuss	Hamamelidáceae
(H. japónica × H. móllis)				
Hamamélis	**japónica**	1	Japanische Zaubernuss	
Hamamélis	**móllis**	1	Chinesische Zaubernuss	
Hamamélis	**virginiána**	1	Zaubernuss	
Hébe	**armstróngii**	2	Strauchveronika	Scrophulariáceae
Hédera	**cólchica** ⌇	1	Kaukasus-Efeu	Araliáceae
Hédera	**hélix** ⌇	1, 1a	Gewöhnlicher Efeu	
Hedýsarum	**multíjugum**	1	Mongolischer Süßklee	Fabáceae
Hibíscus	**syríacus**	1	Echter Roseneibisch	Malváceae
Hippóphaë	**rhamnoídes**	1	Sanddorn	Elaeagnáceae
Holodíscus	**díscolor**	1	Wald-Schaumspiere	Rosáceae
Hydrangéa	**anómala** subsp. **petioláris**	1	Kletterhortensie	Hydrangeáceae s. S. 157
Hydrangéa	**arboréscens**		Hortensie	
Hydrangéa	**áspera**	1	Raue Hortensie	
Hydrangéa	**paniculáta**	1	Rispen-Hortensie	
Hydrangéa	**quercifólia**	1	Eichenblättrige Hortensie	
Hypéricum	**androsā́emum** ∧	1	Johanniskraut	Clusiáceae s. S. 152
Hypéricum	**calýcinum**	1	Großblättriges Johanniskraut	
Hypéricum	**× moseriánum**	1	Bastard-Johanniskraut	
(H. calýcinum × H. pátulum)				
Hypéricum	**pátulum**	1	Johanniskraut	
Hypéricum	**olýmpicum**	1	Olymp-Johanniskraut	
Hypéricum	**Hybriden** in Sorten			
Ílex	**× altaclarénsis**		Großblütige Stechpalme	Aquifoliáceae
(I. aquifólium × I. perádo subsp. perádo)				
Ílex	**aquifólium**	1, 1a	Gewöhnliche Stechpalme	

Ílex	**crenáta** in vielen Sorten	1	Japanische Stechpalme	Aquifoliáceae
Ílex *(I. aquifólium × I. rugósa)*	× **mesérvae**		Stechpalme, Winterbeere	
Ílex	**verticilláta**	1	Amerikanische Stechpalme	
Ílex	**Hybriden** in Sorten			
Jasmínum	**nudiflórum** ↟	1	Winter-Jasmin	Oleáceae
Júglans	**cinérea**	1	Butternuss, Walnussbaum	Juglandáceae
Júglans	**nígra**	1	Schwarze Walnuss	
Júglans	**régia** subsp. **régia**	1	Echter Walnussbaum	
Kálmia	**angustifólia**	1	Lorbeerrose	Ericáceae
Kálmia	**latifólia**	1	Berglorbeer	
Kérria	**japónica**	1	Japanisches Goldröschen	Rosáceae
Koelreutéria	**paniculáta**	1	Blasenbaum	Sapindáceae
Kolkwítzia	**amábilis**	1	Kolkwitzie	Caprifoliáceae
+ Laburno cýtisus *(Laburnum anagyroídes + Cýtisus pupúreus)*	**adámii**		Laburnocytisus, Geißkleegoldregen (Pfropfchimäre)	Fabáceae
Laburnum *(L. vulgáre)*	**anagyroídes**	1, 1a	Gewöhnlicher Goldregen	Fabáceae
Laburnum *(L. anagyroídes × L. alpínum)*	× **wateréri**		Hybrid-Goldregen	
Lavándula	**angustifólia** in Sorten	1a	Echter Lavendel	Lamiáceae
Lavándula	**dentáta**	1a	Zahn-Lavendel	
Lavándula	**lanáta**	1a	Wolliger Lavendel	
Lédum	**groenlándicum**	1	Grönländischer Porst	Ericáceae
Lédum	**palústre**	1	Sumpf-Porst	
Leiophýllum	**buxifólium**	1	Sandmyrte	Ericáceae
Lespedéza	**bícolor**	1	Buschklee	Fabáceae
Lespedéza	**thunbérgii**	1	Buschklee	
Leucóthoë *(L. catesbǽi, L. wálteri)*	**fontanesiána**	1	Traubenheide	Ericáceae
Leycestéria	**formósa** ∧	1	Karamelbeere	Caprifoliáceae
Ligústrum	**obtusifólium**	1	Liguster, Rainweide	Oleáceae
Ligústrum	**ovalifólium**	1	Wintergrüner Liguster	
Ligústrum	**vulgáre**	1, 1a	Gewöhnlicher Liguster	

Liquidámbar	**styracíflua** in vielen Sorten	1, 3	Amerikanischer Amberbaum	Hamamelidáceae
Liriodéndron	**tulipífera**	1	Amerikanischer Tulpenbaum	Magnoliáceae
Lithodóra	**diffúsa** ∧ in Sorten	1	Steinsame	Boragináceae
Lonicéra	**caprifólium** ≀	1, 1a	Jelängerjelieber	Caprifoliáceae
Lonicéra	**fragrantíssima**	1	Geißblatt	
Lonicéra	× **heckróttii** ≀		Heckenkirsche	
(L. × americána × L. sempérvirens)				
Lonicéra	**nítida**	1	Immergrüne Heckenkirsche	
(L. yunnanénsis)				
Lonicéra	**periclymenum** ≀	1	Wald-Geißblatt	
Lonicéra	**pileáta**	1	Immergrüne Kriech-Heckenkirsche	
Lonicéra	× **purpúsii**		Geißblatt	
(L. fragrantíssima × L. standíshii)				
Lonicéra	**tangútica**	1	Geißblatt, Heckenkirsche	
Lonicéra	**tatárica**	1	Tataren-Heckenkirsche	
Lonicéra	× **tellmanniána** ≀		Geißblatt	
(L. sempérvirens × L. tragophýlla)				
Lonicéra	**xylósteum**	1	Rote Heckenkirsche	
Lýcium	**bárbarum**	1	Bocksdorn, Teufelszwirn	Solanáceae
(L. halimifólium)				
Lýcium	**chinénse**	1	Bocksdorn	
Magnólia	**acumináta**	1	Gurken-Magnolie	Magnoliáceae
Magnólia	**denudáta**	1	Lilien-Magnolie	
(M. yúlan)				
Magnólia	**kóbus**	1	Kobushi-Magnolie	
Magnólia	**stelláta**	1	Stern-Magnolie	
Magnólia	× **soulangeána**		Tulpen-Magnolie	
(M. denudáta × M. liliiflóra)				
Magnólia	**tripétala**	1	Schirm-Magnolie	
Magnólia	**Hybriden** in vielen Sorten			
× **Mahobérberis**	**neubértii**		Hybridmahonie, Berberitzenmahonie	Berberidáceae
(Mahónia aquifólium × Bérberis vulgáris)				

Mahónia	**aquifólium**	1	Gemeine Mahonie	Berberidáceae
Mahónia	**beālei**	1	Mahonie	
Mahónia	× **média**		Mahonie	
(M. japónica × M. lomariifólia)				
Málus	**púmila**		Filz-Apfel	Rosáceae
Málus			Zierapfel	
Sehr arten- und sortenreicher Formenkreis, entstanden aus den Aggregaten *M. pumila, M. baccata* und *M. toringo*, taxonomisch eindeutige Bestimmung häufig schwierig.				
Málus	**baccáta**	1	Beeren-Apfel	
Málus	**coronária**	1	Kronen-Apfel	
Málus	**floribúnda** (Formenkreis M. toringo)	1	Vielblütiger Apfel	
Málus	**prunifólia**	1	Kirsch-Apfel	
Málus	× **purpúrea**		Purpur-Apfel	
(M. pumila 'Niedzwetzkyana' × M. × zumi)				
Málus	**sargéntii** (Formenkreis M. toringo)	1	Strauch-Apfel	
Málus	× **scheīdéckeri**		Zierapfel	
(M. floribunda × M. prunifolia)				
Málus	**sylvéstris**		Holz-Apfel, Wild-Apfel	
Málus	**toríngo**		Japan-Apfel	
Menispérmum	**canadénse** ≀	1	Mondsame	Menispermáceae
Méspilus	**germánica**	1a	Echte Mispel	Rosáceae
Mórus	**álba**	1a	Weißer Maulbeerbaum	Moráceae
Mórus	**nígra**	1a	Schwarzer Maulbeerbaum	
Myríca	**gále**	1	Gagelstrauch	Myricáceae
Myríca	**pensylvánica**	1	Amerikanischer Gagelstrauch	
Nothofágus	**antárctica**	6	Scheinbuche	Fagáceae
Ólea	**europāea** ∧ in Sorten	1a, 2	Ölbaum, Olivenbaum	Oleáceae
Ósmánthus	**frágrans** ∧	1	Süße Duftblüte	Oleáceae
Ósmánthus	**heterophýllus**	1a	Stachelblättrige Duftblüte	
(O. ilicifólius)				
Óstrya	**carpinifólia**	1a	Hopfenbuche	Carpináceae s. S. 158

Pachysándra	**terminális**	1	Dickmännchen, Ysander	Buxáceae
Paeónia	**-Suffruticósa-Grp.**	1	Strauchpäonie	Paeoniáceae
Parrótia	**pérsica**	1	Parrotie	Hamamelidáceae
Parthenocíssus	**quinquefólia** ⌇	1, 3	Wilder Wein	Vitáceae
Parthenocíssus	**quinquefólia** var. **engelmánnii**		Selbstklimmender Wilder Wein	
Parthenocíssus	**triscuspidáta 'Veítchii'** ⌇	1	Selbstklimmende Jungfernrebe	
Paulownia *(P. imperiális)*	**tomentósa**	1	Blauglockenbaum	Scrophulariáceae
Períploca	**graéca** ⌇	1a	Orientalische Baumschlinge	Asclepiadáceae
Perovskia	**abrotanoídes**	1	Silberstrauch, Blauraute	Lamiáceae
Phellodéndron	**amurénse**	1	Korkbaum	Rutáceae
Philadélphus	**coronárius**		Falscher Jasmin, Pfeifenstrauch	Hydrangeáceae s. S. 157
Philadélphus	**inodórus** var. **grandiflórus**	1	Falscher Jasmin	
Philadélphus *(P. coronárius × P. microphýllus)*	× **lemoínei**		Falscher Jasmin	
Philadélphus	**lewísii**	1	Falscher Jasmin	
Philadélphus *(P. insignis × P. × lemoinei)*	× **polyánthus**		Falscher Jasmin	
Philadélphus	**pubéscens**	1	Falscher Jasmin	
Philadélphus	× **virginális**		Falscher Jasmin	
Philadélphus	**Hybriden** in vielen Sorten			
Photínia	**villósa**	1	Glanzmispel	Rosáceae
Photínia *(P. glábra × P. serratifólia)*	× **fráseri**		Glanzmispel	
Phyllódoce	**caerúlea** ∧	1	Blauheide	Ericáceae
Physocárpus	**opulifólius**	1	Blasenspiere	Rosáceae
Phyllostáchys	**bissétii**		Bambus	Poáceae
Phyllostáchys	**flexuósa**		Bambus	
Phyllostáchys	**nigra**	1	Schwarzrohrbambus	
Píeris	**floribúnda**	1	Vielblättrige Lavendelheide	Ericáceae
Píeris	**japónica**	1	Japanische Lavendelheide	

Plátanus	× **hispánica**		Gewöhnliche Platane, Bastard-Platane	Platanáceae
(P. occidentalis, P. × orientalis)				
Plátanus	**occidentális**	1, 3	Nordamerikanische Platane	
Plátanus	**orientális**	1	Morgenländische Platane	
Pleioblástus	**pygmǽus**	1	Arundinarie	Poáceae
(Sása pygmǽa)				
Pleioblástus	**simónii**	1	Arundinarie	
Poncírus	**trifoliáta** ∧	1	Bitterorange	Rutáceae
Pópulus	**álba**	1, 1a	Silber-Pappel	Salicáceae
Pópulus	**balsamífera**	1	Balsam-Pappel	
Pópulus	× **berolinénsis**		Berliner Pappel	
(P. laurifolia × P. nigra 'Italica')				
Pópulus	× **canadénsis**		Bastard-Schwarz-Pappel	
(P. deltoídes × P. nígra)				
Pópulus	× **canéscens**	1	Grau-Pappel	
(P. alba × P. trémula)				
Pópulus	**deltoídes**	1	Karolina-Pappel	Salicáceae
Pópulus	× **jáckii 'Gileadénsis'**		Balm-of-Gilead	
(P. balsamífera × P. deltoídes)				
Pópulus	**nigra 'Italica'**	1, 1a	Schwarzpappel, Pyramidenpappel	
Pópulus	**simónii**	1	Simons Pappel	
Pópulus	**suavéolens**		Wohlriechende Pappel	
Pópulus	**trémula**	1, 1a	Zitter-Pappel, Espe	
Potentílla	**fruticósa** in vielen Sorten	1	Fingerkraut	Rosáceae
Prúnus			Pflaume, Kirsche, Mandel, Traubenkirsche, Lorbeerkirsche, Zierkirsche	Rosáceae
Prúnus	× **amygdalopérsica**		Weinstraßenmandel, Mandel-Pfirsich	
(P. dúlcis × P. pérsica)				
Prúnus	**cerasífera**	1	Kirschpflaume	
	mit einigen Blutvarietäten		Ziergehölze, Früchte aber essbar	

Prúnus	**díelsiána**	1	Zierkirsche	Rosáceae
Prúnus	**fenzliána**	1	Kaukasische Mandel	
Prúnus	**glandulósa**	1	Zierkirsche	
Prúnus	**incísa**	1	Zierkirsche	
Prúnus	**laurocérasus**	1	Lobeerkirsche	
Prúnus	**múme**	1	Japanische Aprikose	
Prúnus	**pádus**	1	Traubenkirsche	
Prúnus	**sargéntii**	1	Sachalinkirsche	
Prúnus	**serótina**	1, 3	Späte Traubenkirsche	
Prúnus	**serruláta**	1	Japanische Kirsche	
Hierher **Sato-Zakura-Gruppe** mit sehr vielen Sorten.				
Prúnus	**spinósa**	1, 1a	Schlehe	
Prúnus	**subhirtélla**	1	Frühjahrs-Kirsche	
Prúnus	**tenella**	1	Zwergmandel	
Prúnus	**tríloba**	1	Mandelbäumchen	
Prúnus	**tomentósa**	1	Japanische Mandel-Kirsche	
Prúnus	× **yedoénsis**		Zierkirsche	
(P. speciósa × P. subhirtélla)				
Pseudosása	**japónica**	1	Maketebambus	Poáceae
(Arundinária japónica)				
Ptélea	**trifoliáta**	1, 3	Lederstrauch	Rutáceae
Pterocárya	**fraxinifólia**	1	Flügelnuss	Juglandáceae
Pyracántha	**coccínea**	1	Mittelmeer-Feuerdorn	Rosáceae
Pyracántha	**-Hybriden** in vielen Sorten			
Quércus	**cérris** ∧	1a	Zerr-Eiche	Fagáceae
Quércus	**dentáta**	1	Japanische Kaisereiche	
Quércus	**frainétto**	1	Ungarische Eiche	
Quércus	× **hispanica 'Pseudotúrneri'**		Spanische Eiche (immergrün)	
(*Q.* × *turneri* 'Pseudotúrneri')				
Quércus	**palústris**	1	Sumpf-Eiche	
Quércus	**petráea**	1	Trauben-Eiche	
Quércus	**pubéscens**	1	Flaum-Eiche	
Quércus	**róbur**	1	Stiel-Eiche	
(Q. pedunculáta)				
Quércus	**rúbra**	1	Rot-Eiche	
Quércus	**súber** ∧	1a	Kork-Eiche	
Quércus	**velutína**	1	Färber-Eiche	

Rhámnus	**cathártica**	1, 1a	Gemeiner Kreuzdorn	Rhamnáceae
Rhododéndron	**calendulaceum**		Alpenrose, Azalee, Rhododendron	Ericáceae
(Rh. lúteum)				
Rhododéndron	**catawbiénse**	1	Alpenrose	
Rhododéndron	**daúricum**	1	Alpenrose	
Rhododéndron	**ferrugíneum**	1	Rostblättrige Alpenrose	
Rhododéndron	**forréstii Repens-Grp.**		Verbindliche Benennung der Repens-Hybriden	
Rhododéndron	**fortúnei** subsp. **díscolor**		Verschiedenfarbiger Rhododendron	
Rhododéndron	**griffithiánum**			
Rhododéndron	**hirsútum**	1	Almenrausch	
Rhododéndron	**impedítum**	1	Veilchenblauer Rhododendron	
Rhododéndron	**kǣ́mpferi**		Azalee	
Rhododéndron	**máximum**		Riesen-Rhododendron	
Rhododéndron	**mínus**	1	Kleiner Rhododendron	
Rhododéndron	**molle** subsp. **japónicum** in vielen Sorten	1	Japanische Azalee	
Rhododéndron	× **obtúsum**		Alpenrose	
(R. kǣ́mpferi × R. kiusiánum var. *kiusiánum)*			Stumpfblättrige Azalee	
Rhododéndron	**pónticum**		Pontische Alpenrose	
Rhododéndron	× **prǣ́cox**		Vorfrühlings-Rhododendron	
(R. ciliátum × R. daúricum var. *daúricum)*				
Rhododéndron	**-Repens Grp.**			
Rhododéndron	**williamsiánum**			

Die Gattung Rhododendron mit ihren etwa 900 Arten und den zahlreichen Hybriden lässt unterschiedliche Aufteilungen zu. Die nachfolgende Darstellung auf der Grundlage von vier Gruppen kann gärtnerischen Zwecken dienen.

Gruppe I: **Immergrüne Rhododendren**
(u. a. Catawbiénse- und Pónticum-Hybriden)

Gruppe II: **Vireya-Rhododendren**
(asiatische Arten, frostempfindlich)

Gruppe III: **Azaleen**

1. Laubwerfende Hybriden (u. a. auf *R. molle* zurückgehend)
2. Immergrüne Azaleen, z. B.
   a) Kaémpferi-Hybriden
   b) Kurume-Hybriden
   c) Kyushi-Hybriden
   d) Oldhámii-Hybriden
   e) Satsúki-Hybriden
   f) Shammaréllo-Hybriden
   g) Vuykiánum-Hybriden

Gruppe IV: **Azaleodendren**

Laubwerfende Azaleen × immergrüne Rhododendron-*Hybriden*; meist frosthart, halb-immergrün, gelbe, rosa- oder malvenfarbene, zum Teil duftende Blüten.

Rhodótypos	**scándens**	1	Scheinkerrie	Rosáceae
Rhús	**glábra**	1	Scharlach-Sumach	Anacardiáceae
Rhús	**typhína**	1	Essigbaum, Hirschkolbensumach	
Ríbes	**alpínum**	1, 1a	Alpen-Johannisbeere	Grossulariáceae s. S. 158
Ríbes	**aúreum**	1	Gold-Johannisbeere	
Ríbes	× **gordoniánum**		Zierjohannisbeere	
(R. odorátum × R. sanguíneum)				
Ríbes	**sanguíneum**	1	Blut-Johannisbeere	
Robínia	**híspida**	1	Borstige Robinie	Fabáceae
Robínia	**pseudoacácia**	1	Robinie, Scheinakazie	
Robínia	**viscósa**	1	Klebrige Robinie	
Rósa	**canina**	1, 1a	Hunds-Rose	Rosáceae
Rósa	× **centifólia**		Zentifolie	
(R. canina × R. gallica × R. moschata)				
Rósa	**chinénsis**	1	China-Rose	
Rósa	× **damascéna**		Damaszener-Rose, Portland-Rose	
(R. gallica × R. moschata)				
Rósa	**Edelrosen-Gruppe** z. B. Teehybriden u. Remontantrosen			
Rósa	**Floribunda-Gruppe**			
Rósa	**Floribunda- Grandiflóra- Gruppe**			
Rósa	**Polyántha-Gruppe**			

Die Differenzierung lässt sich fortführen (Moosrosen, Parkrosen, Strauchrosen, Bodendecker-Rosen usw.).

Rósa	**gállica**	1, 1a	Essig-Rose	Rosáceae
Rósa	**láxa**	1	Veredlungsunterlage	
Rósa	**majális**	1	Zimt-Rose	
Rósa	**moscháta**	1, 2	Moschus-Rose	
Rósa	**multiflóra**	1	Vielblütige Rose, Veredlungsunterlage	
Rósa	**nítida**	1	Glanz-Rose	
Rósa	× **odoráta**	1	Tee-Rose	
(R. chinensis × R. gigantea)				
Rósa	**rubiginósa**	1	Wein-Rose, Schottische Zaunrose	
Rósa	**rugósa**	1	Kartoffel-Rose	
Rósa	**serícea** subsp. **omeiénsis** fo. **pteracántha**		Stark bewehrte Rose	
Rósa	**spinosíssima**	1	Bibernell-Rose	
(R. pimpinellifólia)				
Rósa	**wichuraiána** ≀	1	Kletter-Rose	
Rósa	**xanthína** fo. **hugónis**	1	Vater Hugos Rose	
Rúbus	**odorátus**	1	Zimt-Himbeere	Rosáceae
Rúbus	**ulmifólius**	1, 1a	Mittelmeer-Brombeere	
(R. inermis)				
Rúscus	**aculeátus** ∧	1a	Stachliger Mäusedorn	Ruscáceae s. S. 159
Rúscus	**hypophýllum** ∧	1a	Mäusedorn	
Sálix	**acutifólia**	1	Spitzblättrige Weide	Salicáceae
Sálix	**álba**		Silber-Weide	
Sálix	**auríta**		Ohr-Weide	
Sálix	**babylónica** ∧	1	Echte Trauer-Weide, Babylonische Trauer-Weide	
Sálix	**cáprea 'Kilmarnock'**	1	Sal-Weide (überhängend)	
Sálix	**daphnoídes**	1	Reif-Weide	
Sálix '	**intégra 'Hakuro Nishiki'**		Zier-Weide	
Sálix	**irrogáta**	1	Amerikanische Reif-Weide (weiß bereift)	
Sálix	**matsudána**	1	Peking-Weide	
	'Tortuósa'	1	„Korkenzieherweide"	

Sálix	**purpúrea**		Purpur-Weide	Salicáceae
Sálix	**répens**		Kriech-Weide	
Sálix	× **sepulcrális**		Trauer-Weide,	
(S. babylónica × S. × chrysócoma)			häufig noch S. alba 'Tristis' genannt	
Sálix	× **séricans**		„Küblerweide"	
(S. cáprea × S. viminális)				
Sálix	**udénsis 'Sekka'**		Drachenweide	
(Salix sachalinénsis)				
Sálix	**viminális**		Korb-Weide	
Sambúcus	**nígra**	1	Schwarzer Holunder	Sambucáceae s. S. 160
Sambúcus	**racemósa**	1, 1a	Trauben-Holunder	
Sása	**véitchii**		Zwergbambus	Poáceae
Skímmia japónica	**'Veitchii'**		Japanische Skimmie, ♀ Klon	Rutaceae
(S. japónica 'Foremánnii')				
	'Rogérsii'		♀ Klon	
	'Rubélla'		♂ Klon	
	'Bronze Knight'		♂ Klon	
	subsp. **reevesiána**		⚥	
Sorbária	**sorbifólia**	1	Sibirische Fiederspiere	
Sorbária	**tomentosa** var. **angustifólia**	1	Afghanische Fiederspiere	Rosáceae
Sórbus	**americána**	1	Amerikanische Eberesche	Rosáceae
Sórbus	**ária**	1	Gewöhnliche Mehlbeere	
Sórbus	**aucupária**	1, 1a	Vogelbeere, Eberesche	
Sórbus	× **hybrida**		Bastard-Eberesche	
(S. aucupária × S. intermédia)				
Sórbus	**intermédia**	1	Oxel-/Schwedische Mehlbeere	
Sórbus	× **thuringíaca**		Thüringer Mehlbeere	
(S. ária × S. aucupária)				
Sórbus	**torminális**	1, 1a	Elsbeere	
Sórbus	**vilmorínii**	1	Eberesche, Frucht weiß bis rosa	
Spiraéa	× **argúta**		Braut-Spierstrauch	Rosáceae
(S. × multiflora × S. thunbérgii)				
Spiraéa	**douglásii**	1	Oregon-Spierstrauch	

Spiraea	**japónica**	1	Japanischer Spierstrauch	Rosáceae
(Sp. bumálda)				
	'Bumalda'			
	'Anthony Waterer'			
	'Little Princess'			
Spiraea	**nippónica**	1	Spierstrauch	
Spiraea	**thunbérgii**	1	Spierstrauch	
Spiraea	× **vanhouttei**		Belgischer Spierstrauch	
(S. cantoniénsis × S. trilobáta)				
Stachyúrus	**praecox**	1	Perlschweif	Stachyuráceae
Staphyléa	**cólchica**	1	Pimpernuss	Staphyleáceae
Staphyléa	× **élegans**		Pimpernuss	
(S. cólchica × S. pinnáta)				
Staphyléa	**pinnáta**		Gewöhnliche Pimpernuss	
Stephanándra	**incísa**	1	Kleine Kranzspiere	Rosáceae
Stephanándra	**tanákae**	1	Große Kranzspiere	
Styphnolobium	**japonicum**	1	Japanischer Pagodenbaum	Fabáceae
(Sophóra japónica)				
Stýrax	**japónicum**	1	Storaxbaum	Styracáceae
Symphoricárpos	**albus**	1	Schneebeere	Caprifoliáceae
(S. racemósus)				
Symphoricárpos	× **chenaultii**		Bastard-Schneebeere	
(S. microphýllus × S. orbiculátus)				
Symphoricárpos	**orbiculátus**	1, 3	Korallenbeere	
Syrínga	× **chinénsis**		Chinesischer Flieder	Oleáceae
(S. × protolaciniata × S. vulgáris)				
Syrínga	**emódi**	1	Himalaja-Flieder	
Syrínga	× **hyacinthiflóra**		Frühlings-Flieder	
(S. obláta × S. vulgáris)				
Syrínga	**josikaea**	1	Ungarischer Flieder	
Syrínga	× **pérsica**		Persischer Flieder	
(S. afghánica × S. laciniáta)				
Syrínga	**pubéscens** subsp. **microphýlla**	1	Kleinblättriger Flieder	
(Syrínga microphýlla)				
Syrínga	**refléxa**	1	Bogen-Flieder	

Syrínga	**× swegifléxa**		Perlen-Flieder	Oleáceae
(S. refléxa × S. sweginzówii)				
Syrínga	**vulgáris**		Garten-Flieder	
Támarix	**chinénsis**	1, 1a	Chinesische Tamariske	Tamaricáceae
Támarix	**parviflóra**	1a	Kleinblütige Tamariske	
Tamarix	**ramosíssima**	1	Kaspische Tamariske	
Teúcrium	**chamaédrys**	1, 1a	Edel-Gamander	Lamiáceae
Teúcrium	**× lucídrys**		Bastard-Gamander	
(T. chamaédrys × T. lúcidum)				
Tília	**americána**	1	Amerikanische Linde	Tiliáceae
Tília	**cordáta**	1	Winter-Linde	
(T. parvifólia)				
Tília	**× euchlóra**		Krim-Linde	
(T. cordáta × T. dasýstyla)				
Tília	**platyphýllos**	1, 1a	Sommer-Linde	
(T. grandifólia)				
Tília	**× vulgaris**		Holländische Linde	
(Tilia cordáta × T. platyphýllos)				
Tília	**tomentósa**	1	Silber-Linde	
Úlex	**europaéus**	1, 1a	Stechginster	Fabáceae
Úlmus	**americána**	1	Weiß-Ulme	Ulmáceae
Úlmus	**mínor 'Dicksónii' ('Sarniénsis Aurea')**		Feld-Ulme	
(Úlmus glábra)				
Úlmus	**× hollándica**		Bastard-Ulme	
(U. glabra × U. mínor)				
Úlmus	**laévis**	1, 1a	Flatter-Ulme	
Úlmus	**procéra**	1, 1a	Englische Ulme	
Úlmus	**púmila**	1	Sibirische Ulme	
Vaccinium	**myrtillus**		Heidelbeere	Ericáceae
Vibúrnum	**× bodnanténse**		Schneeball	Viburnáceae
(V. farreri × V. grandiflorum)				s. S. 160
Vibúrnum	**× burkwóodii**		Schneeball	
(V. carlésii × V. útile)				

Vibúrnum	**carlésii**	1	Koreanischer Schneeball	Viburnáceae s. S. 160
Vibúrnum	**davidii** ^	1	Zwerg-Schneeball	
Vibúrnum *(V. frágrans)*	**fárreri**	1	Duft-Schneeball	
Vibúrnum	**lantána**	1, 1a	Wolliger Schneeball	
Vibúrnum	**ópulus**	1	Gewöhnlicher Schneeball	
Vibúrnum	**plicátum** fo. **tomentósum**	1	Japanischer Schneeball	
Vibúrnum	**rhytidophýllum**	1	Runzelblättriger Schneeball	
Vínca	**major** ^	1, 1a	Großes Immergrün	Apocynáceae
Vínca	**mínor**	1, 1a	Kleines Immergrün	
Víscum	**álbum**	1, 1a	Mistel	Viscaceae
Vítis	**coignétiae** ⸾	1	Rostrote Rebe	Vitáceae
Vítis	**ripária** ⸾	1	Ufer-Rebe	
Vítis	**vinífera** ⸾ in vielen Sorten	1, 1a	Echte Weinrebe	
Weígela	**'Bristol Ruby'**		Rotblühende Weigelie	Caprifoliáceae
Weígela	**'Eva Rathke'**		Weigelie	
Weígela	**flórida** in vielen Sorten		Rosa Weigelie	
Weígela	**middendorfiána**		Gold-Weigelie	
Wistéria	**floribúnda**	1	Japanischer Blauregen	Fabáceae
Wistéria	**sinénsis** ⸾	1	Chinesischer Blauregen	
Zelkóva	**carpinifólia**	1	Zelkove	Ulmáceae
Zelkóva	**serráta**	1	Zelkove	

Anmerkung: Laubgehölze sind entweder Bäume oder Sträucher, wobei zu Letzteren bedingt auch die sogenannten Halbsträucher gehören. Halbsträucher (z.B. die Rosen) verholzen im Gegensatz zu Sträuchern nicht durchgehend, können folglich im Winter zurückfrieren und ergeben in manchen Fällen Übergänge zu den Stauden. Zwergsträucher hingegen (Beispiele: *Eríca cárnea* und *Vaccínium myrtillus*, Heidelbeere) sind „ganz normale" Sträucher, wie auch eine Untersuchung des Verholzungszustandes immer beweisen wird. *Peróvskia abrotanoídes* ist ein Halbstrauch und wird oft als Staude geführt, in unserem Buch aber als Laubgehölz.

2.9 Nadelgehölze

Inbesondere Koniferen, einschließlich Ginkgo.

Ábies	**In Sorten**		Tanne	Pináceae
Ábies	**álba**	1, 1a	Weiß-Tanne	
Ábies	**balsámea**	1	Balsam-Tanne	
Ábies	**cephalónica**	1a	Griechische Tanne	
Ábies	**cóncolor**	1	Colorado-Tanne	
Ábies	**homólepis**	1	Nikko-Tanne	
Ábies	**koreána**	1	Korea-Tanne	
Ábies	**lasiocárpa**	1	Felsengebirgs-Tanne, Kork-Tanne	
Ábies	**nordmanniána**	1a	Nordmanns-Tanne	
Ábies	**pínsapo**	1a	Spanische Tanne	Tanne
Ábies (*A. nóbilis*)	**procéra ‘Glaúca’**	1	Silber-Tanne, Blau-Tanne	
Ábies	**veitchii**	1	Veitch-Tanne	
Araucária	**araucána** ∧	3, 6	Chilenische Araukarie	Araucariáceae
Calócedrus (*Libocédrus decúrrens*)	**decúrrens**	1	Flußzeder	Cupressáceae
Cédrus	**atlántica ‘Glaúca’**	1a	Atlas-Zeder	Pináceae
Cédrus	**deodára**	1	Himalaja-Zeder	
Cédrus	**líbani** ∧ in Sorten	1a	Libanon-Zeder	
Cephalotáxus	**fortúnei**	1	Kopfeibe	Cephalotaxáceae
Cephalotáxus	**harringtónia**	1	Kopfeibe	
Chamaecýparis	**lawsoniána**	1	Lawson-Scheinzypresse	Cupressáceae
Mit vielen Säulen-, Hänge- und Zwergformen.				
Chamaecýparis	**obtúsa** in vielen Sorten	1	Sonnenzypresse, Feuer-Scheinzypresse, Muschel-Zypresse	
Chamaecýparis	**pisífera**	1	Sawarazypresse, Erbsenfrüchtige Scheinzypresse	
	Filífera-Gruppe		in Sorten	
	Nana-Gruppe		in Sorten	
	Plumósa-Gruppe		in Sorten	
	Squarrósa-Gruppe		in Sorten	
Chamaecýparis	**thyoídes**	1	Zederzypresse, Gewöhnliche Weiße Scheinzypresse	

Cryptoméria	**japónica**	1	Japanische Sicheltanne	Taxodiáceae
	in Sorten			
Cunninghámia	**lanceoláta**	1	Spießtanne	Taxodiáceae
× **Cuprocyparis**	**leyländii**		Bastardzypresse	Cupressáceae
(× Cupressocý-paris leyländii)				
(Xanthocyparis nootkaténsis × Cupréssus macrocárpa)				
Cupréssus	**sempérvirens** ∧	1a	Echte Zypresse	Cupressáceae
	'Stricta'		„Böcklin-Zeder"	
	'Horizontális'			
Gínkgo	**bíloba**	1	Ginkgo	Ginkgoáceae
	in Sorten			
Juníperus	**chinénsis**	1	Chinesischer Wacholder	Cupressáceae
	in vielen Sorten			
Juníperus	**commúnis**	1	Gemeiner Wacholder	
	in vielen Sorten			
	'Stricta'		Irischer Säulenwacholder	
	('Hibérnica')			
Juníperus	**horízontális**	1	Kriech-Wacholder	
Juníperus	**× pfizeriána**		Bastard-Wacholder	
(J. chinénsis × J. sabína)				
	'Aurea'			
Juníperus	**rígida**		Igel-Wacholder	
Juníperus	**sabína**	1,	Sadebaum	
	'Tamarisci- fólia'	1a	Tamariskenblütiger Sadebaum	
Juníperus	**scopulórum**	1	Felsengebirgs-Wacholder	
	'Skyrocket'			
	'Hetzii'			
Juníperus	**squamáta**	1	Schuppen-Wacholder, Blauzeder-Wacholder	
	'Mēyeri'		Weißblauer Wacholder	
Juníperus	**virginiána**	1	Virginischer Wacholder	
Lárix	**decídua**	1	Gemeine Lärche	Pináceae
(L. europǣa)				
Lárix	× **eurolépis**		Bastard-Lärche	
(L. decídua × L. kǣmpferi)				
Lárix	**kǣmpferi**	1	Japanische Lärche	
(L. leptólepis)				
Metasequóia	**glyptostro boídes**	1	Urwelt-Mammutbaum	Taxodiáceae

Microbióta	**decussáta**	1	Zwerglebensbaum, Teppichthuja	Cupressáceae
Pícea	**ábies**	1	Gemeine Fichte, fälschlich „Rottanne“	Pináceae
(P. excélsa)				
Pícea	**breweriána**	1	Siskiyou-Fichte, Mähnen-Fichte	
Pícea	**engelmánnii**	1	Engelmann-Fichte	
Pícea	**glaū́ca**	1	Schimmel-Fichte	
	in Sorten, u. a.:			
	var. **albertiána**			
	‘Conica’		Zwerg-Zuckerhut-Fichte	
Pícea	**omórika**	1	Omorika-Fichte	
Pícea	**orientális**	1	Kaukasus-Fichte	
Pícea	**púngens**	1	Stech-Fichte	
	‘Glaū́ca’		Blau-Fichte	
	‘Glaū́ca Koster’		Kosters Blau-Fichte	
Pícea	**purpúrea**	1	Purpur-Fichte	
Pícea	**sitchénsis**	1	Sitka-Fichte	
Pínus	**cémbra**	1	Zirbel-Kiefer, Arve	Pináceae
Pínus	**contórta**	1	Dreh-Kiefer	
Pínus	**densiflóra**	1	Japanische Rot-Kiefer	
Pínus	**heldrḗichii**	1a	Schlangenhaut-Kiefer	
Pínus	**múgo**	1	Krummholz-Kiefer	
	subsp. **múgo**		Berg-Kiefer	
	subsp. **Uncináta**			
Pínus	**nígra**	1a	Schwarz-Kiefer	
Pínus	**parviflóra**	1	Blaue Mädchen-Kiefer	
Pínus	**peū́ce**	1a	Mazedonische Kiefer	
Pínus	**púmíla**	1	Japanische Kriech-Kiefer	
Pínus	**pínea** ∧	1a, 2	Pinie, Schirm-Kiefer	
Pínus	**ponderósa**	1	Gelb-Kiefer	
Pínus	**rígida**	1	Pech-Kiefer	
Pínus	× **schwerínii**		Schwerins Kiefer	
(P. stróbus × P. wallíchiána)				
Pínus	**stróbus**	1	Weymouth-Kiefer	
Pínus	**sylvéstris**	1	Gemeine/Wald-Kiefer, Föhre	
Pínus	**wallichiána**	1	Tränen-Kiefer	
(P. griffithii, P. excélsa)				

Platýcladus	**orientális**	1	Morgenländischer Lebensbaum	Cupressáceae
(Thúja orientális)				
Pseudólarix	**amábilis**	1	Goldlärche	Pináceae
Pseudotsúga	**menziésii**	1	Douglasie	Pináceae
(P. taxifólia, P. douglásii)				
Sciadópitys	**verticilláta**	1	Japanische Schirmtanne	Sciadopityaceae
Sequoía	**sempérvirens**	1	Küstenmammutbaum	Taxodiáceae
Sequoia-déndron	**gigantéum**	1	Kalifornischer Mammutbaum, Wellingtonie	Taxodiáceae
(Sequóia gigantéa)				
Taxódium	**dístichum**	1	Sumpfzypresse	Taxodiáceae
Táxus	**baccáta**	1,	Gemeine Eibe	Taxáceae
	in Sorten, u. a.:	1a		
	'Overeynderi'			
	'Fastigiáta Aurea', Säulenform mit goldgelben Nadeln			
	'Fastigiáta Variegáta', gelblich, weiß gerändert			
	'Adpréssa', breitbuschig, kurze Nadeln			
Táxus	**cuspidáta**	1	Japanische Eibe	
Táxus	**× média**		Bastardeibe	
(T. baccáta × T. cuspidáta)				
Thúja	**occidentális**	1	Abendländischer Lebensbaum	Cupressáceae
	in vielen Sorten, u. a.			
	'Fastigiáta', kegelförmig, kurze Seitentriebe			
	'Globósa', kugelig breit			
	'Rheingold'			
Thúja	**plicáta**	1	Riesenlebensbaum	
	in vielen Sorten			
(T. gigantéa)				
Thúja	**standíshii**	1	Japanischer Lebensbaum	
Thujópsis	**dolabráta**	1	Hiba-Lebensbaum	Cupressáceae
Torrēýa	**nucífera**	1	Japanische Nusseibe	Taxáceae
Tsúga	**canadénsis**	1	Kanadische Hemlocktanne	Pináceae
Tsúga	**diversifólia**	1	Japanische Hemlocktanne	
Tsúga	**mertensiána**	1	Berg-Hemlocktanne	
Xanthocýparis	**nootkatensis**		Nutka-Goldzypresse	Cupressáceae
(Chamaecýparis nootkaténsis)	*'Péndula'*			

Anmerkung: Genau genommen ist *Ginkgo* kein Nadelgehölz, auch kein Übergang zwischen Nadel- und Laubgehölzen. Als „lebendes Fossil" in einer eigenständigen Klasse (*Ginkgoopsida*) geführt, steht *Ginkgo* mit der Klasse *Coniferopsida* (Nadelgehölze) gemeinsam in einer übergeordneten Rangstufe, nämlich der der Nacktsamer. Der Ginkgo ist also mit den Nadelgehölzen näher verwandt als mit den Laubgehölzen, die den Bedecktsamern zugeordnet werden.

2.10 Obst und Südfrüchte

Als Obst bezeichnet man die essbaren Früchte oder Samen von heimischen mehrjährigen, meist holzigen oder teilverholzten Pflanzen. Essbare Früchte von ± verholzten Pflanzen, die in Deutschland weder angebaut noch wild vorkommen, nennt man Südfrüchte, entsprechende Herkunftsländer vorausgesetzt.

Ácca	**sellowiána**	3	Feijóa, Brasilianische Guave	Myrtáceae
(Feijóa sellowiána)				
Actinídia	**deliciósa**	1	Kiwipflanze	Actinidiáceae
Amómum	**compáctum**	2	Kardamom	Zingiberáceae
Anacárdium	**occidéntale**	3	Cashewnuss	Anacardiáceae
Ananas	**comósus**	3	Ananas	Bromeliáceae
Annóna	**cherímola**	3	Cherimoya	Annonáceae
Annóna	**muricáta**	3	Sauersack, Stachelannone	
Árachis	**hypogǣa**	3	Erdnuss	Fabáceae
Artocárpus	**heterophýllus**	2	Jackfruchtbaum	Moráceae
Averrhóa	**bilímbi**	2	Gurkenbaum, Baumstachelbeere	Oxalidáceae
Averrhóa	**carambóla**	2	Karambole, Sternfrucht	
Berthollétia	**excélsa**	3	Paranuss	Lecythidáceae
Cárica	**papáya**	3	Melonenbaum, Papaya	Caricáceae
Cárica	**pentagóna**	3	Babaco	
Cárya	**illinoinénsis**	1, 3	Pekannuss	Juglandáceae
Casimíroa	**edúlis**	3	Sapote, „Ceylon Gooseberry“	Rutáceae
Castánea	**sativa**	1a	Esskastanie, Marone	Fagáceae
Ceratónia	**síliqua**	1a	Johannisbrotbaum	Caesalpiniáceae
Citrúllus	**lanátus**	2	Wassermelone	Cucurbitáceae
Cítrus	**aurantiifólia**	2	Saure Limette	Rutáceae
Cítrus	**aurántium**	2	Pomeranze, Bitterorange (pharmazeutische Verwendung, kein Obst!)	
Cítrus	× **aurántium**		Sammelbegriff für verschiedene Hybrid-Gruppen, u. a. Clementinen und Satsumas	
Cítrus	**bergámia**		Bergamotte (Duftstoff Bergamotte-Öl, kein Obst!)	
Cítrus	**deliciosa** in vielen Sorten		Mittelmeer-Mandarine	
Cítrus	**limétta**	2	Süße Zitrone, Römische Limette	Zitrone

Cítrus	**límon** in vielen Sorten		Zitrone	Zitrone
Cítrus	**máxima**		Pampelmuse	
Cítrus *(C. reticuláta × C. sinénsis)*	× **nóbilis**		Königsorange	
Cítrus	**médica**	2	Zitronat-Zitrone (Herstellung von Zitronat)	Rutáceae
Cítrus *(C. máxima × C. sinénsis)*	× **paradísi**	2	Grapefruit	
Cítrus	**reticuláta**	2	Mandarine	
Cítrus	**sinénsis** in vielen Sorten		Apfelsine, Orange	
Cítrus *(C. reticuláta × C. × paradísi)*	× **tángelo**		Tangelo, Tangerine	
Cócos	**nucífera**	2	Kokospalme	Arecáceae
Córylus	**avellána**	1	Haselnuss	Coryláceae s. S. 158
Córylus	**máxima**	1a	Lamberts Hasel, Große Hasel	
Cúcumis	**mélo**		Melone (Gatt. C. auch Gurke)	Cucurbitáceae
Cydónia	**oblónga**	1a	Echte Quitte	Rosáceae
	var. **malifórmis**		Apfel-Quitte	
	var. **oblónga**		Birnen-Quitte	
Dimocárpus	**lóngan**	2	Longanbaum	Sapindáceae
Diospýros	**káki**	1	Kakipflaume	Ebenáceae
Diospýros	**lótus**	1	Dattelpflaume	
Dúrio	**zibethínus**	2	Durian, Zibetbaum	Bombacáceae
Eriobótrya	**japónica**	1, 2	Japanische Wollmispel, Loquate	Rosáceae
Eugénia	**uniflóra**	2, 3	Kirschmyrte	Myrtáceae
Fícus	**cárica**	1a	Echte Feige	Moráceae
Fortunélla	**margaríta**	2	Ovale Kumquat	Rutáceae
Fragária	× **ananássa**		Garten-Erdbeere	Rosáceae
Fragária	**chiloénsis**	1, 3	Chile-Erdbeere	
Fragária	**vésca**	1	Wald-Erdbeere	
	var. **horténsis**		Kultur-Wald-Erdbeere	
Garcínia	**mangostána**	2	Mangostane	Clusiáceae s. S. 152

Hylocéreus	**undátus**	3	Pitahaya, Drachenfrucht Distelbirne	Cactáceae
Júglans	**régia**	1	Walnussbaum	Juglandáceae
Lítchi	**chinénsis**	2	Litschi	Sapindáceae
Macadámia	**ternifólia**	5	Macadamianuss	Proteáceae
Malpíghia	**glábra**	3	Acerola, Barbadoskirsche	Malpighiáceae
Manilkára	**zapóta**	3	Breiapfelbaum, Kaugummibaum (Milchsaft ist Grundlage für Kaugummi)	Sapotaceae
Málus	**doméstica** in vielen Sorten		Kultur-Apfel	Rosáceae
Mangífera	**índica**	2	Echte Mango	Anacardiáceae
Méspilus	**germánica**	1a	Echte Mispel	Rosáceae
Músa (*M. acumináta* × *M. balbisiána*)	× **paradisíaca**		Ess-Banane	Musáceae
Myrística	**frágrans**	2	Muskatnuss	Myristicáceae
Nephélium	**lappáceum**	2	Rambutan	Sapindáceae
Ólea	**europáea**	1a, 2	Olivenbaum, Ölbaum	Oleáceae
Opúntia	**ficus-índica**	2, 3	Feigenkaktus	Cactáceae
Passiflóra	**edúlis**	2	Passionsfrucht, Maracuja	Passifloráceae
Passiflóra	**liguláris**	3	Süße Granadille	
Phoénix	**dactylífera**		Echte Dattelpalme	Arecáceae
Phýsalis	**peruviána**	3	Andenkirsche	Solanáceae
Pérsea	**americána**	3	Avocado	Lauráceae
Piménta	**dioíca**	2, 3	Pimentbaum, Blätter: „Westindische Lorbeerblätter"	Myrtáceae
Prúnus	**armeníaca** in vielen Sorten	1	Aprikose	Rosáceae
Prúnus	**ávium** in vielen Sorten	1	Süßkirsche (Herz- und Knorpelkirsche)	
Prúnus	**cerasífera**	1	Kirschpflaume	
Prúnus	**cérasus** in vielen Sorten	1, 1a	Sauerkirsche, Weichsel, Morelle (Amarelle) Glaskirsche = Kreuzung zwischen Süß- und Sauerkirsche	

Prúnus	**doméstica**	1	Pflaume, Zwetsche	Rosáceae
	in vielen Sorten			
	subsp. **insitítia**		Hafer-Pflaume, Krieche	
	subsp. **itálica**		Reineclaude	
	in Sorten			
	subsp. **syríaca**		Mirabelle	
Prúnus	**dúlcis**	1a	Mandelbaum	
	in vielen Sorten			
	var. **amára**		Bitter-Mandel	
	var. **dúlcis**		Süße Mandel	
	var. **frágilis**		Knack-Mandel	
Prúnus	**máhaleb**	1	Stein-Weichsel, Felsen-Kirsche	
Prúnus	**pérsica** var. **pérsica**		Pfirsich	
	in vielen Sorten			
	var. **nucipérsica**		Nektarine	
	in vielen Sorten			
Psídium	**guajáva**	3	Guave	Myrtáceae
Púnica	**granátum**	1, 1a	Granatapfelbaum	Punicáceae
Pýrus	**commúnis**		Kultur-Birne	Rosáceae
	in vielen Sorten			
Pýrus	**pyrifólia**		Nashi-Birne	
Ríbes	**nígrum**	1	Schwarze Johannisbeere	Grossulariáceae s. S. 158
	in vielen Sorten			
Ríbes	× **nidigrolária**		Josta, Bastard-Johannisbeere	
(R. divaricatum × R. nígrum × R. úva-críspa)				
Ríbes	**rúbrum**	1	Rote Johannisbeere	
	in vielen Sorten			
Ríbes	**úva-críspa**		Stachelbeere	
	in vielen Sorten			
Rúbus	**chamaémorus**	1	Moltebeere	Rosáceae
Rúbus	**idaéus**	1	Himbeere	
	in vielen Sorten			
Rúbus	**sect. Rúbus**		Brombeere	
	in vielen Sorten			
(R. fruticosus agg.)				

Solánum	**muricátum**	3	Melonenbirne	Solanáceae
Solánum	**quitoénse**	3	Naranjilla	
Sórbus	**aucupária**	1	Vogelbeere	Rosáceae
	'Edulis'		Essbare Vogelbeere, Eberesche	Eberesche
Sórbus	**doméstica**	1, 1a	Speierling	Rosáceae
	fo. **pyrifórmis**		Birnenförmiger Speierling	
	fo. **Pomífera**		Apfelförmiger Speierling	
Spóndias	**dúlcis**	3	Goldene Balsampflaume	Anacardiáceae
Spóndias	**mómbin**	2, 3	Gelbe Mombinpflaume	
Spóndias	**purpúrea**		Rote Mombinpflaume	
Syzýgium	**jámbos**	2	Rosenapfel	Myrtáceae
Syzýgium	**malaccénse**	2	Malayaapfel	
Tamaríndus	**índica**	2	Tamarinde	Caeselpiniáceae
Vaccínium	**myrtíllus**	1	Heidel-/Blaubeere	Ericáceae
Vaccínium	**macrocárpon**	1	Großfrüchtige Moosbeere, „Cranberry"	
Vaccínium	**corymbósum** in Sorten	1	Amerikanische Heidelbeere, „Blueberry"	
Vaccínium	**vitis-idǽa** in Sorten	1	Preiselbeere	
Vítis	**vinífera** in vielen Sorten	1, 1a	Weinrebe	Vitáceae
Zíziphus	**jujúba**	1a, 2	Jujuba, Chinesische Dattel	Rhamnáceae

2.11 Gemüse

Gemüse ist ein Sammelbegriff für alle Pflanzen(teile), die im Garten oder als Feldgemüse auf dem Acker (Freilandgemüse) und in Gewächshäusern (Unterglas- oder Foliengemüse) zwecks Verwendung als Nahrung angebaut werden und relativ hohe Nährwerte von der Flächeneinheit erbringen. In der Definition des Fruchthandels sind Gemüse meist kernlose Erträge von vorwiegend einjährigen und krautigen Pflanzen.

Abelmóschus	**esculéntus**	1a, 2	Okra, Essbarer Bisameibisch	Malváceae
Állium	**ampelóprasum**	1, 1a	Acker-Knoblauch	Alliáceae s. S. 158
Állium	**cépa**		Speisezwiebel	
	Aggregátum-Grp.		Schalotte	
	Cépa-Grp.		Küchen-Zwiebel	
	Prolíferum-Grp.		Ägyptische Zwiebel	
	Vivíparum-Grp.		Luftzwiebel	
Állium	**fistulósum**		Winter-Zwiebel	
Állium	**pórrum**	1a	Porree, Lauch	
Állium	**satívum**	1, 2	Knoblauch	
Állium	**schoenóprasum**	1	Schnittlauch	
Állium	**tuberósum**	1, 2	Schnitt-Knoblauch	
Ápium	**gravéolens**	1–4	Sellerie	Apiáceae
	var. **dúlce**		Bleich-Sellerie	
	var. **rapáceum**		Knollen-Sellerie	
	var. **secalínum**		Schnitt-Sellerie	
Armorácia	**rusticána**	1	Meerrettich	Brassicáceae
Aspáragus	**officinális**	1, 1a	Spargel	Asparagáceae s. S. 158
Átriplex	**horténsis**		Garten-Melde	Chenopodiáceae
Bambúsa	**vulgáris**	2	Bambus	Poáceae
Béta	**vulgáris**	1, 1a	Bete, Rübe	Chenopodiáceae
	subsp. **cícla**		Mangold	
	var. **cícla**		Blatt-Mangold	
	var. **flavéscens**		Schnitt-Mangold	
	subsp. **vulgáris**		Bete	
	var. **álba**		Weiße Bete	
	var. **altíssima**		Zucker-Rübe	
	var. **lútea**		Gelbe Bete	
	var. **rapácea**		Futter-Rübe	
	var. **vulgáris**		Rote Bete	

Brássica	**nápus**		Raps, Rübe	Brassicáceae
	subsp. **rapífera**		Steck-Rübe	Wrucke
Brássica	**nígra**		Schwarzer Senf	Brassicáceae
Brássica	**olerácea**		Kohl	
	var. **acéphala**		Zier-Kohl	
	var. **botrýtis**		Blumen-Kohl, Kopf-Brokkoli	
	var. **capitáta**		Weiß- und Rotkohl	
	var. **costáta**		Rippen-Kohl	
	var. **gemmífera**		Rosen-Kohl	
	var. **gongylódes**		Kohlrabi	
	var. **itálica**		Brokkoli	
	var. **medullósa**		Markstamm-Kohl	
	var. **ramósa**		Strauch-Kohl	
	var. **sabáuda**		Wirsing	
	var. **sabéllica**		Grün-Kohl	
Brássica	**rápa**	1,	Weiße Rübe	
	subsp. **chinénsis**	1a	Chinakohl,	Pak-Choi
	subsp. **pekinénsis**		Pekingkohl	
Cápsicum	**ánnuum** in vielen Sorten	3	Gemüse-Paprika	Solanáceae
	Conioídes-Grp.		Spitzpaprika	
	Gróssum-Grp.		Gemüse-Paprika	
	Lóngum-Grp.		Cayennepfeffer	
Cápsicum	**frutéscens**	3	Chili, Tabasco	Chili
Chaerophýllum	**bulbósum**	1	Kerbelrübe	Apiáceae
Chenopódium	**quinóa**	3	Quinoa (spr. Kinoa), Reismelde, Verwendung der Blütenstände als Schnittblume	Chenopodiáceae
Cícer	**arietínum**	1	Kichererbse	Fabáceae
Cichórium	**endívia**	1, 1a	Endivie	Chichoriáceae
	var. **críspum**		Krause Endivie, Frisée	
	var. **latifólium**		Breitblättrige Endivie, Eskariol	
Cichórium	**íntybus**			
	var. **foliósum**		Chicorée, Radicchio	
	var. **satívum**		Wurzel-Zichorie, Kaffee-Zichorie	

Colocásia	**escúlenta**		Taro, Zehrwurzel	Aráceae
Crámbe	**marítima**	1	Meerkohl	Brassicáceae
Cúcumis	**metulíferus**	2, 4	Horn-Gurke, Kiwano	
Cúcumis	**satívus** in vielen Sorten	2	Gurke	
Cucúrbita	**ficifólia**	3	Feigenblattkürbis, resistente Unterlagen gegen die Gurkenwelke	Cucurbitáceae
Cucúrbita	**máxima**	3	Riesen-/Speise-Kürbis	
Cucúrbita	**pépo**	1, 3	Zucchini	
Cýnara	**cardúnculus**	1a	Kardy, Wilde Artischocke	Asteráceae
	Scólymus-Grp.		Gemüse-Artischocke	
(Cýnara scólymus)				
Cyphomándra	**betácea**	3	Baumtomate	Solanáceae
Daūcus	**caróta**		Mohrrübe, Möhre	Apiáceae
Dioscórea	**elephántipes**	4	Elephantenfuß	Dioscoreáceae
Dioscórea	**esculénta**	2	Yamswurzel	
Eutérpe	**olerácea**	3	Kohlpalme, Palmito	Arecáceae
Foenículum	**vulgáre** subsp. **vulgáre** var. **azóricum**		Gemüse-Fenchel	Apiáceae
Glycíne	**max**		Soja-Bohne	Fabáceae
Heliánthus	**tuberósus**	1	Topinambur, Erdbirne	Asteráceae
Ipomōéa	**batátas**	3	Süßkartoffel, Batate	Convolvuláceae
Lactúca	**Satíva**		Grüner Salat	Asteráceae
	var. **capitáta**		Kopf-Salat	
	var. **críspa**		Pflücksalat, Sommersalat, Schnittsalat	
	var. **longifólia**		Römischer Salat	
Léns	**culináris**		Linse	Fabáceae
Lycopérsicon	**esculéntum**	3	Tomate	Solanáceae
(Solánum lycopérsicum)				
Málva	**vertícillata**	1	Krause Malve	Malváceae
Mánihot	**esculénta**	3	Maniok	Euphorbiáceae
Pastináca	**satíva**	1	Pastinake	Apiáceae
Phaséolus	**vulgáris**	3	Bohne	Fabáceae
	var. **nánus**		Busch-Bohne	
	var. **vulgáris**		Stangen-Bohne	

Písum	**satívum** subsp. **satívum**	1, 1a	Erbse	Fabáceae
	Arvénse-Grp.		Futter-Erbsen, Peluschken	
	Macrocárpon-Grp.		Zucker-Erbsen	
	Medulláre-Grp.		Mark-Erbsen	
	Satívum-Grp.		Schal-Erbsen	
Ráphanus	**satívus**		Rettich	Brassicáceae
	var. **longipinnátus**		China-Rettich	
	var. **moūgri**		Schlangen-Rettich	
	var. **níger**		Garten-Rettich	
	var. **oleifórmis**		Öl-Rettich	
	var. **satívus**		Radieschen	
Rheúm *(R. × cultórum)*	**rhabárbarum** in Sorten	1	Rhabarber	Polygonáceae
Rúmex	**patiéntia**	1, 1a	Gemüseampfer, Englischer Spinat	Polygonáceae
Rúmex	**rugósus**		Garten-Sauerampfer	
Scorzonéra	**hispánica**	1, 1a	Schwarzwurzel	Asteráceae
Séchium	**edúle**	3	Chayote, Stachelgurke	Cucurbitáceae
Sícyos	**angulátus** „KJ 6001"	1	Haargurke, resistent gegenüber Wurzelgallenälchen (Unterlage bei Gurkenveredelung)	Cucurbitáceae
Solánum	**melóngena**	2	Eierfrucht, Aubergine	Solanáceae
Solánum	**tuberósum**	3	Kartoffel	
Spinácia	**olerácea**		Spinat	Chenopodiáceae
Stáchys	**affínis**	1	Knollenziest (Japanische Kartoffel)	
Taráxacum *(T. officinále agg.)*	**sect. Ruderalia**	1	Wiesen-Löwenzahn	Asteráceae
Tetragónia	**tetragonioídes**	2, 5	Neuseeländer Spinat	Aizoáceae
Tragopógon	**porrifólius**	1a	Haferwurzel, Weißwurzel	Asteráceae
Valerianélla	**locústa**	1, 1a	Feldsalat, Ackersalat	Valerianáceae

Vícia	**fába**		Puff-/Sau-Bohne	Fabáceae
Vígna	**anguláris**	2	Adzukibohne (dunkelrote Samen)	
Vígna	**múngo**	2	Urdbohne (schwarze Samen)	
Vígna	**radiata**			
	var. **radiata**		Mungbohne	
Zéa	**máys**	3	Mais	Poáceae
	Amylácea-Grp.		Stärke-Mais	
	Ceratína-Grp.		Wachs-Mais	
	Dentifórmis-Grp.		Zahn-Mais	
	Microspérma-Grp.		Popcorn	
	Saccharáta-Grp.		Zucker-Mais	
	Vulgáris-Grp.		Hart-Mais	
Zizánia	**aquática**	1	Kanadischer Wild-Reis	Poáceae

2.12 Gewürz- und Küchenkräuter des Freilandes

Sie werden als ein- oder zweijährige Pflanzen, als Stauden oder Sträucher kultiviert.

Állium	**schoenóprasum**	1	Schnitt-Lauch	♃ Alliáceae
Anéthum	**gravéolens** var. **hortorum**	1a, 2	Garten-Dill	⊙ Apiáceae
Angélica	**archangélica**	1	Angelika, Engelwurz	♃ Apiáceae
Anthríscus	**cerefólium** var. **cerefólium**		Garten-Kerbel	⊙ Apiáceae
Armorácia	**rusticána**	1	Meerrettich	♃ Brassicáceae
(Cochleária armorácia)				
Artemísia	**absínthium**	1, 1a	Wermut	♃ Asteráceae
Artemísia	**abrótanum**	1	Eberraute	♄
Artemísia	**dracúnculus**	1	Estragon	♃
Artemísia	**vulgáris**	1, 1a	Beifuß	♃
Borágo	**officinális**	1a	Borretsch, Gurkenkraut	⊙ Boragináceae
Brássica	**nígra**	1	Schwarzer Senf	⊙ Brassicáceae
Cápsicum	**ánnuum** **Lóngum-Grp.**	3	Paprika Cayennepfeffer	⊙ Solanáceae
Cárum	**cárvi**	1	Kümmel	⊙⊙ Apiáceae
Cnícus	**benedíctus**	1a	Benediktenkraut	⊙ Asteráceae
Coriándrum	**satívum**	1a	Koriander	⊙ Apiáceae
Cumínum	**cymínum**	1a	Kreuzkümmel	⊙ Apiáceae
Diplotaxis	**tenuifolia**		Schmalblättrige Doppelsame, Rucola	Brassicáceae
Eruca	**sativa**		Rauke, Rucola	Brassicáceae
Foenículum	**vulgáre** var. **dúlce**	1a	Gewürz-Fenchel	♃ Apiáceae
Hyssópus	**officinális**	1	Ysop	♃ Lamiáceae
Illícium	**vérum**	2	Sternanis	♄ ∧ Illiciáceae
Lepídium	**satívum**	1a	Garten-Kresse	⊙ Brassicáceae
Levísticum	**officinále**	1	Liebstöckel, Maggikraut	♃ Apiáceae
Matricária	**recutíta**		Echte Kamille	⊙ Asteráceae
(Matricária chamomílla)				
Melíssa	**officinális**	1	Zitronen-Melisse	♃ Lamiáceae
Méntha	× **piperíta**		Pfeffer-Minze	♃ Lamiáceae
(M. aquática × M. spicáta)				

Mýrrhis	**odoráta**	1	Myrrhe, Süßdolde	♃ Apiáceae
Nastúrtium	**officinále**	1–5	Echte Brunnenkresse	♃ Brassicáceae
Ócimum	**basílicum in Sorten**		Basilikum	⊙ Lamiáceae
Oríganum	**majorána**	1a, 2	Majoran	⊙ Lamiáceae
(Majorána horténsis)				
Oríganum	**vulgáre in Sorten**	1	Oregano	♃
Petroselínum	**críspum**	1a	Petersilie	⊙ Apiáceae
Pimpinélla	**anísum**	1a	Anis	⊙ Apiáceae
Pimpinélla	**saxífraga**	1	Bibernelle, Pimpinelle	♃ Apiáceae
Portuláca	**olerácea**		Portulak	⊙ Portulacáceae
Rosmarínus	**officinális**	1a	Rosmarin	♄ ∧ Lamiáceae
Rúta	**gravéolens**	1, 1a	Wein-Raute	♃ Rutáceae
Sálvia	**officinális**	1, 1a	Echter Salbei	♃ Lamiáceae
Sálvia	**sclárea**	1, 1a	Muskateller-Salbei	⊙
Sanguisórba	**mínor**	1	Kleiner Wiesenknopf	♃ Rosáceae
Saturéja	**horténsis**	1a	Bohnenkraut, Kölle, Pfefferkraut	⊙ Lamiáceae
Saturéja	**montána**	1a	Winter-Bohnenkraut	♃
Sédum	**rupéstre**	1, 1a	Fetthenne, Tripmadam	♃ Crassuláceae
(S .refléxum)				
Thýmus	× **citriodórus**		Zitronenthymian	♃ Lamiáceae
(T. pulegioídes × T. vulgáris)				
Thýmus	**vulgaris**	1a	Echter Thymian	♃
Thýmus	**-Hybriden** in vielen Sorten			
Trigonélla	**caerúlea**	1, 1a	Schabzigerklee, Bockshornklee	⊙ Fabáceae

2.13 Speisepilze

Wichtige Kulturpilze und Waldpilze. Sie werden in der Regel zum Gemüse gerechnet, nicht aber im Fruchthandel, obschon sie zu dessen Sortiment gehören.

Die folgenden neun Arten werden am häufigsten angeboten. Eine Zuordnung zu Familien ist nicht vorgenommen worden, dies ist mykologisches Fachgebiet.

Agáricus	**bísporus**	Kulturchampignon
Bolétus	**edúlis**	Steinpilz
Cantharéllus	**cibarius**	Pfifferling
Coprínus	**comátus**	Schopftintling
Kuehneromýces	**mutábilis**	Stockschwämmchen
Lentínus	**edódes**	Shii Take (asiatischer Basidiomycet)
Pleurótus	**ostreátus**	Austernpilz
Strophária	**rugóso-annuláta**	Kulturträuschling
Túber	**melanósporum**	Trüffel

2.14 Ein- und zweijährige Unkräuter

Als „Unkräuter“ werden die Pflanzen bezeichnet, die als „Nicht-Kulturpflanzen“, unerwünschte Eindringlinge in Kulturpflanzenbeständen sind.

Die folgende Liste, auch die nachfolgende der „ausdauernden Unkräuter“, erhebt keinen Anspruch auf Vollständigkeit. Umfassende Informationen können nur Spezialwerke (z. B. Bestimmungsbücher) bieten.

Aethúsa	**cynápium**	1	Hundspetersilie	Apiáceae
Agrostémma	**githágo**	1, 1a, 2	Kornrade	Caryophylláceae
Amaránthus	**retrofléxus**	3	Fuchsschwanz	Amaranthláceae
Anagállis	**arvénsis**	1, 1a, 3	Acker-Gauchheil	Primuláceae
Anthemis	**arvénsis**	1, 1a	Acker-Hundskamille	Asteráceae
Anthemis	**cótula**	1, 1a, 2	Stinkende Hundskamille	
Anthríscus	**sylvéstris**	1, 1a	Wiesenkerbel	Apiáceae
Ápera	**spíca-vénti**	1	Gewöhnlicher Windhalm	Poáceae
Árctium	**láppa**	1	Große Klette	Asteráceae
(Láppa májor)				
Árctium	**mínus**	1, 1a	Kleine Klette	
(Láppa mínor)				
Árctium	**tomentósum**	1	Filzige Klette	
(Láppa tomentósa)				
Arenária	**serpyllifólia**	1, 1a	Sandkraut	Caryophýlláceae
Aspérula	**arvénsis**	1a	Acker-Meier	Rubiáceae
Átriplex	**pátula**	1, 1a	Spreizende Melde	Chenopodiáceae
Avéna	**fátua**	1	Wind-/Flug-Hafer	Poáceae
Brómus	**stérilis**	1, 1a	Taube Trespe	Poáceae
Brómus	**tectórum**	1, 1a	Dach-Trespe	
Capsélla	**búrsa-pastóris**	1	Hirtentäschelkraut	Brassicáceae
Cardámine	**hirsúta**	1, 1a	Haar-Schaumkraut	Brassicáceae
Centauréa	**cýanus**	1a	Kornblume	Asteráceae
Chaerophýllum	**témulum**	1, 1a	Taumel-Kälberkropf	Apiáceae
Chenopódium	**álbum**	1	Weißer Gänsefuß	Chenopodiáceae
Cónium	**maculátum**	1, 1a	Gefleckter Schierling	Apiáceae
Conýza	**canadénsis**	1	Kanadisches Berufkraut	Asteráceae
(Erígeron canadénsis)				

Cuscúta	**epithýmum**	1	Kleeseide	Cuscutáceae s. S. 159
Cuscúta	**europaéa**	1	Europäische Seide	
Datúra	**stramónium**	3	Weißer Stechapfel	Solanáceae
Digitária	**sanguinális**	1–5	Blut-Fingerhirse	Poáceae
Eródium	**cicutárium**	1a	Reiherschnabel	Geraniáceae
Eróphila	**vérna**	1, 1a	Frühlings-Hunger-blümchen	Brassicáceae
Erýsimum	**cheiranthoídes**	1	Acker-Schöterich	Brassicáceae
Euphórbia	**helioscópia**	1, 1a, 2	Sonnenwend-Wolfsmilch	Euphorbiáceae
Euphórbia	**láthyris**	1a	Kreuzblättrige-Wolfsmilch	
Euphórbia	**péplus**	1, 2	Garten-Wolfsmilch	
Fallópia *(Polýgonum convólvulus)*	**convólvulus**	1, 1a	Windenknöterich	Polygonáceae
Fumária	**officinális**	1, 1a	Gewöhnlicher Erdrauch	Fumariáceae s. S. 160
Galeópsis	**ládanum**	1	Hohlzahn, Hanfnessel	Lamiáceae
Galeópsis	**tétrahit**	1, 2	Gewöhnlicher Hohlzahn	
Galinsóga	**ciliáta**	3	Behaartes Franzosenkraut	Asteráceae
Galinsóga	**parviflóra**	3	Kleinblättriges Franzosenkraut	
Gálium	**aparíne**	1	Kletten-Labkraut	Rubiáceae
Geránium	**disséctum**	1, 1a, 2	Schlitzblättriger Storchschnabel	Geraniáceae
Geránium	**mólle**	1, 1a	Weicher Storchschnabel	
Geránium	**pusíllum**	1	Zwerg-Storchschnabel	
Geránium	**robertiánum**	1, 1a	Stink-Storchschnabel	
Heliotrópium	**europaéum**	1a	Heliotrop, Europäische Sonnenwende	Boragináceae
Hórdeum	**murínum**	1	Mäuse-Gerste	Poáceae
Hyoscýamus	**níger**	1, 1a	Schwarzes Bilsenkraut	Solanáceae
Ibéris	**amára**	1, 1a	Bauernsenf	Brassicáceae
Impátiens	**parviflóra**	1	Kleinblättriges Spring-kraut	Balsamináceae
Lámium	**amplexicaúle**	1, 1a	Taubnessel	Lamiáceae
Lámium	**purpúreum**	1, 1a	Rote Taubnessel	
Lapsána	**commúnis**	1, 1a	Gemeiner Rainkohl	Asteráceae
Láthyrus	**áphaca**	1, 1a	Ranken-Platterbse	Fabáceae

Lepídium	**campéstre**	1	Feldkresse	Brassicáceae
Lithospérmum	**arvénse**	1, 1a, 2	Acker-Steinsame	Boragináceae
Lólium	**temuléntum**	1, 2, 5	Taumel-Lolch	Poáceae
Málva	**neglécta**	1, 1a, 2	Käsepappel, Weg-Malve	Malváceae
Málva	**sylvéstris**	1, 1a	Wilde Malve, Roßpappel	
Matricária	**discoídea**	1	Strahlenlose Kamille	Asterácease
Melampýrum	**arvénse**	1	Acker-Wachtelweizen	Scrophulariáceae
Melilótus	**álbus**	1	Weißer Steinklee	Fabáceae
Melilótus	**officinális**	1	Echter Steinklee	
Mercuriális	**ánnua**	1, 1a	Einjähriges Bingelkraut	Euphorbiáceae
Misopátes	**oróntium**		Acker-Löwenmaul	Scrophulariáceae
Myosótis	**arvénsis**	1	Acker-Vergißmeinnicht	Boragináceae
Oenothéra	**biénnis**	1, 3	Nachtkerze	Onagráceae
Onopórdum	**acánthium**	1	Eselsdistel	Asteráceae
Orobánche	**ramósa**	1a, 4	Hanftod, Sommerwurz	Orobancháceae
Papáver	**dúbium**	1, 1a	Saat-Mohn	Papaveráceae
Papáver	**rhoeas**	1, 1a	Klatsch-Mohn	
Persicária	**lapathifólia**	1	Ampfer-Knöterich	Polygonáceae
(Polýgonum lapathifólium)				
Persicária	**maculósa**	1, 1a	Floh-Knöterich	
(Polýgonum persicária)				
Póa	**ánnua**	1–5	Einjähriges Rispengras	Poáceae
Polýgonum	**aviculáre**	1, 1a	Vogelknöterich	Polygonáceae
Ráphanus	**raphanístrum**	1, 1a	Acker-Hederich, Rettich	Brassicáceae
Sagína	**apétala**	1	Mastkraut	Caryophýlláceae
Scleránthus	**ánnuus**	1, 1a	Einjähriger Knäuel	Illecebráceae
Senécio	**jacobǽa**	1, 1a	Jakobs-Kreuzkraut	Asteráceae
Senécio	**vernális**	1	Frühlings-Kreuzkraut	
Senécio	**viscósus**	1	Klebriges Kreuzkraut	
Senécio	**vulgáris**	1, 1a	Gemeines Kreuzkraut	
Setária	**itálica**		Borstenhirse	Poáceae
Sinápis	**arvénsis**	1, 1a	Acker-Senf	Brassicáceae
Sisýmbrium	**officinále**	1, 1a	Wegrauke, Rauke	Brassicáceae
Solánum	**nígrum**	1–5	Schwarzer Nachtschatten	Solanáceae

Sónchus	**ásper**	1, 1a, 2	Rauhe Gänsedistel	Asteráceae
Sónchus	**oleráceus**	1, 1a	Kohl-Gänsedistel	
Spérgula	**arvénsis**	1	Acker-Spergel, Spark	Caryophylláceae
Spérgula	**morisónii**	1	Frühlings-Spark	
Stáchys	**arvénsis**	1, 1a, 2	Acker-Ziest	Lamiáceae
Stellária	**média**	1–5	Vogel-Sternmiere	Caryophylláceae
Thláspi	**arvénse**	1, 1a	Acker-Hellerkraut	Brassicáceae
Trifólium	**arvénse**	1, 1a, 2	Hasen-Klee	Fabáceae
Urtíca	**úrens**	1, 4, 5	Kleine Brennessel	Urticáceae
Verbéna	**officinális**	1	Echtes Eisenkraut	Verbenáceae
Verónica	**agréstis**	1, 1a	Acker-Ehrenpreis	Scrophulariáceae
Verónica	**hederifólia**	1, 1a	Efeu-Ehrenpreis	
Verónica	**pérsica**	1, 2	Persischer Ehrenpreis	
Verónica	**triphýllos**	1, 1a	Dreiblättriger Ehrenpreis	
Víola	**trícolor**	1, 1a	Stiefmütterchen	Violáceae

2.15 Ausdauernde Unkräuter

Aegopódium	**podagrária**	1	Giersch	Apiáceae
Artemísia	**vulgáris**	1, 1a	Beifuß	Asteráceae
Bryónia	**alba**	1, 1a	Weiße Zaunrübe	Cucurbitáceae
Bryónia	**dioíca**	1, 1a	Zweihäusige Zaunrübe	
Calystégia	**sépium**	1–5	Zaunwinde	Convolvuláceae
(Convólvulus sépium)				
Campánula	**rapunculoídes**	1	Acker-Glockenblume	Campanuláceae
Cardária	**drába**	1, 1a	Pfeilkresse	Brassicáceae
Chelidónium	**május**	1, 1a, 2	Schöllkraut	Papaveráceae
Círsium	**vulgáre**	1, 1a	Lanzett-Kratzdistel	Asteráceae
Convólvulus	**arvénsis**	1, 1a	Acker-Winde	Convolvuláceae
Élymus	**répens**	1	Quecke	Poáceae
(Agropýron répens)				
Equisétum	**arvénse**	1	Acker-Schachtelhalm	Equisetáceae
Glechóma	**hederácea**	1	Gundermann	Lamiáceae
Heracléum	**mantegazziánum**	1	Herkulesstaude, Riesen-Bärenklau	Apiáceae
Heracléum	**sphondýlium**	1, 1a	Wiesen-Bärenklau	
Hólcus	**lanátus**	1, 1a, 2	Wolliges Honiggras	Poáceae
Hydrocótyle	**vulgáris**	1, 1a	Wassernabel	Hydrocotyláceae s. S. 160
Hypéricum	**perforátum**	1, 1a	Tüpfel-Johanniskraut	Clusiáceae s. S. 152
Júncus	**effúsus**	1–4	Flatter-Binse	Juncáceae
Lámium	**álbum**	1	Weiße Taubnessel	Lamiáceae
Lámium	**maculátum**	1	Gefleckte Taubnessel	
Láthyrus	**tuberósus**	1, 1a	Knollige Platterbse	Fabáceae
Leonúrus	**cardíaca**		Herzgespann	Lamiáceae
Linária	**vulgáris**	1	Gewöhnliches Leinkraut	Scrophulariáceae
Petasítes	**hýbridus**	1	Pestwurz	Asteráceae
Plantágo	**lanceoláta**	1, 1a	Spitz-Wegerich	Plantagináceae
Plantágo	**májor**	1, 1a	Breit-Wegerich	
Plantágo	**média**	1	Mittlerer Wegerich	
Potentílla	**anserína**	1–5	Gänse-Fingerkraut	Rosáceae

Ranúnculus	**ácris**	1, 1a	Scharfer Hahnenfuß	Ranunculáceae
Ranúnculus	**bulbósus**	1, 1a	Knolliger Hahnenfuß	
Ranúnculus	**ficária**	1, 1a	Scharbockskraut	
Ranúnculus	**répens**	1, 1a	Kriech. Hahnenfuß	
Rúmex	**acetosélla**	1, 1a	Kleiner Sauerampfer	Polygonáceae
Rúmex	**críspus**	1	Krauser Ampfer	
Rúmex	**obtusifólius**	1, 1a	Stumpfblättriger Ampfer	
Sagína	**procúmbens**	1	Mastkraut	Caryophylláceae
Sónchus	**arvénsis**	1, 1a	Gänse-/Saudistel	Asteráceae
Tanacétum	**vulgáre**	1	Rainfarn	Asteráceae
Taráxacum	**sect. Ruderalia**	1	Wiesen-Löwenzahn	Asteráceae
(T. officinále agg.)				
Tussilágo	**fárfara**	1, 1a	Huflattich	Asteráceae
Urtíca	**dioíca**	1–3	Große Brennessel	Urticáceae
Verónica	**filifórmis**	1	Faden-Ehrenpreis	Scrophulariáceae
Verónica	**serpyllifólia**		Thymian-Ehrenpreis	
Vícia	**crácca**	1	Vogel-Wicke	Fabáceae
Vícia	**sépium**	1	Zaun-Wicke	

2.16 Grasarten für Zierrasen, Sportrasen, Straßenränder, Böschungen, Getreideanbau

Aufgeführt sind nur die wichtigsten Arten. Nomenklatur und systematische Abgrenzung bereiten teilweise Schwierigkeiten. In einigen Fällen sind diese angegeben worden (Kennzeichnung i. w. S. = im weiteren Sinne hinter den Artbezeichnungen bei sogenannten Sammelarten bzw. Hinweis Kl. A = Kleinart hinter entsprechenden Epitheta).

Agróstis	**canína**	1	Hundsstraußgras	Poáceae
Agróstis	**capilláris**	1, 1a	Rotes Straußgras	
Agróstis	**gigantéa** Kl. A	1	Fioringras, Riesen-Straußgras	
Agróstis	**stolonífera** i. w. S.	1, 1a	Weißes Straußgras	
Agróstis	**vineális** Kl. A	1	Sand-Straußgras	
Avéna	**satíva**	1,	Saat-Hafer	Poáceae
Brachypódium	**pinnátum**	1, 1a	Fieder-Zwenke	Poáceae
Brómus	**eréctus**	1, 1a	Aufrechte Trespe	Poáceae
Brómus	**inérmis**	1	Wehrlose Trespe	
Cýnodon	**dáctylon**	2, 3	Hundszahngras, Bermudagras	Poáceae
Cynosúrus	**cristátus**	1	Wiesen-Kammgras	Poáceae
Deschampsia (*Avenélla flexúosa*)	**flexúosa**	1, 1a, 3	Draht-Schmiele	Poáceae
Festúca	**arundinácea**	1, 1a	Rohr-Schwingel	Poáceae
Festúca	**nigréscens** Kl. A		Herbst-Rot-Schwingel	
Festúca	**ovína** i. w. S.	1, 1a	Schaf-Schwingel	
Festúca	**rúbra** i. w. S.	1	Rot-Schwingel	
Hórdeum	**vulgáre** **Distichon Grp.**	1	Kultur-Gerste Zweizeilige Gerste	Poáceae
Hórdeum	subsp. **vulgáre**		Vierzeilige Gerste	
Hórdeum	subsp. **hexástichon**		Sechszeilige Gerste	
Lólium	**perénne**	1, 1a	Deutsches Weidelgras, Lolch	Poáceae
Phléum	**bertolónii** Kl. A		Zwiebel-Lieschgras	Poáceae
Póa	**ánnua**	1–5	Einjähriges Rispengras	Poáceae
Póa	**compréssa**	1	Platthalm-Rispengras	
Póa	**nemorális**	1, 1a	Hain-Rispengras	
Póa	**praténsis**	1, 1a	Wiesen-Rispengras	
Póa	**supína**	1, 1a	Läger-Rispengras	
Póa	**triviális**	1, 1a	Gemeines Rispengras	

Secále	**cereále**	1	Roggen	Poáceae
× **Triticosecále** *(Secále x-Tríticum)*			Triticale	Poáceae
Tríticum	**aestívum**	1	Saat-Weizen	Poáceae
Tríticum	**dicoccoídes**		Wilder Emmer	
Tríticum	**dicóccon**		Emmer	
Tríticum	**monocóccum**		Einkorn	
Tríticum	**spélta**		Dinkel	

Anmerkung: *Festúca „duriúscula"* des Handels (dort meist nur „Schafschwingel") entspricht nicht den Konzeptionen heutiger Nomenklatur. *F. „duriúscula"* ist ein vieldeutiger, missverständlicher Name, unter dem auch andere Arten laufen und liefen, und sollte künftig nicht mehr verwendet werden. *Agróstis vineális* wird häufig als *A. coarctáta* geführt.

Sportrasenmischungen bestehen in wesentlichen Anteilen aus *Lólium perénne* und *Póa praténsis*, jeweils in verschiedenen Sorten. Die Qualitätsstandards für Sportrasen werden von der Forschungsgesellschaft Landschaftsentwicklung und Landschaftsbau e.V. (FLL) in der „Regel-Saatgut-Mischung" (RSM) festgelegt. Für Sportrasen gilt die RSM 3.1, die aber Spielraum lässt für individuelle Ansprüche oder Standortunterschiede. So eignet sich z. B. das ausdauernde *Póa supína* für schattige Standorte oder *Festúca arundinácea* für feuchte Bereiche. Die RSM 3.1 sieht 40 % *Lólium perénne* in zwei Sorten und 60 % *Póa praténsis* in drei Sorten vor. Die Sportrasenmischung eignet sich auch für Kinderspielplätze, die ja auch einer hohen Trittbelastung ausgesetzt sind. Mischungen für Golfrasen dagegen sind in der RSM 4 geregelt und enthalten neben den genannten Arten verschiedene *Agróstis*-Arten und *Festúca rúbra* in Unterarten. Die Artenzusammensetzung variiert hier je nach Standort und Spielbereich.

3 Listen der geänderten Pflanzennamen und der Pflanzenfamilien

3.1 Liste der geänderten Pflanzennamen

Einjährige Pflanzen

Bisherige Namen	**Aktuelle Namen**
Lauréntia axíllarís	*Isotóma a.*
Rhynchelytrum repéns	*Melinis r.*
Gattung Xantophthálmum	Gattung *Glebiónis*

Freilandstauden

„Sammelgattung“ Chrysánthemum:

Neuaufteilung hier u. a. wie folgt verbindlich:

- *Leucánthemum vulgáre* für *Chrysánthemum leucánthemum;*
- *Leucánthemum máximum* für *Chrysánthemum máximum*;
- *Leucánthemum* × *supérbum* für *Chrysánthemum* × *supérbum*;
- *Tanacétum coccíneum* für *Chrysánthemum coccíneum*;
- *Dendránthema* × *grandiflórum* für *Chrysánthemum índicum* der Gärtner ist schon wieder ungültig. Die Garten-Chrysanthemen laufen nun unter *Chrysánthemum* × *grandiflórum*. Durch die Vielzahl neuer Züchtungen und Kreuzungen sind die *Indicum*-Gruppe, die *Koreanum*-Gruppe und die *Rubellum*-Gruppe nur noch schwer zu unterscheiden;
- *Euryops tenuíssimus* für *Chrysánthemum frutéscens* (zum Teil);
- *Argyránthemum frutéscens* (Strauchmargerite) für *Chrysánthemum frutéscens* (zum größten Teil). Gelbblüher können häufig auf *Argyránthemum callichrýsum* und Einkreuzungen von *A. maderénse* zurückgeführt werden. Auch die Gattung *Euryops* (Goldmargerite) ist hier ins Spiel zu bringen. Rosablüher dürften auf *A. haematómma* bezogen sein, können aber auch zu einer ganz anderen Gattung *(Tanacetópsis)* gehören;
- *Coleóstephus multicaulis* für *Chrysánthemum multicāule*;
- *Hymenostémma paludósum* für *Chrysánthemum paludósum*;
- *Chrysánthemum carinátum* heißt jetzt neu *Ismélia carináta.*

Die wesentlichen Namensänderungen bei den Freilandstauden beziehen sich auf die Gattung **Chrysanthemum**, in folgender Tabelle sind die übrigen aktualisierten Taxa aufgeführt:

Bisherige Namen	**Aktuelle Namen**
Ajúga × pyramidális	*A. × hybrida*
Leontopódium alpínum	*L. nívale* subsp. *alpínum*
Sálvia × supérba	*S. nemorósa*

Topfpflanzen

Bisherige Namen	**Aktuelle Namen**
Acalýpha hispaniólae	*A. chamedrifólia*
Aeschynánthus marmorátus	*A. longicáulis*
Aeónium × doméstícum	*Aichrýson × aizoídes*
Acalýpha wilkesiána	*A. amentacea* subsp. *wilkesiána*
Alocásia korthálsii	*A. longiloba*
Aloýsia triphýlla	*A. citriodora*
Anthúrium trinérve	*A. obtúsum*
Aspáragus madagascariénsis	*A. simluans*
Bambúsa ventricósa	*B. tuldoídes*
Begónia schárffii	*B. schárffiana*
Callísia élegans	*C. gentlei* var. *élegans*
Canístrum lindénii	*C. fragráns*
Céreus chalybáeus	*C. áethiops*
Céreus peruviánus	*C. repándus*
Chamaedórea erúmpens	*Ch. seiffrízii*
× Citrofortunélla microcárpa	*Citrus madurénsis*
Codonánthe ventricósa	*C. grácilis*
Cotylédon unduláta	*C. orbiculata*
Cryptánthus sinuósus	*C. acáulis*
Cyanótis kewénsis	*C. beddoméi*
Cymbídium longifólum	*C. elégans*
Cyrtánthus purpúreus	*C. elátus*
Dioscórea vittáta	*D. dodecanéura*
Dischídia pectenoídes	*D. vidalii*
Dracáena margináta	*D. refléxa* var. *angustifólia*
Dracáena sanderiána	*D. braunii*
Echevéria púmila	*E. secúnda*
Eríca persolúta	*E. subdivaricáta*
Gardénia augústa	*G. jasminoídes*

Gastéria maculáta	*G. bícolor* var. *bícolor*
Geónoma acáulis	*G. macrostáchys* var. *acáulis*
Guzmánia linguláta var. minor	*G. linguláta* var. *cóncolor*
Hóya bella	*H. lanceólata* subsp. *bella*
Laélia purpuráta	*Sophronítis purpuráta*
Lampránthus aurantíacum	*L. glaucoídes*
Maránta bícolor	*M.crístata*
Nidulárium billbergioídes	*Caníštropsis billbergioídes*
Oxypétalum caerúleum	*Tweedia caerúlea*
Pándanus sánderi, P. véitchii	*P. tectórius*
Philodéndron elongátum	*Ph. hastátum*
Philodéndron ilsemánnii	*Ph. ornátum*
Philodéndron scándens	*Ph. hederáceum*
Rhaphidóphora celatocáulis	*Rh. korthálsii*
Sábal blackburniána	*S. palmétto*
Saturéja douglásii	*Micromería douglásii*
Schismatoglóttis concínna	*Sch. acunimatíssima*
Solenostémon scutellarioídes	*Plectránthus scutellarioídes*
Stenocéreus dumortiéri	*Isolatocéreus dumortiéri*

Laubgehölze

Bisherige Namen	**Aktuelle Namen**
Cotoneáster praecox	*C. nanshán*

Nadelgehölze

Bisherige Namen	**Aktuelle Namen**
Chamaecýparis nootkatensis	*Xanthocýparis n.*
Cupressocýparis leyléndii	*Cupro cýparis l.*
Juníperus conférta	*J. rígida*
Pínus múgo subsp. pumílio	*P. m.* subsp. *múgo*
Pínus uncináta	*P. múgo* subsp. *uncináta*

Ein- und zweijährige Unkräuter

Bisherige Namen	**Aktuelle Namen**
Taráxacum officinále	*T.* sect. *ruderália*
Sédum refléxum	*S. rupéstre*
Antirrhínum oróntium	*Misopátes o.*

3.2 Liste der Pflanzenfamilien

In Klammern kursiv gesetzte Familiennamen sind jetzt meist unüblich, in Klammern ohne Schrifthervorhebung angegebene Bezeichnungen gelten als alternativ. Das Bemühen um deutsche Familiennamen macht zuweilen Schwierigkeiten.

Acantháceae	Akanthusgewächse
Aceráceae	Ahorngewächse
Acoráceae	Kalmusgewächse
Actinidiáceae	Strahlengriffelgewächse
Adiantáceae	Frauenhaarfarngewächse
Agaváceae	Agavengewächse
Aizoáceae (*Mesembryanthemáceae*)	Mittagsblumengewächse
Alismatáceae	Froschlöffelgewächse
Alliáceae	Lauchgewächse
Aloáceae	Aloegewächse
Alstroemeriáceae	Inkaliliengewächse (s. Anmerkungen)
Amarantháceae	Amarantgewächse
Amaryllidáceae	Amaryllisgewächse
Anacardiáceae	Sumachgewächse
Annonáceae	Sauersackgewächse
Anthericáceae	Grasliliengewächse
Apiáceae (Umbellíferae)	Doldenblüter
Apocynáceae	Hundsgiftgewächse
Aponogetonáceae	Wasserährengewächse
Aquifoliáceae	Stechpalmengewächse
Aráceae	Aronstabgewächse
Araliáceae	Araliengewächse
Araucariáceae	Araukariengewächse
Arecáceae (Pálmae)	Palmengewächse
Aristolochiáceae	Osterluzeigewächse
Asclepiadáceae	Seidenpflanzengewächse
Asparagáceae	Spargelgewächse
Asphodeláceae	Affodillgewächse
Aspleniáceae	Streifenfarngewächse
Asteráceae (Compósitae)	Korbblütler
Aucubáceae	Aucubengewächse
Azolláceae	Algenfarngewächse
Balsamináceae	Balsaminengewächse
Baselláceae	Basellagewächse
Begoniáceae	Schiefblattgewächse

Berberidáceae	Sauerdorngewächse
Betuláceae	Birkengewächse
Bignoniáceae	Trompetenbaumgewächse
Blechnáceae	Rippenfarngewächse
Bombacáceae	Bombaxgewächse
Boragináceae	Boretschgewächse
Brassicáceae (Crucíferae)	Kreuzblütler
Bromeliáceae	Ananasgewächse
Bruniáceae	Bruniagewächse
Buddlejáceae	Schmetterlingstrauchgewächse
Butomáceae	Blumenbinsengewächse
Buxáceae	Buchsbaumgewächse
Cabombáceae	Haarnixengewächse
Cactáceae	Kakteengewächse
Caesalpiniáceae	Caesalpiniengewächse
Callicarpáceae	Schönfruchtgewächse
Callitricháceae	Wassersterngewächse
Calycantháceae	Gewürzstrauchgewächse
Campanuláceae	Glockenblumengewächse
Cannáceae	Blumenrohrgewächse
Cannabidáceae	Hanfgewächse (s. Anmerkungen)
Capparáceae	Kaperngewächse
Caprifoliáceae	Geißblattgewächse
Caricáceae	Melonenbaumgewächse
Carpináceae	Hainbuchengewächse (s. Anmerkungen)
Caryophylláceae	Nelkengewächse
Casuarináceae	Känguruhbaumgewächse
Celastráceae	Spindelstrauchgewächse
Cephalotaxáceae	Kopfeibengewächse
Ceratophylláceae	Hornblattgewächse
Cercidiphylláceae	Katsurabaumgewächse
Chenopodiáceae	Gänsefußgewächse
Cistáceae	Zistrosengewächse
Clethráceae	Scheinellergewächse
Clusiáceae (***Guttiferae***, Hypericáceae)	Johanniskrautgewächse
Colchicáceae	Zeitlosegewächse
Commelináceae	Commelinengewächse
Convallariáceae	Maiglöckchengewächse
Convolvuláceae	Windengewächse
Coriariáceae	Gerberstrauchgewächse

Cornáceae	Hartriegelgewächse
Corokiáceae	Zickzackstrauchgewächse (s. Anmerkungen)
Coryláceae	Haselstrauchgewächse (s. Anmerkungen)
Corynocarpáceae	Karakabaumgewächse
Costáceae	Kostwurzgewächse (s. Anmerkungen)
Crassuláceae	Dickblattgewächse
Cucurbitáceae	Kürbisgewächse
Cupressáceae	Zypressengewächse
Cuscutáceae	Seidegewächse (s. Anmerkungen)
Cyatheáceae	Becherfarngewächse
Cycadáceae	Palmfarngewächse
Cyclantháceae	Scheibenblumengewächse
Cyperáceae	Riedgräser, Sauergräser
Cypripediáceae	Frauenschuhorchideen (s. Anmerkungen)
Davalliáceae	Davalliengewächse
Dennstaedtiáceae	Schüsselfarngewächse
Diapensiáceae	Diapensiengewächse
Dicksoniáceae	Dicksoniengewächse
Dilleniáceae	Dilleniengewächse
Dioscoreáceae	Yamswurzelgewächse
Dipsacáceae	Kardengewächse
Dracaenáceae	Drachenbaumgewächse (s. Anmerkungen)
Droseráceae	Sonnentaugewächse
Dryopteridáceae	Wurmfarngewächse
Ebenáceae	Ebenholzgewächse
Elaeagnáceae	Ölweidengewächse
Empetráceae	Krähenbeerengewächse
Epacridáceae	Australheidegewächse
Equisetáceae	Schachtelhalmgewächse
Ericáceae	Heidekrautgewächse
Escalloniáceae	Escalloniengewächse (s. Anmerkungen)
Euphorbiáceae	Wolfsmilchgewächse
Fabáceae (Leguminósae)	Schmetterlingsblütler
Fagáceae	Buchengewächse
Fumariáceae	Erdrauchgewächse (s. Anmerkungen)
Gentianáceae	Enziangewächse
Geraniáceae	Storchschnabelgewächse
Gesneriáceae	Gesneriengewächse
Ginkgoáceae	Ginkgogewächse
Gleicheniáceae	Gleicheniengewächse

Globulariáceae	Kugelblumengewächse
Goodeniáceae	Goodeniengewächse
Grossulariáceae	Stachelbeergewächse
Gunneráceae	Gunneragewächse (s. Anmerkungen)
Haloragáceae	Meerbeerengewächse
Hamamelidáceae	Zaubernussgewächse
Heliconiáceae	Heliconiengewächse (s. Anmerkungen)
Hemerocallidáceae	Tagliliengewächse
Hippocastanáceae	Roßkastaniengewächse
Hippuridáceae	Tannenwedelgewächse
Hostáceae (Funkiáceae)	Funkiengewächse
Hyacintháceae	Hyazinthengewächse
Hydrangeáceae	Hortensiengewächse
Hydrocharitáceae	Froschbissgewächse
Hydrocotyláceae	Wassernabelgewächse (s. Anmerkungen)
Hydrophylláceae	Wasserblattgewächse
Hypoxidáceae	Hypoxisgewächse
Illecebráceae	Knorpelkrautgewächse
Illiciáceae	Sternanisgewächse
Iridáceae	Schwertliliengewächse
Ixioliriáceae	Ixioliriongewächse (s. Anmerkungen)
Juglandáceae	Walnussgewächse
Juncáceae	Binsengewächse
Lamiáceae (Labiátae)	Lippenblütler
Lardizabaláceae	Lardizabalagewächse
Lauráceae	Lorbeergewächse
Lecythidáceae	Krukenbaumgewächse
Lemnáceae	Wasserlinsengewächse
Lentibulariáceae	Wasserschlauchgewächse
Liliáceae	Liliengewächse (s. Anmerkungen)
Limnantháceae	Sumpfblumengewächse
Lináceae	Leingewächse
Loasáceae	Loasagewächse
Lobeliáceae	Lobeliengewächse
Loganiáceae	Loganiengewächse
Lomariopsidáceae	Lomariopsisgewächse
Loranthάceae	Eichenmistelgewächse
Lythráceae	Weiderichgewächse
Magnoliáceae	Magnoliengewächse
Malpighiáceae	Malpighigewächse

Malváceae	Malvengewächse
Marantáceae	Marantagewächse
Marsileáceae	Kleefarngewächse
Melanthiáceae	Melanthiumgewächse
Melastomatáceae	Schwarzmundgewächse
Meliáceae	Zederachbaumgewächse
Menyantháceae	Bitterkleegewächse
Menispermáceae	Mondsamengewächse
Mimosáceae	Mimosengewächse
Moráceae	Maulbeerbaumgewächse
Musáceae	Bananengewächse
Myricáceae	Gagelgewächse
Myristicáceae	Muskatnussbaumgewächse
Myrsináceae	Myrsinengewächse
Myrtáceae	Myrtengewächse
Nandináceae	Nandinengewächse (s. Anmerkungen)
Nelumbonáceae	Lotosblumengewächse (s. Anmerkungen)
Nepentháceae	Kannenstrauchgewächse
Nephrolepidáceae	Nierenschuppenfarngewächse
Nolanáceae	Glockenwindengewächse
Nolináceae	Nolináceae
Nyctagináceae	Wunderblumengewächse
Nymphaeáceae	Seerosengewächse
Ochnáceae	Ochnagewächse
Oleáceae	Ölbaumgewächse
Onagráceae *(Oenotheráceae)*	Nachtkerzengewächse
Orchidáceae	Orchideen, Knabenkrautgewächse
Orobancháceae	Sommerwurzgewächse
Osmundáceae	Königsfarngewächse
Oxalidáceae	Sauerkleegewächse
Paeoniáceae	Pfingstrosengewächse
Pandanáceae	Schraubenbaumgewächse
Papaveráceae	Mohngewächse
Parkeriáceae	Parkeriengewächse
Passifloráceae	Passionsblumengewächse
Pedaliáceae	Sesamgewächse
Peperomiáceae	Peperomiengewächse (s. Anmerkungen)
Philesiáceae	Philesiagewächse
Phormiáceae	Neuseelandflachsgewächse
Phytolaccáceae	Kermesbeergewächse

Pináceae	Kieferngewächse
Piperáceae	Pfeffergewächse
Pittosporáceae	Klebsamengewächse
Plantagináceae	Wegerichgewächse
Platanáceae	Platanengewächse
Plumbagináceae	Bleiwurzgewächse
Poáceae (Gramíneae)	Echte Gräser, Süßgräser
Podophylláceae	Fußblattgewächse (s. Anmerkungen)
Polemoniáceae	Sperrkrautgewächse
Polygonáceae	Knöterichgewächse
Polypodiáceae	Tüpfelfarngewächse
Pontederiáceae	Pontederiagewächse
Portulacáceae	Portulakgewächse
Potamogetonáceae	Laichkrautgewächse
Primuláceae	Primelgewächse
Proteáceae	Proteengewächse
Pteridáceae	Saumfarngewächse
Punicáceae	Granatapfelgewächse
Ranunculáceae	Hahnenfußgewächse
Resedáceae	Resedagewächse
Rhamnáceae	Kreuzdorngewächse
Rosáceae	Rosengewächse
Rubiáceae	Krappgewächse
Ruscáceae	Mäusedorngewächse
Rutáceae	Rautengewächse
Sambucáceae	Holundergewächse (s. Anmerkungen)
Salicáceae	Weidengewächse
Salviniáceae	Schwimmfarngewächse
Sapindáceae	Seifenblumengewächse
Sapotáceae	Sapotagewächse
Saururáceae	Molchschwanzgewächse
Saxifragáceae	Steinbrechgewächse (s. Anmerkungen)
Sciadopityaceae	Schirmtannengewächse
Scrophulariáceae	Braunwurzgewächse
Selaginalláceae	Mooskrautgewächse
Simaroubáceae	Bittereschengewächse
Smilacáceae	Stechwindengewächse
Solanáceae	Nachtschattengewächse
Stachyuráceae	Perlschweifgewächse
Staphyleáceae	Pimpernussgewächse

Sterculiáceae	Sterkuliengewächse
Strelitziáceae	Strelitziengewächse (s. Anmerkungen)
Styracáceae	Storaxbaumgewächse
Taccáceae	Taccagewächse
Tamaricáceae	Tamariskengewächse
Taxáceae	Eibengewächse
Taxodiáceae	Taxodiumgewächse
Theáceae	Teestrauchgewächse
Thymelaeáceae	Seidelbastgewächse
Tiliáceae	Lindengewächse
Trapáceae	Wassernussgewächse
Trilliáceae	Dreiblattgewächse
Tropaeoláceae	Kapuzinerkressengewächse
Turneráceae	Turneragewächse
Typháceae	Rohrkolbengewächse
Ulmáceae	Ulmengewächse
Urticáceae	Nesselgewächse
Valerianáceae	Baldriangewächse
Verbenáceae	Verbenengewächse
Viburnáceae	Schneeballgewächse (s. Anmerkungen)
Violáceae	Veilchengewächse
Viscáceae	Mistelgewächse (s. Anmerkungen)
Vitáceae	Weinrebengewächse
Woodsiáceae	Wimperfarngewächse
Zamiáceae	Zamiagewächse (s. Anmerkungen)
Zingiberáceae	Ingwergewächse

Die aufgelisteten repräsentieren zum großen Teil den gesamten Familienbestand der Farn- und Samenpflanzen. Allerdings gibt es weitaus mehr bekannte Gattungen und Arten, als man in diesem Buch finden kann.

Kommentare zur Liste der Pflanzenfamilien

Saxifragáceae (Steinbrechgewächse) sind nach Ansicht moderner Pflanzensystematiker nur **krautige** Pflanzen mit zwei mehr oder weniger verwachsenen Fruchtblättern und deutlich **unterständigem** Fruchtknoten. Im Wesentlichen handelt es sich in diesem Fall um Arten der Gattung *Saxífraga*.

Oberständige Fruchtknoten aufweisende **verholzte** Arten z. B. der Gattungen *Philadélphus* (Pfeifenstrauch) und *Hydrangéa* (Hortensie), in der Literatur herkömmlicherweise zu den Steinbrechgewächsen gerechnet, werden nun als **Hydrangeáceae** (Hortensiengewächse) zusammengefasst. Sofern aber herkömmliche **holzige** Saxifragaceae **unterstän-**

dige Fruchtknoten und außerdem **Beerenfrüchte** haben, z. B. die *Ribes*-Arten (Stachelbeere und Johannisbeere), kann man sie gleichermaßen selbständig als **Grossulariáceae** (Stachelbeergewächse) führen.

Polypodiáceae (Tüpfelfarngewächse) sind von allen Farnpflanzenfamilien gartenbaulich am bedeutungsvollsten und lassen sich u. a. neu aufteilen in:

- Adiantáceae (Fraunhaarfarngewächse) mit den Gattungen *Adiántum* und *Pellǣa*;
- Dryopteridáceae (Wurmfarngewächse) mit den Gattungen *Rumóhra, Dryópteris* und *Polýstichum*;
- Aspleniáceae (Streifenfarngewächse) mit der Gattung *Asplénium*;
- Woodsiáceae (Wimpernfarngewächse) mit den Gattungen *Athyríum* und *Cystópteris*;
- Blechnáceae (Rippenfarngewächse) mit den Gattungen *Bléchnum* und *Woodwárdia*;
- Davalliáceae (Davalliengewächse) mit der Gattung *Davállia*;
- Dennstaediáceae (Schüsselfarngewächse) mit den Gattungen *Microlépia, Dennstǣdtia*;
- Lomariopsidáceae (Lomariopsisgewächse) mit der Gattung *Lomariópsis*;
- Nephrolepidáceae (Nierenschuppenfarngewächse) mit der Gattung *Nephrólepis*;
- Polypodiáceae (Tüpfelfarngewächse) mit den Gattungen *Platycérium* und *Polypódium* (Restbestand der alten Familie);
- Pteridáceae (Saumfarngewächse) mit der Gattung *Ptéris*, die von manchen Autoren zu den *Acrostichaceen* gerechnet wird.

Compósitae (Korbblütler) unterteilt man heute entweder in zwei selbständige Familien (Asteráceae und Cichoriáceae) oder bleibt bei der großen Gesamtfamilie, dann allerdings auch Asteráceae genannt, aber differenziert in die Unterfamilien Asteroídeae = Compósitae-Tubuliflórae und Cichorioídeae = Compósitae-Liguliflórae. In dieser Auflage ist wieder die zweite Konzeption eingehalten worden, aber ohne Unterfamilienangaben.

Betuláceae (Birkengewächse) im weiteren Sinn werden heute zumeist aufgespalten in **Betuláceae im engeren Sinn** (*Bétula und Álnus*) und **Coryláceae** (Haselnuss- oder Haselstrauchgewächse) mit der Gattung *Córylus*. Die Coryláceae werden nur partiell als eigene Familie anerkannt, z. T. werden sie als Unterfamilie Coryloideae der Betuláceae geführt.

Liliáceae werden in viele Kleinfamilien unterteilt, und zwar im Sinne des dänischen Botanikers Dahlgren wie folgt:

- Alliáceae, u. a. mit den Gattungen Agapánthus, *Állium, Brodiǣa, Tritelāīa;*
- Aloáceae mit den Gattungen *Áloë, Gastéria, Hawórthia;*
- Anthericáceae u. a. mit den Gattungen *Anthéricum, Chloróphytum;*
- Asparagáceae mit der Gattung *Aspáragus;*
- Asphodeláceae u. a. mit den Gattungen *Asphodelíne, Asphódelus, Eremúrus, Kniphófia;*

- Convallariáceae u. a. mit den Gattungen *Aspidístra, Convallária, Liríope, Ophiopógon, Polygonátum, Róhdea, Smilacína, Tricýrtis, Uvulária;*
- Colchicáceae u. a. mit den Gattungen *Cólchicum, Gloriósa, Sandersónia;*
- Funkiáceae (Hostáceae) mit der Gattung *Hósta;*
- Hemerocallidáceae mit der Gattung *Hemerocállis;*
- Hyacintháceae u. a. mit den Gattungen *Eucomis, Galtónia, Hyacinthoídes, Hyacínthus, Lachenália, Muscári, Ornithógalum, Scilla, Urgínea, Veltheímia;*
- Liliáceae (im strengen Sinn) mit den Gattungen *Erythrónium, Fritillária, Lilium, Túlipa, Calochórtus;*
- Melanthiáceae u. a. mit den Gattungen *Helónias, Verátrum;*
- Philesiáceae u. a. mit der Gattung *Lapagéria;*
- Phormiáceae u. a. mit der Gattung *Phórmium;*
- Ruscáceae u. a. mit den Gattungen *Dánaë, Rúscus;*
- Smilacáceae mit der Gattung *Smilax;*
- Trilliáceae u. a. mit der Gattung *Tríllium.*

Von den über 30 Kleinfamilien, die Dahlgren aufgestellt hat, ist die halbe Anzahl für unser Buch bedeutsam geworden.

Neue Familien nach Abtrennung von bestehenden Familien

Neue Familie	Bisher geführt in der Familie
Alstroemeriáceae mit der Gattung **Alstroemeria**	Amaryllidáceae
Cannabáceae mit den Gattungen **Cánnabis, Húmulus**	Moráceae
Corokiáceae (nur partiell akzeptiert) mit der Gattung **Corókia**	Saxifragáceae oder Escalloniáceae
Costáceae mit der Gattung **Cóstus**	Zingiberáceae
Cuscutáceae (nur partiell akzeptiert)	Convolvuláceae
Cypripediáceae (nur partiell akzeptiert) mit den Gattungen **Cypripédium, Paphiopédilum**	Orchidáceae
Dracaenáceae u. a.mit den Gattungen **Dracǣna, Sanseviéria**	Agaváceae
Escalloniáceae mit der Gattung **Escallónia**	Saxifragáceae

Fumariáceae mit den Gattungen Fumária, Corýdalis, Dicéntra	Papaveráceae
Gunneráceae mit der Gattung **Gúnnera**	Haloragáceae
Heliconiáceae mit der Gattung **Heliconia**	Musáceae
Hydrocotyláceae (nur partiell akzeptiert)	Apíáceae
Ixioliriáceae	Amaryllidáceae
Lobeliáceae (nur partiell akzeptiert, aber früher schon selbständig) mit der Gattung **Lobélia**	Campanuláceae
Nandináceae (nur partiell akzeptiert) mit der Gattung **Nandína**	Berberidáceae
Nelumbonáceae mit der Gattung **Nelúmbo**	Nymphaeáceae
Peperomiáceae (nur partiell akzeptiert) mit der Gattung **Peperomia**	Piperáceae
Podophylláceae (nur partiell akzeptiert) mit der Gattung **Podophyllum**	Berberidáceae
Sambucáceae (nur partiell akzeptiert) mit der Gattung **Sambúcus**	Caprifoliáceae
Strelitziáceae mit der Gattung **Strelítzia**	Musáceae
Viburnáceae (nur partiell akzeptiert) mit der Gattung **Vibúrnum**	Caprifoliáceae
Viscaceae (nur partiell akzeptiert) mit der Gattung **Víscum**	Lorantháceae
Zamiáceae mit der Gattung **Zámia**	Cycadáceae

Verwirrend sind die kontroversen Zuordnungsmöglichkeiten einiger Gattungen. Beispiele: *Corókia* (Corokiáceae, Saxifragáceae, Cornáceae, Escalloniáceae), *Beaucárnea* (Agaráceae, Dracaenáceae, Nolináceae). Dies liegt an den unterschiedlichen Auffassungen im Rahmen der botanischen Forschung. **Ruscáceae** werden nach neueren Erkenntnissen zusammen mit **Convallariaceae, Dracaenaceae** und **Nolinaceae** zu einer systematischen Einheit, einem sog. „Monophylum“ innerhalb der Ordnung der Asparagales, zusammengefasst. Als Bezeichnung wird **Ruscáceae** vorgeschlagen.

Leidig ist (und bleibt auch noch) die laut Art. 18.5 des ICBN bestehende Möglichkeit, einige alte Familiennamen weiterhin mit -**ae** auslaufen zu lassen (**Crucíferae, Labiátae** usw.) oder aber für sie Namen mit -**aceae** zu schaffen (**Brassicáceae, Lamiáceae** usw.). Auf diese alternativen Gegebenheiten ist in unserem Verzeichnis der Pflanzenfamilien betont eingegangen worden.

Stolpersteine sind weiterhin die **Leguminósae.** Man sollte sie nicht mehr als Familie ansehen, sondern als Ordnung führen, dann aber **Fabáles** nennen und ihnen, wie im Buch geschehen, die drei selbständigen Familien **Mimosáceae, Caesalpiniáceae** und **Fabáceae** zusprechen. Die weitere Selbständigkeit der **Caesalpiniaceen** wird nicht selten abgelehnt, ist jedoch insofern möglich, als bei ihnen die echte Schmetterlingsblüte der **Fabaceen** noch nicht vollständig vorliegt.

4 Übersetzung der Artbezeichnungen und deutsch-botanisches Namensverzeichnis

4.1 Artbezeichnungen und deren Übersetzung

Die Artbezeichnungen, **Epitheta,** dürfen keineswegs in jedem Fall pflanzenbeschreibend (phytographisch) gewertet werden. Dennoch haben sie nicht selten eine gewisse, wenn auch bescheidene, Aussagekraft über die jeweilige Pflanze. Viele der **Epitheta** sind Eigenschaftswörter (z. B. **acetósus** = sauer).

Vollständig müsste eigentlich geschrieben werden: **acetósus,** -a, -um, und zwar in der Reihenfolge männlich = **masculinum** (m.), weiblich = **femininum** (f.) und sächlich = **neutrum** (n.). Aus Platzeinsparungsgründen ist nur die männliche Endung (-us) angeführt worden, abgesehen von bestimmten Abweichungen, wie **ácer, ácris, ácre** = scharf, cerásifer, **cerasífera, cerasíferum** = kirschentragend oder **móllis** (m., f.) und **mólle** (n.) = weich. Bei solchen lateinischen Eigenschaftswörtern richtet sich fast stets die vorzunehmende (richtige!) Endung nach dem Geschlecht der in Frage kommenden Gattungsnamen **(Senécio viscósus, Prímula obcónica, Ácer saccharínum, Rhododéndron mólle).**

Sind die Epitheta Mittelwörter der Gegenwart (z. B. répens = kriechend), ist Zuständigkeit für die drei Geschlechter ohne Endungsänderung gegeben, desgleichen bei Bildungen auf -oides (-ähnlich, -artig) und gelegentlich werden Hauptwörter nicht dekliniert (z. B. **Dracaéna dráco**, nicht **D. dracónis**). In der ersten Steigerungsstufe, dem Komparativ, lauten die Endungen -or (m., f.) und -us (n.), wie man es z. B. bei **Prímula elátior** (wörtlich übersetzt „höhere Primel") und **Arctium minus** („kleinere Klette" in korrekter Übersetzung) findet.

Gelegentlich handelt es sich um Namen aus Eingeborenensprachen (Vernakularnamen). Als Beispiel sei genannt der indische Name cát(h)echu für **Áreca cátechu,** die Betelnusspalme. In Klammern stehende Buchstaben weisen auf unterschiedliche Schreibweisen hin.

Nicht Berücksichtigung finden in der nachfolgenden Aufstellung solche Epitheta, die als Personennamen betrachtet werden müssen, nämlich etwa **thunbérgii** = des Thunberg, **juliánae** = der Juliane oder **breweriána** in **Picea breweriána** (Brewers Fichte = Mähnenfichte). Nicht berücksichtigt werden ferner altgriechische Ableitungen. Sie sind in manchen Fällen an sich unumgänglich, würden aber schon der anderen Buchstaben wegen den gegebenen Rahmen sprengen.

ábies	antiker Name
abrotanifólius	eberrautenblättrig
absínthium	Wermut
abyssínicus	abessinisch
acanthifólius	akanthusblättrig
acánthium	Stachel-
acáulis, acáule	stengellos
acéphalus	kopflos
ácer, ácris, ácre	scharf
acerifólius	ahornblättrig
acetosellus	säuerlich
acetósus	sauer
achilleifólius	achilleablättrig
aciculáris	nadelspitzig
ácidus	sauer
acinacifólius	säbelblättrig
acinacifórmis, acinacifórme	säbelförmig
aconitifólius	eisenhutblättrig
acrostichóides	acrostichumähnlich
acrótrichus	spitzhaarig
actinophýllus	strahlenblättrig
aculeátus	stachelspitzig
acuminátus	zugespitzt
acutiflórus	spitzblütig
adenóphorus	drüsentragend
adenophýllus	drüsenblättrig
adiantifórmis, adiantifórme	Adiantum-ähnlich
adpréssus	angedrückt
áegilops	griechischer Name
áemulus	ähnlich
aesculifólius	rosskastanienblättrig
aestivális	sommerlich
aethiópicus	aethiopisch
áfer, áfra, áfrum	afrikanisch
affínis, affíne	verwandt
africánus	afrikanisch
agavifólius	agavenblättrig
agavoídes	agavenähnlich
ageratifólius	leberbalsamblättrig
ágnus-cástus	keusches Lamm

agréstis	Acker-
ailantifólius	götterbaumblättrig
aizoídes	Aizoon-ähnlich
aizóon	Immergrün (Pflanzenname)
ajácis	griechischer Name
alátus	geflügelt
alnifólius	erlenblättrig
álbicans	weißlich
álbidus	weißlich
albiflórus, álbiflos	weißblütig
albopilósus	weißhaarig
álbus	weiß
álcea	antiker Name
alcicórnis, alcicórne	elchgeweihartig
aléppicus	aus Aleppo
alismoídes	Froschlöffel-ähnlich
alkekéngi	arabischer Name
alliariifólius	lauchkrautblättrig
alnifólius	erlenblättrig
aloídes	aloeähnlich
aloifólius	aloeblättrig
alopecuroídes	Fuchsschwanz-ähnlich
alpéstris, alpéstre	Alpen-
alpínus	Alpen-
altaclarénsis, altaclarénse	aus High Clerk
altáicus	Altai-
alternifólius	mit wechselständigen Blüten
althaeoídes	Althaea-ähnlich
altíssimus	sehr hoch
amábilis, amábile	lieblich
amarantícolor	amarantfarben
amárus	bitter
amazónicus	Amazonas-
ambíguus	zweifelhaft
amblýodon	stumpfzähnig
amelloídes	amellusähnlich
americánus	amerikanisch
amethýstinus	amethystfarben
amœ́nus	anmutig
ampelóprasum	Weinbergslauch

amphíbius	amphibisch
amplexicáulis, amplexicáule	stengelumfassend
amurénsis, amurénse	Amur-
amygdálinus	mandelartig
anacámpseros	Pflanzenname (griechisch)
anagyroídes	Anagyris-ähnlich
ananássa	Ananas
ánceps	zweischneidig
androsáemum	griechischer Name
anemonifólius	anemonenblättrig
ánglicus	englisch
anguláris, anguláre	kantig
angustifólius	schmalblättrig
anísum	antiker Name
ánnuus	einjährig
anómalus	abnorm
anserínus	gänselieb
antárcticus	antarktisch
anthóra	gegen Gift
aparíne	griechischer Name
apennínus	von den Apenninen
apétalus	kronblattlos
aphýllus	blattlos
apiculátus	fein zugespitzt
apiifólius	sellerieblättrig
ápodus	stengellos
applanátus	abgeflacht
aquáticus, aquátilis, aquátile	Wasser-
aquifólium	*antiker* Name
aquilegifolius	akeleiblättrig
aquilínus	Adler
arábicus	arabisch
arachnoídes, arachnoídeus	spinnwebartig
araucánus	Arauco-
arboréscens, arbóreus	baumartig
aborícolus	baumbewohnend
archangélica	besondere *Angelica*-Art
árcticus	arktisch
arctótis	Bärenohr
arcuátus	bogenförmig

arenárius	Sandboden-
argénteus	silbrig
argútus	spitzig
argyrǽus	silbrig
argyronéurus	silbenadrig
ária	antiker Name
arietínus	mit Hörnern
arifólius	Blätter wie Arum
ariifólius	mehlbeerblättrig
aristátus	begrannt
arizónicus	Arizona-
armátus	bewaffnet
armeníacus	armenisch
aromáticus	würzig
arrhízus	wurzellos
articulátus	gegliedert
arundináceus	schilfrohrartig
arvénsis, arvénse	Acker
ascalónicus	Askalon
asellifórmis, asellifóme	asselförmig
asclepiádeus	Asclepias-ähnlich
asiáticus	asiatisch
asparagoídes	spargelähnlich
ásper, áspera, ásperum	rau
aspérrimus	sehr
asplenifólius	Blätter wie *Asplenium*
astérias	Seestern
atlánticus	altantisch, *Atlas*
atrátus	geschwärzt
atropurpúreus	dunkelpurpurrot
atrorúbens	dunkelrot
atrosanguíneus	dunkelblutrot
atrovírens	dunkelgrün
attenuátus	verschmälert
áucupárius	für den Vogelfang
aurantíacus	orangerot
aurátus	goldig
áureus	goldgelb
auriculátus	ohrförmig
aurítus	geöhrt

austrális	südlich
austríacus	österreichisch
autumnális, autumnále	Herbst-
avellána	Abella-
avenáceus	haferartig
aviculáris, aviculare, avium	Vogel-
axilláris, axillare	achselständig
axíphius	ohne schwertförmige Früchte
azúreus	himmelblau
baccátus	mit Beeren
balcánicus	Balkan-
baldschuánicus	Baldschuan-
balsámeus	balsamisch
balsámifer, balsamífera, balsamíferum	Balsam liefernd
banáticus	Banat-
barbadénsis	Barbados-
bárbarus	fremd
barbátus	bärtig
basális	grundständig
basílicum	königliche Heilpflanze
batátas	Pflanzenname auf Haiti
baváricus	bayrisch
beharénsis	Behara-
belladonna	schöne Frau
bellidifórmis, bellidifórme	Bellis-artig
béllus	schön
benedíctus	gesegnet
beng(h)alénsis	Bengalen-
bétulus	birkenähnlich
bícolor	zweifarbig
bicórnis, bicórne	mit zwei Hörnern
biénnis, biénne	zweijährig
bífidus	zweispaltig
biflórus	zweiblütig
bifólius	zweiblättrig
bifurcátus	gegabelt
bignonioídes	Bignonia-ähnlich
bílobus	zweilappig
bipartítus	zweiteilig
bipinnatífidus	doppelt fiederspaltig

bipinnátus	doppelt gefiedert
bispórus	zweisporig
bivittátus	mit zwei Bändern
blándus	angenehm
blepharophýllus	wimperblättrig
bombýcinus	seidenwollig
bononiénsis, bononiénse	Bologna-
boreális, boreále	nördlich
botryoídes	traubenähnlich
botrýtis	traubig
bracteátus	mit Deckblättern
brasiliénsis, brasiliénse	brasilianisch
brevipedunculátus	kurzgestielt
breviscápus	kurzschäftig
bromelioídes	Bromelia-ähnlich
bryoídes	moosähnlich
búlbifer, bulbífera, bulbíferum	zwiebeltragend
bulbocódium	antiker Pflanzenname
bulbósus	Zwiebel-
bullátus	blasig
búrsa-pastóris	Hirtentasche
buxifólius	buchsbaumblättrig
byzant(h)ínus	Istanbul-
cacáo	mexikanischer Name
caeléstis, caeléste	himmelblau
caeruléscens	bläulich
caerúleus	blau
cǽsius	blaugrau
caespitósus	rasenbildend
cáffrus	Kaffern-
calábricus	von Kalabrien
cálamus	Rohr-
califórnicus	kalifornisch
callitrichoídes	Callitrichum-ähnlich
callósus	schwielig
calýcinus	Kelch-
camára	Kammer
campanulátus	glockenförmig
campéster, campéstris, campéstre	Feld-
canadénsis, canadénse	kanadisch

canariénsis, canariénse	kanarisch
cándicans	weißwerdend
candídulus	weiß
cándidus	reinweiß
canéscens	grau werdend
canínus	hundsgemein
cannábinus	hanfartig
cantábricus	Kantabrien-
capénsis, capénse,	Kap-
caperátus	gerunzelt
capillifórmis, capillifórme	haarförmig
capíllus-véneris	Venushaar
capitátus	kopfförmig
capreolátus	gabelrankig
cápreus	Ziegen-
caprifólium	Geißblatt
capsicástrum	Capsicumähnlich
cáput-medúsae	Medusenhaupt
carambóla	indischer Name
cardíaca	Herz- oder Magenmittel
cardinális, cardinále	scharlachrot
cardúnculus	Kardone
cáricus	karisch (Türkei)
carinátus	gekielt
carinthíacus	Kärntner-
cárneus	fleischfarben
carniólicus	Krainer-
carnósus	fleischig
caroliniánus	Carolina
caróta	Karotte
carpáticus	Karpaten-
carpinifólius	hainbuchenblättrig
carthusiánorum	Kartäuser-
carví	arabischer Name
caryophýllus	Nelke
catawbiénsis, catawbiénse	Katawba
cát(h)echu	indischer Name
cathárticus	abführend
caucásicus	kaukasisch
caudátus	geschwänzt

cauliflórus	stammblütig
cauléscens	stengelig
cautícola	Felsenbewohner
celatocáulis, celatocáule	mit verstecktem Stiel
célticus	keltisch
cémbra	antiker Name
centifólius	hundertblättrig
cépa	Zwiebel
cephalónicus	Kephalonia-
cerásifer, cerasífera, cerasíferum	kirschentragend
cérasus	Kirsche
ceratocáulus	hornstengelig
cerefólius	wachsblättrig
cérnuus	nickend
cérris	Zerreiche
cervínus	hirschartig
chalcedónicus	Chalcedon-
chalybáeus	stahlblau
chamaecístus	Zwergzistrose
chamaecyparíssus	Zwergzypresse
chamáedrys	Zwergeiche
chamomílla	Kamille
chamáemorus	Zwergmaulbeere
cheiranthoídes	goldlackähnlich
chéiri	arabischer Name
chilénsis, chilénse	chilenisch
chiloénsis, chiloénse	Chiloe
chinénsis, chinénse	chinesisch
chloránthus	grünblühend
chrysacanthus	golddornig
chrysanthus	goldgelbblühend
cíclus	sizilianisch
cicutárius	wasserschierlingsartig
ciliáris, ciliáre	bewimpert
ciliátus	bewimpert
cinéreus	aschgrau
cinnabárinus	zinnoberrot
circinális, circinále	kreisförmig
citriodórus	nach Zitrone duftend
clandonénsis, clandonénse	Clandon (Engl.)

clavarioídes	keulenähnlich
clavátus	keulenförmig
clethroídes	Cletra-ähnlich
clivórum	Hügel-
clypeátus	schildartig
cneórum	griechischer Name
coccíneus	scharlachrot
cochleáris, cochleáre	löffelartig
coeléstis, coeléste	himmelblau
cōéli-rósa	Himmelsrose
coggýgria	antiker Name
cólchicus	Schwarzmeer-
collínus	Hügel-
columnáris, columnáre	säulenartig
colúrnus	Hasel-
comátus	schopfig
commúnis, commúne	gewöhnlich
commutátus	verändert
comósus	schopfig
compáctus	kompakt
compréssus	zusammengedrückt
concínnus	angenehm
cóncolor	einfarbig
conditívus	zum Einlegen bestimmt
confúsus	verkannt
congéstus	gedrängt
cónicus	konisch
consólidus	massiv
conspícuus	ansehnlich
contórtus	gewunden
controvérsus	umstritten
convéxus	gewölbt
convólvulus	Winde
cordátus	herzförmig
cordifólius	herzblattrig
corniculátus	gehörnt
cornútus	gehörnt
coronárius	kronenartig
coronátus	kranzartig
corymbósus	doldentraubig

costátus	gerippt
cotylédon	Becher
cóum	von der Insel Kos
crácca	lateinischer Name
crassifólius	dickblättrig
crássipes	dickfüßig
crássus	dick
crenátus	gekerbt
créticus	Kreta
crinítus	langhaarig
crispátus	gekräuselt
críspus	kraus
crísta-gálli	Hahnenkamm
cristátus	kammförmig
crocátus	krokusfarben
cróceus	gelb
crocosmiiflórus	mit Blüten wie Crocosmia
cruciátus	gekreuzt
cruéntus	blutrot
crús-gálli	Hahnensporn
crystállinus	kristallartig
cucúbalus	lateinischer Name
culináris, culináre	Küchen-
cultórum	Zucht-
cupressoídes	zypressenartig
cuneátus	keilförmig
cupreátus	kupferfarben
cúpreus	kupferfarben
curvátus	gekrümmt
cuspidátus	stachelspitzig
cyáneus	dunkelblau
cyanophýllus	dunkelblaublättrig
cyathistípulus	mit becherförmigen Nebenblüten
cýclops	rund
cylíndricus	walzenförmig
cymbalária	Zymbelkraut
cymósus	trugdoldig
cynápium	Hundspetersilie
cyparíssias	zypressenartig
cythéreus	Tahiti-

dactýlifer, dactylífera, dactylíferum	datteltragend
dactylifólius	fingerblättrig
dáctylon	Finger
dahúricus	dahurisch
damascénus	Damaskus-
dánicus	dänisch
daphnoídes	seidelbastähnlich
dasyphýllus	rauhblättrig
daucifólus	möhrenblättrig
dealbátus	weiß bestäubt
débilis, débile	schwach
decapétalus	mit zehn Kronblättern
decíduus	hinfällig
decórus	schön, stattlich
decumánus	sehr groß
decúmbens	niederliegend
decúrrens	herablaufend
decussátus	kreuzweise, gegenständig
deliciósus	köstlich
deltoídes	deltaförmig
demérsus	untergetaucht
déns-cánis	Hundezahn
densiflórus	dichtblütig
dentátus	gezähnt
denticulátus	feingezähnt
denudátus	entblößt
deodára	Götterbaum
dereménsis, dereménse	Derema-
diacánthus	zweistachelig
didymobótryus	doppeltraubig
dídymus	doppelt
digitátus	gefingert
dimórphus	verschiedengestaltig
dioícus	zweihäusig
diphýllus	zweiblättrig
dípterus	zweiflügelig
dipterocárpus	mit zweiflügeliger Frucht
díscolor	verschiedenfarbig
disséctus	geschlitzt
distáchyus	zweiährig

dístichus	zweizeilig
divaricátus	sperrig
diversifólus	verschiedenblättrig
dolabrátus	beilförmig
doliifórmis, doliifórme	fassförmig
doméstícus	Haus-
dónax	Pfeilrohr
drába	Hungerblume
dráco	Drache
dracúnculus	Schlangenwurz
drupáceus	steinfruchtartig
dúbius	zweifelhaft
dulcamárus	bittersüß
dúlcis, dúlce	süß
dumetórum	Hecken-
dumósus	buschig
dúrior, dúrius	härter
duriúsculus	härtlich
dúrus	hart
ébenum	Ebenholz
echinátus	igelstachelig
echioídes	Echium-artig
edúlis, edúle	essbar
effúsus	ausgebreitet
eglantéria	wilde Rose
elásticus	elastisch
elátior, elátius	höher
elátus	hoch
élegans	zierlich
elegantíssimus	sehr zierlich
elephántipes	elefantenfußartig
elongátus	verlängert
émblica	Pflanzenname in Bengalen
emódi	Emodus-
endívia	antiker Name
ensátus	schwertförmig
ensifólius	schwertblättrig
ensifórmis, ensifórme	schwertförmig
epíthymum	auf Thymian
eréctus	aufrecht

eriacánthus	wolldornig
ericoídes	Erika-ähnlich
erináceus	igelstachelig
erínus	antiker Name
erubéscens	rotwerdend
erythrophýllus	rotblättrig
erythrópodus	rotstielig
erythrosépalus	mit roten Kelchblättern
esculéntus	essbar
euchlórus	freudiggrün
europǽus	europäisch
exaltátus	hochgewachsen
excélsior, excélsius	erhabener
excélsus	erhaben
excísus	ausgeschnitten
exímius	ausgezeichnet
expánsus	ausgedehnt
fába	antiker Name
fabáceus	bohnenartig
falcátus	sichelförmig
fárfarus	mehlig bestäubt
farináceus, farinósus	mehlig bestäubt
fasciátus	gebändert
fastigiátus	pyramidal
fátuus	geschmacklos
fenestrális	fensterartig
férox	stark bewehrt
ferrugíneus	rostfarben
fértilis, fértile	fruchtbar
ficárius	feigenartig
ficifólius	feigenblättrig
ficoídes	feigenähnlich
filamentósus	fädig
filiculoídes	kleinem Farn ähnlich
filíferus	fadentragend
filifórmis, filifórme	fadenförmig
filipendulínus	Filipendula-artig
filix-fémina	weiblicher Farn
filix-mas	männlicher Farn
fimbriátus	gefranst

fistulósus	röhrig
flabellátus	fächerartig
flabellifórmis, flabellifórme	fächerförmig
fláccidus	schlaff
flagellifórmis, flagellifórme	peitschenförmig
flámmeus	feuerrot
flámmula	Flämmchen
flavéscens	gelbwerdend
flávus	gelb
flcxuósus	gcbogen
floccósus	flockig
floribúndus	reichblütig
flóridus	blütenreich
flós-cucúli	Kuckucksblume
flúitans	flutend
fluminénsis, fluminénse	Rio de Janeiro
fluviátilis, fluviátile	Fluss-
fóetidus	stinkend
foliósus	blattreich
formósus	schön
frágilis, frágile	zerbrechlich
frágrans	duftend
frainétto	altfranzösischer Pflanzenname
fraxinifólius	eschenblättrig
frutéscens	halbstrauchig
frúticans	strauchig
fruticósus	strauchig
fúlgens	leuchtend
fúlgidus	leuchtend
fúlvidus	braun
fúlvus	gelbbraun
fumariifólus	erdrauchblättrig
fúscus	rotbraun
gále	englischerName
galeóbdolon	antiker Name
gandavénsis, gandavénse	von Gent
garcánicus	Monte Gargano-
gémmifer, gemmífera, gemmíferum	knospentragend
geométrizans	gleichmäßig
geoídes	nelkenwurzähnlich

germánicus	deutsch
gíbbus	höckerig
gigantéus	riesig
gígas	riesig
gínnala	Volksname
githágo	antiker Name
glabéllus	kahl
gláber, glábra, glábrum	kahl
glaciális, glaciále	Gletscher-
glandulósus	drüsig
glaucophýllus	blaugrünblättrig
glāúcus	blaugrün
globósus	kugelig
globúlifer, globulífera, glubulíferum	pillentragend
glomerátus	geknäult
gloriósus	herrlich
glumáceus	spelzig
glutinósus	klebrig
glyptostroboides	Glyptostrobus-ähnlich
gongylódes	rübenähnlich
gracílipes	schlankstielig
grácilis, grácile	schlank
gramíneus	grasartig
graminifólius	grasblättrig
granadénsis, granadénse	Granada-
granátus	körnig
grándiceps	großköpfig
grandiflórus	großblütig
grandifólius	großblättrig
grándis, gránde	groß
granulósus	körnig
gratianopolitánus	Grenoble-
gravéolens	starkduftend
gríseus	grau
gruínus	reiherschnabelartig
guajáva	amerikanischer Name
guineénsis	Guinea-
guttátus	betropft
haemánthus	blutrot blühend
haematódes	blutähnlich

halepénsis, halepénse	Aleppo
halicácabum	antiker Name
halodéndron	Salzbaum
hastifólius	spießblättrig
hederáceus	efeuartig
hederifólius	efeublättrig
helénium	antiker Name
helianthoídes	sonnenblumenähnlich
helioscópius	sonnenwendig
hélix	windend
helvéticus	Schweizer-
herbáceus	krautig
heterophýllus	verschiedenblättrig
hexapétalus	mit sechs Kronblättern
hexándrus	mit sechs Staubblättern
hiemális, hiemále	Winter-
hierochúntica	Jerichorose
hieroglýphlicus	schriftartig
hippocástanum	Rosskastanie
hippománicus	giftig für Pferde
hippuroídes	Hippuris-ähnlich
hirsútus	rauhhaarig
hirtéllus	kurzborstig
hírtus	borstig
hispánicus	spanisch
híspidus	steifhaarig
hispídulus	kurzsteifhaarig
holándicus	holländisch
holósteus	Übersetzung unklar
homólepis	einheitlich beschuppt
horizontális, horzontále	waagerecht
horizonthalónius	mit waagerechten Stachelringen
hórminum	antiker Name
hórridus	abschreckend
horténsis, horténse	Garten-
hortórum	Garten-
hortulánus	Gärtner-
humifúsus	niederliegend
húmilis	niedrig
hungáricus	ungarisch

hupehénsis	Hupe-
hýbridus	Bastard-
hypericifólius	johanniskrautblättrig
hypnoídes	Hypnum-ähnlich
hypogǣus	unterirdisch
hypoglóssus	unter der Zunge
hypophyllus	unter dem Blatt
ibericus	iberisch
idǣus	Idagebirge-
ígneus	feuerrot
ilicifólius	stechpalmenblättrig
illinoinénsis, illinoinénse	Illinois-
ímbe	südamerikanischer Name
imbricátus	dachziegelig
immérsus	untergetaucht
impedítus	behindert, niedrig
imperiális, imperiále	kaiserlich
incánus	aschgrau
incarnátus	fleischfarben
incísus	eingeschnitten
incomparábilis, incomparábile	unvergleichlich
índicus	indisch
indivísus	ungeteilt
inérmis, inérme	unbewehrt
inflátus	aufgeblasen
infundibulifórmis, infundibulifórme	trichterförmig
íngens	riesig
inodórus	geruchlos
ionánthus	veilchenblütig
insígnis, insígne	ausgezeichnet
insitítius	eingeführt
integérrimus	völlig ganzrandig
integrifólius	mit ungeteilten Blättern
intermédius	mittlerer
intricátus	verworren
íntybus	lateinischer Pflanzenname
involucrátus	von Hüllblättern umgeben
isophýllus	gleichblättrig
itálicus	italienisch
jabúran	japanischer Name

jálapa	Xalapa- (Mexiko)
japónicus	japanisch
jasminoídes	jasminähnlich
javánicus	Java-
jubátus	mähnenartig
jujúba	persischer Pflanzenname
julibríssin	Flockseiden-
júnceus	binsenartig
káki	japanischer Name
kamtscháticus	Kamtschatka-
karataviénsis, karataviénse	Karatau-
kermesínus	karmesinrot
kewénsis, kewénse	Kew-
kóbus	japanischer Name
koreánus	koreanisch
koúsa	japanischer Name
labiátus	lippig
láblab	arabischer Pflanzenname
laciniátus	geschlitzt
lácryma-jóbi	Hiobsträne
lactiflórus	milchweißblühend
lacústris	Teich-
ládanum	wohlriechendes Harz
laevigátus	glatt
laetiflórus	freudig blühend
lagenárius	flaschenartig
lagodechiánus	Lagodechi-
lanátus	wollig
lanc(e)ifólius	mit lanzettartigen Blättern
lanceolátus	lanzettartig
lantána	antikerName
lanuginósus	wollig
lapathifólius	ampferblättrig
láppa	Klette
laricínus	lärchenartig
lasiocárpus	mit behaarten Früchten
láthyris	Wolfsmilch
latifólius	breitblättrig
laurifólius	lorbeerblättrig
laurocérasus	Lorbeerkirsche

laxiflórus	lockerblütig
láxus	schlaff
lentíscus	klebrig
léntus	zäh
lepidophýllus	mit Schuppenblättern
leptópus	dünnstielig
leptólepis	dünnschuppig
leucánthemus	weißblütig
leucodérmis, leucodérme	weißrindig
leuconeū́rus	weißnervig
leucótrichus	weißhaarig
líbani	Libanon-
liliágo	lilienartig
limétto	kleine Zitrone
límon	Zitrone
linariifólius	leinkrautblättrig
lingulátus	zungenförmig
linifólius	leinblättrig
linósyris	zusammengesetzter Name
lobátus	gelappt
locústa	Grashüpfer (?)
lonchítis, lonchite	spießähnlich
longiflórus	langblütig
longifólius	langblättrig
longimámmus	langwarzig
longiscápus	langschäftig
lophánthus	büschelblütig
lótus	antiker Name
lúcidus	leuchtend
lupulínus	kleiner Hopfen
lúpulus	Hopfen
lutéolus	gelblich
lutéscens	gelblich
lúteus	gelb
lychnítis	antiker Name
lycopérsicum	antiker Name
lycopodioídes	bärlappähnlich
lýdius	lydisch
lyrátus	leierförmig
macránthus	großblütig

macrocárpus	großfrüchtig
macrocéphalus	großköpfig
macroglossus	großzüngig
macrophýllus	großblättrig
macrorrhíza	großwurzelig
macrosíphon	großröhrig
macrostáchys	großährig
maculátus	gefleckt
maculósus	stark gefleckt
madegascariénsis, rmadegascariénse	Madagaska-
maderénsis, maderénse	Madeira-
magellánicus	patagonisch
magníficus	prächtig
magnimámmus	großwarzig
mahagóni	südamerikanischer Name
máhaleb	arabischer Name
majális	im Mai blühend
májor, május	größer
majorána	arabischer Name
malabáthricus	nach indischem Pflanzennamen
malaccénsis, malaccénse	Malakka-
malacoídes	malvenähnlich
mangostána	malayischer Name
manicátus	manschettenartig
margaritáceus	perlenartig
margarítifer, margaritífera, margaritíferum	perlentragend
marginátus	gerändert
marítimus	Meeres-
marmorátus	marmoriert
mártagon	Turban
meridionális, meridionále	südlich
mas	männlich
matricarioídes	Matricaria-ähnlich
matronális, matronále	mütterlich
max	Pflanzenname in Ceylon
máximus	sehr groß
máys	amerikanischer Name
médicus	medisch, heilsam
mediterráneus	mittelländisch
médius, medulláris	mittlerer

medulláre	markig
medullósus	markig
medúsae	Medusa-
megapotámicus	Rio Grande-
melanochrýsus	schwarzgolden
melanósporus	dunkelsporig
meléagris	Perlhuhn
mélo	Melone
melissophýllus	melissenblättrig
melóngena	Eierfrucht
matallicus	metallisch
metulíferus	kleine Pyramiden tragend
mexicánus	mexikanisch
mezeréum	persischer Name
micránthus	kleinblütig
microcárpus	kleinfrüchtig
microcéphalus	kleinköpfig
micródasys	mit kleinen Borsten
microphýllus	kleinblättrig
micanioídes	Mikania-ähnlich
miliáceus	hirseartig
millefólius	tausendblättrig
mimosifólius	mimosenblättrig
miniátus	mennigfarben
mínimus	sehr klein
mínor, mínus	kleiner
minúsculus	ziemlich klein
mirábilis, mirábile	wunderbar
missouriénsis, missouriénse	Missouri-
mítis, míte	mild
móllis, mólle	weich
mollúgo	weich
móly	griechischer Name
monógynus	eingriffelig
monspessulánus	Montpellier-
monostáchyus	einährig
monstrósus	missgestaltet
montánus Bergmontícola	Bergbewohner
mórsus-ránae	Froschbiss
morávicus	mährisch

moschátus	Moschus
moschēútos	antiker Name
mucronátus	mit einer Spitze
múghus	italienischer Name
múgo	antiker Name
multicāúlis, multicāúle	vielstengelig
multífidus	vielteilig
multiflórus	vielblütig
multíjugus	vieljochig
múltiplex	vielfach
múme	japanischer Name für Pfirsich
murális, murále	Mauer
muricátus	stachelig
murínus	Mäuse betreffend
musáicus	mosaikförmig
muscípula	Fliegenfalle
muscósus	moosartig
musifólius	bananenblättrig
mutábilis, mutábile	veränderlich
mycóni	antiker Name
myriostígma	vielnarbig
myosotidiflórus	Myosotis-blütig
mysorénsis, mysorénse	Mysore (Indien)
myrísticus	zum Salben geeignet
myrobálanus	Gewürzeichel
myrsinifólius	mit Blättern wie Myrsine
myrsinítes	nach Myrte riechend
myrtíllus	kleine Myrte
nánus	zwergig
napéllus	kleine Rübe
napobrássica	Rapskohl
nápus,	Rübe
narbonénsis narbonénse	Narbonne-
narcissiflórus	narzissenblütig
nastúrtium aquáticum	Brunnenkresse
nátans	schwimmend
nanhoénsis	Nan-ho- (Kansu)
naviculáris, naviculáre	kahnförmig
neapolitánus	Neapel-
nebulósus	rauchartig

negléctus	vernachlässigt
negúndo	indischer Name
nemorále, nemorális	Hain-
nemorénse, nemorénsis	Hain-
nemorósus	Hain-
nepalénsis, nepalénse	Nepal-
nervósus	nervig
nicaeénsis, nicaeénse	Nizza-
nídus,	Nest
níger, nígra nígrum	schwarz
nigréscens	schwärzlich
nígricans	schwärzlich
nikoénsis, nikoénse	Nikko-
nil	blau
nippónicus	Nippon-
nítens	glänzend
nítidus	glänzend
nivális, nivále	Schnee-
níveus	schneeweiß
nóbilis, nóbile	vornehm
noctiflórus	nachts blühend
nodósus	knotig
nóli-tángere	nicht berühren
nootkaténsis	Nutka-
nóvae-ángliae	Neuengland-
nóvae-zelándiae	Neuseeland-
nóvi-bélgii	Neubelgien-
núcifer, nucífera, nucíferum	nusstragend
nudicāūlis, nudicāūle	nackstengelig
nudiflórus	nacktblütig
nummulárius	münzenartig
nútans	überhängend
nux-vómica	Brechnuss
obcónicus	verkehrt kegelförmig
obésus	dick
oblíquus	schief
oblóngus	länglich
obovátus	verkehrt eiförmig
obtusifólius	stumpfblättrig
obtúsus	stumpf

occidentális, occidentále	abendländisch
ocimoídes	Ocimum-ähnlich
octopétalus	achtkronblättrig
odorátus	wohlriechend
odoratíssimus	sehr wohlriechend
officinális,	Arzneiofficinále
oléander	Ölbaumrose
oleifórmis, oleifórme	olivenförmig
oleráceus	gemüseartig
oligostáchyus	schwachährig
olitórius	Gemüsegarten-
olýmpicus	Olymp-
omórika	serbischer Name
oppositifólius	mit gegenständigen Blättern
opulifólius	schneeballblättrig
ópulus	antiker Name
orbiculátus	kreisförmig
orientális, orientále	orientalisch
orióphilus	bergliebend
ornátus	geschmückt
órnus	antiker Name
ottawénsis, ottawénse	Ottawa-
ovalifólius	mit eiförmigen Blättern
ovátus	eirund
ovínus	Schaf-
oxyacánthus	spitzdornig
oxycóccus	scharfbeerig
oxygónus	spitzkantig
pachyphýllus	dickblättrig
pachýpodus	dickstielig
pádus	lateinischer Name
palléscens	bleichwerdend
pállidus	bleich
palmátus	handförmig
palmifólius	palmblättrig
paludósus, palúster, palústre, palústris	Sumpf-
pandurátus	geigenförmig
paniculátus	rispig
pannónicus	ungarisch
papáya	malaysischer Name

papílio	Schmetterling
papýrifer, papyrífera, papyríferum	papierliefernd
papýrus	Papier
paradísi, paradisíacus	Paradies-
paraguariénsis, paraguariénse	Paraguay
pardalínus	pantherartig gefleckt
parthenioídes	Parthenium-ähnlich
parthénium	Jungfrauenpflanze
parviflórus	kleinblütig
parvifólius	kleinblättrig
patiéntia	Geduld
pátulus	ausgebreitet
pauciflórus	wenigblütig
pávia	Rosskastanie
pectinátus	kammartig
pedátus	fußförmig
pedicellátus	mit gestielten Blüten
pedunculátus	mit gestieltem Blütenstand
pekinénsis, pekinénse	Peking
pelegrínus	brasilianischer Pflanzenname
peltátus	schildförmig
péndulus	hängend
pennátus	gefiedert
pen(n)sylvánicus	Pennsylvania-
pentándrus	mit fünf Staubblättern
pentaphýllus	fünfblättrig
pépo	Kürbis
péplus	römischer Name
perénnis, perénne	ausdauernd
peregrínus	fremd
perfoliátus	durchwachsenblättrig
perforátus	durchlöchert
periclýmenus	herumrankend
persicárius	pfirsichartig
persicifólius	pfirsichblättrig
pérsicus	persisch
persolútus	sehr locker
peruviánus	Peru
petrǣus	felsenbewohnend
petiolátus	mit gestielten Blättern

peūce	Fichte
phalaenópsis	nachtfalterartig
phoeníceus	purpurn
phyllostáchyus	mit beblätterten Ähren
physalódes	Physalis-ähnlich
píctus	gezeichnet
pileátus	behütet
piloséllus	behaart
píneus	Pinus-artig
pinguifólius	fettblättrig
pinnatífidus	fiederspaltig
pinnátus	gefiedert
pinsápo	spanischer Name
piperítus	pfefferartig
písifer, pisífera, pisíferum	erbsentragend
plánipes	flachstielig
planifólius	flachblättrig
platanoídes	platanenähnlich
platycládus	breitzweigig
platyglóssus	breitzungig
platypétalus	mit breiten Kronblättern
platyphýllus	breitblättrig
plénus	voll, gefüllt
plicátus	gefaltet
plumárius	federartig
plumbaginoídes	Bleiwurz-ähnlich
plumósus	federig
pluviális, pluviále	Regen-
podagrárius	Podagra-
podágricus	geschwollen
podalyriifólius	mit Blättern wie Podalyria
podophýllus	mit gestielten Blättern
poetárum	Dichter-
poéticus	dichterisch
polifólius	poleiblättrig
polítus	glänzend
polyánthus	vielblütig
polycárpus	vielfruchtig
polystáchyus	vielährig
ponderósus	gewichtig

pónticus	Schwarzmeer-
pórrum	Lauch
porrifólius	lauchblättrig
prǽcox	frühzeitig
prǽnitens	starkglänzend
prǽstans	vortrefflich
praténsis,	Wiesenpraténse
primulínus	primelartig
prínceps	fürstlich
príncipis	des Fürsten
procérus	schlank
procúmbens	niederlegend
procúrrens	mit Ausläufern
prostrátus	niederlegend
pruinósus	bereift
prunifólius	pflaumenblättrig
pseudacácia	falsche Akazie
pseudácorus	falscher Kalmus
pseudonarcíssus	falsche Narzisse
pseudoplátanus	falsche Platane
psittácinus	papageienfarbig
psittacórum	Papageien-
ptármicus	Niesen erzeugend
pteránthus	Blüten geflügelt
pteracánthus	stachelflügelig
pubéscens	behaart
pudícus	schamhaft
pulchéllus	niedlich
púlcher, púlchra, púlchrum	schön
pulchérrimus	sehr schön
pumílio	Zwerg
púmilus	niedrig
punctátus	punktiert
púngens	stechend
puníceus	granatrot
purpuráscens	purpurn werdend
purpúreus	purpurrot
pusíllus	winzig
puteolátus	grubig
pygmǽus	zwergartig

pyramidális, pyramidále	pyramidenförmig
pyrifólius	birnenblättrig
quadranguláris, quadranguláre	vierkantig
quadriaurítus	vierohrig
quámash	indianischer Name
quámoclit	mexikanischer Name
quercifólius	eichenblättrig
quinátus	fünfzählig
quinquefólius	fünfblättrig
quitoénsis, quitoénse	Quito (Ekuador)
racemósus	traubig
rádens	kratzend
radícans	wurzelbildend
rádulus	raspelförmig
rájah (J. Brooke)	König
ramosissimus	sehr ästig
ramósus	ästig
ranunculoídes	hahnenfußartig
rápa	Rübe
rapáceus	rübenartig
raphanístrum	rettichartig
ravénnae	Ravenna
recurvátus	zurückgekrümmt
redivívus	ausdauernd
refléxus	zurückgebogen
refráctus	geknickt
regális, regále	königlich
regínae	der Königin
régius	königlich
religiósus	heilig
renifórmis, renifórme	nierenförmig
repándus	gekrümmt
répens	kriechend
réptans	kriechend
reticulátus	netzartig
retinódes	harzartig
retrofléxus	zurückgebogen
retrofráctus	abwärts geknickt
retúsus	abgestumpft
revolútus	zurückgerollt

rex	König
rhabárbarum	Barbarenwurzel
rhamnoídes	Rhamnus-ähnlich
rhizophýllus	wurzelblättrig
rhodánthus	rosenblütig
rhōéas	antiker Name
rhombifólius	rautenblättrig
rhytidophýllus	runzelblättrig
rígens	steif
rígidus	steif
ríngens	Rachen aufsperrend
ripárius	Ufer
rítro	südeuropäischer Name
rivális, rivále	Bach-
rivuláris, rivuláre	Bach-
róbur	Kernholz, Kraft
robústus	stark
rósa-sinénsis	chinesische Rose
róseus	rosenrot
rostrátus	geschnäbelt
rotundifólius	rundblättrig
rúbens	rot
ruber, rubra, rúbrum	rot
rubicúndus	kräftig rot
rubiginósus	braunrot
rubrifólius	rotblättrig
rugósus	stark runzelig
rufinérvis, rufinérve	mit fuchsroten Nerven
rupéster, rupéstris, rupéstre	Felsen-
rupícola	Felsbewohner
rusticánus	vom Lande
rústicus	ländlich
rúta-murária	Mauerraute
ruthénicus	ruthenisch
sabátius	Savona (Italien)
sabaúdus	Savoyer-
sabéllicus	Sabeller- (italien. Volksstamm)
sabína	lateinischer Name
saccharátus	zuckerig
sacchárifer, saccharífera, saccharíferum	Zucker liefernd

saccharínus	zuckerig
sáccharum	Zucker-
sachalinénsis, sachalinénse	Sachalin-
sagittális, sagittále	pfeilförmig
sagittifólius	pfeilblättrig
salicárius	Weiden-
salicifólius	weidenblättrig
salicínus	weidenartig
salmóneus	lachsfarben
sambucifólius	holunderblättrig
sambucínus	holunderartig
sámius	Samos-
sanguíneus	blutrot
sapiéntum	der Weisen
sardénsis, sardénse	Sardes (Türkei)
sarmentósus	schösslingsbildend
sarniénsis, sarniénse	Guernsey-
satívus	angepflanzt
saxátilis, saxátile	Felsen-
saxífraga	Steinbrech
saxórum	der Felsen (Genitiv)
scáber, scábra, scábrum	rau
scabérrimus	sehr rau
scándens	kletternd
schizánthus	spaltblütig
schizopétalus	geschlitzt kronblättrig
schoenóprasum	Schnittlauch
scilloídes	Scilla-artig
scirpoídes	Scirpus-ähnlich
scólymus	Artischocke
scopárius	Besen-
scorpioídes	skorpionähnlich
scutátus	Schild-
secalínus	roggenartig
sedifólius	Blätter wie Sedum
ségetum	Saat-
sellowiánus	von Sellos
semperflórens	immerblühend
sempervirens	immergrün
senílis, seníle	greisenartig

sépium	Zaun-
septémfidus	siebenteilig
sérbicus	serbisch
seríceus	seidig
serótinus	spät
serpýllum	lateinischer Name
serratipétalus	gesägt kronblättrig
serrátus	gesägt
serrulátus	fein gesägt
sessiliflórus	mit sitzenden Blüten
sessilifólius	mit sitzenden Blättern
séssilis, séssile	sitzend
setáceus	borstig
setispínus	borstdornig
setósus	borstentragend
sexanguláris, sexanguláre	sechskantig
shállon	indianischer Pflanzenname
sibíricus	sibirisch
siliquástrum	Schoten-
siliquósus	schotenartig
símplex	einfach
sinénsis, sinénse	chinesisch
sínicus	chinesisch
sinuátus	gebuchtet
sinuósus	sehr buchtig
siphilíticus	gegen Syphilis
sípho	Röhre
sitchénsis, sitchénse	Sitka
socotránus	Sokotra-
sója	chinesischer Name
sólidus	fest
sómnifer, somnífera, somníferum	einschläfernd
sorbifólius	ebereschenblättrig
sorórius	geschwisterlich
sparsifólius	lockerblättrig
spatháceus	mit Blütenscheide
spathulifólius	spatelblättrig
speciósus	prächtig
spectábilis, spectábile	ansehnlich
spelúncae	Höhlen-

sphaerocéphalus	kugelköpfig
sphondýlium	antiker Name
spícant	volkstümlicher Name
spicátus	ährig
spíca-vénti	Windähre
spiculifólius	spitzblättrig
spinosíssimus	sehr dornig
spinósus	dornig
spirális, spiråle	spiralig
spléndens	glänzend
spúrius	falsch
squálidus	schmutzig
squamátus	schuppig
squámifer, squamífera, squamíferum	schuppentragend
squamósus	starkschuppig
squarrósus	sperrig
stagnális	in Teichen
stans	aufrecht
stellátus	sternförmig
stemárius	kranzartig
stenocéphalus	schmalköpfig
stenophýllus	schmalblättrig
stérilis, stérile	unfruchtbar
stipulátus	mit Nebenblüten
stoéchas	antiker Name
stolónifer, stolonífera, stoloníferum	ausläuferbildend
stramónium	Stechapfel
stratiótes	Soldat
striátus	gestreift
stríctus	straff
stróbus	Zapfen
strumósus	mit Kropf
struthiópteris	Straußenfarn
stylósus	langgriffelig
styracífluus	Storax liefernd
suavéolens	wohlriechend
súber	Kork
suberósus	korkartig
subhirtéllus	etwas zottig
submérsus	unter Wasser

subulátus	pfriemlich
suécicus	schwedisch
suffruticósus	halbstrauchig
sulphúreus	schwefelgelb
supérbus	stolz
supínus	ausgebreitet
surculósus	mit kleinen Schösslingen
susiánus	um Susa (Iran)
suspénsus	hängend
sycomórus	Maulbeerfeige
sylváticus	Wald-
sylvéster, sylvésteris, sylvéstre	Wald-
syríacus	syrisch
tabácum	indianischer Name
tábernae- montáni	aus Bergzabern
tabulifórmis, tabulifórme	tafelförmig
tamariscifólius	tamariskenblättrig
tanacetifólius	mit Blättern wie bei Tanacetum
tangúticus	tangusisch (Sibirien)
tárdus	spät
tatáricus	tatarisch
tazétta	kleine Tasse
tectórum	Dachtel-
éphium	antiker Name
telmatéius	Sumpf-
temuléntus	betäubend
tenacíssimus	sehr zäh
ténax	zäh
tenéllus	sehr zart
téner, ténera ténerum	zart
ténuis	dünn
terminális, terminále	endständig
ternátus	dreizählig
testúdo	Schildkröte
tetragónus	vierkantig
tétrahit	vierseitig
tetrálix	vierfach gewunden
tetrándus	mit vier Staubblättern
tetraphýllus	vierblättrig
tetraspérmus	viersamig

thalictroídes	Thalictrumähnlich
thapsifórmis, thapsifórme	Thapsus-ähnlich
thápsus	antiker Name
thuringíacus	thüringisch
thyoídes	Thuja-ähnlich
thyrsoídes	straußähnlich
thyrsiflórus	straußblütig
tigrínus	tigerartig
tínus	antiker Name
tinctórius	Färber
titánus	Riesen-
tithymaloídes	wolfsmilchähnlich
tobíra	japanischer Name
tomentósus	filzig
tongolénsis, tongolénse	Tongolo- (Szetschuan)
toríngo	japanischer Name
torminális, torminále	gegen Bauchschmerzen
tortúosus	gewunden
toxicodéndron	Giftbaum
trachyphýllus	rauhblättrig
trémulus	zitternd
triacánthus	dreistachelig
trianguláris, trianguláre	dreikantig
trichómanes	Pflanzenname
trichophýllus	behaartblättrig
trichótomus	dreigabelig
trícolor	dreifarbig
tricuspidátus	dreispitzig
trifasciátus	dreibänderig
trífidus	dreispaltig
trifoliátus	dreiblättrig
trifurcátus	dreigabelig
trilobátus	dreilappig
triméstris, triméstre	dreimonatig
triónum	lateinischer Pflanzenname
tripartítus	dreiteilig
tripétalus	mit drei Kronblättern
triphýllus	dreiblättrig
triplinérvis, triplinérve	dreinervig
trístis, tríste	traurig
triviális, triviále	gewöhnlich

truncátus	gestutzt
tuberculátus	knollig, warzig
tuberósus	knollig
tubiflórus	röhrenblütig
tulípifer, tulipífera, tulipíferum	tulpentragend
tunicátus	häutig
túrgidus	geschwollen
typhínus	Typha-artig
uliginósus	Sumpf-
ulmárius	ulmenartig
umbellátus	doldig
umbéllifer, umbellífera, umbellíferum	doldentragend
umbellifórmis, umbellifórme	doldenförmig
umbracúlifer, umbraculífera, umbraculíferum	schirmtragend
umbrósus	schattenliebend
uncinátus	hakenförmig
undátus	wellig
undulátus	wellig
unédo	antiker Name
unguiculátus	genagelt
uniflórus	einblütig
uplándicus	Upland-
urbánus	städtisch
úrens	brennend
ursínus	Bären-
usneóides	bartflechtenähnlich
útilis, útile	nützlich
úva-críspa	krause Traube
uvárius	traubig
úva-ursi	Bärentraube
vágans	wandernd
vaginátus	mit Scheiden
válidus	kräftig
variábilis, variábile	veränderlich
variegátus	bunt
vedrariénsis, vedrariénse	Verrièrres- (bei Paris)
végetus	lebendig
velutínus	samtartig
venósus	geadert
ventricósus	bauchig
venústus	anmutig

vernális, vernále	Frühlings-
verrucósus	warzig
verruculósus	kleinwarzig
versícolor	verschiedenfarbig
verticillátus	quirlblättrig
vérus	echt
véscus	essbar
vestítus	bekleidet
vexillárius	fahnenartig
villósus	zottig
viminális, viminále	rutenförmig
vineális, vineále	Wein-
vínifer, vinífera, viníferum	weintragend
violáceus	violett
virgátus	rutenförmig
virgáurea	Goldrute
virginális, virgināle	jungfräulich
virginiánus	Virginia-
vírdis, víride	grün
viridíssimus	tiefgrün
virósus	giftig
viscárius	klebrig
viscósus	klebrig
vitáceus	rebenartig
vitálba	Weißweinrebe
viticélla	kleine Rebe
vítis-idáea	Rebe vom Berg Ida
vittátus	gebändert
vivíparus	lebend gebärend
volúbilis, volúbile	windend
vulgáris, vulgáre	gewöhnlich
vulnerárius	wundenheilend
vulpínus f	uchsartig
xanthocárpus	gelbfrüchtig
xiphioídes	schwertähnlich
xíphium	Schwert-
xylósteum	mit knochenhartem Holz
zapóta	aztekischer Name
zebrínus	mit Zebrastreifen
zeylánicus	Ceylon-
zingiberínus	Ingwer-
zonális, zonále, zonátus	gürtelartig

4.2 Deutsch-botanisches Namenverzeichnis

Im nachfolgenden Verzeichnis sind aus Gründen der Platzersparnis die deutschen Gattungsnamen für eine botanische Gattung aufgeführt, nicht deren Arten, z. B. Weide = Sálix; es sind also alle Weidenarten (Dotterweide, Hängeweide, Kätzchenweide, Korbweide, Silberweide, Weißweide) unter Weide = *Sálix* zu finden.

Wenn botanische Gattungsnamen als deutsche Gattungsnamen gebräuchlich wurden, z. B. Bougainvillea = Bougainvillea ⩌, Pachysandra = Pachysándra ❦, Anemone = *Anemóne* ♁, sind diese Namen aufgeführt, um dem Leser sofort anzugeben, in welcher Pflanzengruppe der gesuchte Pflanzenname zu finden ist. Handelsnamen z. B. von Südfrüchten (Bilimbi, Cherimoya usw.) bleiben weiterhin unberücksichtigt.

Nicht verschwiegen werden darf die Unsicherheit, die sich bei der Benutzung deutscher Pflanzennamen ergibt. Häufig gibt es für eine Pflanze mehrere deutsche Namen (z. B. Federborstengras, Lampenputzergras für *Pennisétum*), die teilweise auch regional unterschiedlich gebraucht werden oder aber verschiedene Pflanzen tragen diesselbe deutsche Bezeichnung. So laufen unter dem Namen „Rose von Jericho“ auch in diesem Buch zwei grundverschiedene Species: *Anastática hierochúntica* (Kreuzblütler) und *Asteríscus pygmǣus* (Korbblütler). A. *pygmǣus* wird aber auch „Sternauge“ genannt. Ein besonderes Beispiel, welche Folgen deutsche Pflanzennamen haben können, brachte im Frühjahr 1994 die Landesgartenschau in Paderborn. Es wurde für den beeindruckenden Kreuzblütler *Crámbe cordifólia* der deutsche Name Riesenschleierkraut gewählt und von Gartenfreunden eifrig notiert. Groß kann der Ärger dann werden, wenn man mit diesem Namen eine Bestellung aufgibt und höchstwahrscheinlich das Nelkengewächs *Gypsóphila paniculáta* geliefert bekommt, das bislang (wie auch andere *Gypsóphila*-Arten) allein unter Schleierkraut lief. Der deutsche Name einer Pflanzenart kann hilfreich sein, weil man damit eine anschauliche Assoziation zu der Pflanze hat, wie z. B. beim Lampenputzergras, die eindeutige Bezeichnung kann aber nur durch den botanischen Namen erfolgen.

Es bedeuten:

- ⊙ Einjährige Pflanzen
- ⊙⊙ Zweijährige Pflanzen
- ♃ Freilandstauden
- ♁ Zwiebel- und Knollengewächse
- ⩌ Topfpflanzen
- ≋ Wasserpflanzen
- ❦ Laubgehölze
- ✳ Nadelgehölze
- ○ Obst und Südfrüchte
- ✎ Gemüse
- ¥ Gewürz- und Küchenkräuter
- ∪ Ein- und zweijährige Unkräuter
- ⩂ Ausdauernde Unkräuter
- ⫽ Grasarten für Rasen

Deutscher Name	Botanischer Name
Aasblume	**Stapélia** ▽
Acker-Meier	**Aspérula** ∪
Acker-Hellerkraut	**Thláspi** ∪
Ackersalat	**Valerianélla** ✎
Acker-Senf	**Sinápis** ∪
Adlerfarn	**Pterídium** ♃
Adonisröschen	**Adónis** ♃
Adzukibohne (Mungbohne)	**Vígna** ❧
Affodill	**Asphódelus** ♃
Afrikanische „Buschbohne“	**Myrsíne** ▽
Agave	**Agáve** ▽
Ahorn	**Ácer** ▽ ❧
Ährenheide	**Bruckenthália** ❧
Akanthus	**Acánthus** ♃ ▽
Akazie	**Acácia** ▽
Akebie	**Akébia** ❧
Akelei	**Aquilégia** ♃
Alant	**Inula** ♃
Algenfarn	**Azólla** ≈
Allamande	**Allamánda** ▽
Almenrausch	**Rhododéndron** ❧
Aloë	**Áloe** ▽
Alpenbalsam	**Erínus** ♃
Alpenglöckchen	**Soldanélla** ♃
Alpenrose	**Rhododéndron** ❧
Alpenveilchen	**Cýclamen** ♃ ♁ ▽
„Amaryllis“ der Gärtner	**Hippeastrum** ▽
Amazonaslilie	**Eucháris** ▽
Amberbaum	**Liquidámbar** ❧
Ampfer	**Rúmex** ✎ (♃)
Ananas	**Ánanas** ▽ ⥁
Andenkirsche	**Phýsalis** ♃ ⥁
Anemone	**Anemóne** ♃ ♁
Angelika	**Angélica** ¥
Angelikabaum	**Arália** ❧
Angelonie	**Angelónia** ▽
Anis	**Pimpinélla** ¥
Apfelbaum	**Málus** ❧ ⥁
Apfelsine	**Cítrus** ⥁
Aprikose	**Prúnus** ⥁
Araukarie	**Araucária** ▽ ⸙
Ardisie	**Ardísia** ▽
Aronstab	**Arum** ♁
Artischocke	**Cýnara** ✎
Arundinarie	**Pleioblástus** ❧
Arve	**Pínus** ⸙
Aspe	**Pópulus** ❧
Assaipalme	**Eutérpe** ▽
Asselkaktus	**Pelecýphora** ▽
Aster	**Aster** ♃
Astilbe	**Astílbe** ♃
Atlasblume	**Clárkia** ⊙
Aubergine	**Solánum** ✎
Aukube	**Aucúba** ▽ ❧
Aurikel	**Prímula** ♃
Australheide	**Epácris** ▽
Avocado	**Pérsea** ⥁
Azalee	**Rhododéndron** ▽
Bacopa (Gärtnername), Schneeflockenblume	**Sútera** ▽
Baldriangesicht	**Phuópsis** ♃
Ballonblume	**Platycódon** ♃
Ballonrebe	**Cardiospérmum** ⊙
Balsamine	**Impátiens** ⊙
Bambus	**Bambúsa** ▽ ✎
Bambus	**Pleioblástus** ❧
Banksie	**Bánksia** ▽
Bärengras	**Xerophýllum** ♃
Bärenklau	**Heracléum** (♃)
Bärenohr	**Arctótis** ⊙
Bärentraube	**Arctostáphylos** ❧
Bartfaden	**Penstémon** ⊙ ♃
Basilikum	**Ócimum** ¥
Bastardaster	× **Solidáster** ♃
Bastardindigo	**Amórpha** ❧

Deutsch	Botanisch
Bastardschaumblüte	× **Heucherélla** ♃
Bauernsenf	**Ibéris** ∪
Baumhasel	**Córylus** ❦
Baumschlinge	**Periploca** ❦
Baumtomate	**Cyphomándra** ✎
Baumwürger	**Celástrus** ❦
Becherfarn	**Cyáthea** ▽
Begonie	**Begónia** ⊙ ♢ ▽
Beifuß	**Artemísia** ⊙ ♃ [♃] ¥
Belladonnalilie	**Amarýllis** ▽ ♢
Benediktenkraut	**Cnícus** ¥
Berberitze	**Bérberis** ❦
Berberitzenmahonie	**Mahobérberis** ❦
Bergamotte	**Cítrus** ○
Bergaralie	**Oreópanax** ▽
Bergcereus	**Oreocéreus** ▽
Bergenie	**Bergénia** ♃
Berglorbeer	**Kálmia** ❦
Bergpalme	**Chamaedórea** ▽
Bertolonie	**Bertolónia** ▽
Bertram	**Anácyclus** ♃
Berufkraut	**Conýza** ∪
Berufkraut	**Erígeron** ♃
Besenginster	**Cýtisus** ❦
Besenkraut	**Bássia** ⊙
Bete	**Béta** ✎
Betelnuss	**Aréca** ▽
Beutelfarn	**Dicksónia** ▽
Bibernelle	**Pimpinélla** ¥
Bilsenkraut	**Hyoscýamus** ∪
Bingelkraut	**Mercuriális** ∪
Binse	**Júncus** [♃]
Birke	**Bétula** ❦
Birnbaum	**Pýrus** ○
Bisampflanze, Duftende	**Ambérboa** ⊙
Bischofsmütze	**Astróphytum** ▽
Bitterklee	**Menyánthes** ≈
Bitternuss	**Cárya** ❦
Bitterorange	**Poncírus** ❦
Bitterwurzel	**Lewísia** ♃
Blasenbaum	**Koelreutéria** ❦
Blasenfarn	**Cystópteris** ♃
Blasenspiere	**Physocárpus** ❦
Blasenstrauch	**Colútea** ❦
Blattfahne	**Spathiphýllum** ▽
Blattkaktus	**Nopalxóchia** ▽
Blaubeere	**Vaccínium** ○
Blaudolde	**Trachýmene** ⊙
Blauer Hibiscus	**Alyógyne** ▽
Blaues Halskraut	**Trachélium** ▽
Blaues Lieschen	**Éxacum** ▽
Blauglöckchen	**Merténsia** ♃
Blauglockenbaum	**Paulównia** ❦
Blaugras	**Sesléria** ♃
Blaugummibaum	**Eucalýptus** ▽
Blauheide	**Phyllódoce** ❦
Blaukissen	**Aubriéta** ♃
Blauregen	**Wistéria** ❦
Blauschotenstrauch	**Decāisnea** ❦ ❦
Blaustern	**Scílla** ♢
Blaustrahlhafer	**Helictótrichon** ♃
Blauweiderich	**Pseudolysimáchion** ♃
Bleiwurz	**Plumbágo** ▽
Blumenbinse	**Bútomus** ≈
Blumenmaranthe	**Strománthe** ▽
Blumenrohr	**Cánna** ♢
Blutauge	**Potentílla** ♃ ≈
Blutblume	**Haemánthus** ▽
Blutblume	**Scadóxus** ▽
Blut-Fingerhirse	**Digitária** ∪
Blutständel	**Ludísia** ▽
Blutwurzel	**Sanguinária** ♃
Bocksdorn	**Lýcium** ❦
Bogenhanf	**Sansevièria** ▽
Bohne	**Phaséolus** ⊙ ✎

Deutscher Name	Botanischer Name
Bohne	**Vícia** ∪
Bohnenkraut	**Saturéja** ¥
Borretsch	**Borágo** ¥ ♃
Borstenhirse	**Setária** ♃ ∪ ▽
Bougainvillee	**Bougainvíllea** ▽
Bouvardie	**Bouvárdia** ▽
Brandkraut	**Phlómis** ♃
Brandschopf	**Celósia** ⊙
Brennende Liebe	**Lýchnis** ♃
Brennnessel	**Urtíca** ∪ (♃)
Brennpalme	**Caryóta** ▽
Brodiäe	**Brodiǽa** ◊
Brodiäe	**Triteléia** ◊
Brokkoli	**Brássica** ✎
Brombeere	**Rúbus** ○
Bronzeblatt	**Gálax** ♃
Brotfruchtbaum	**Artocárpus** ○
Brotpalmfarn	**Encephalártos** ▽
Brunfelsie	**Brunfélsia** ▽
Brunie	**Brúnia** ▽
Brunnenkresse	**Nastúrtium** ¥
Brutblatt	**Bryophýllum** ▽
Bubikopf	**Soleirólia** ▽
Buche	**Fágus** ❦
Buchsbaum	**Búxus** ❦
Buddleia	**Buddléja** ❦ ▽
Bulbenblasenfarn	**Cystópteris** ♃
Bürstengras	**Polypógon** ⊙
Buschklee	**Lespedéza** ❦
Calandrine	**Calandrinia** ⊙
Camassie	**Camássia** ◊
Cardy	**Cýnara** ✎
Cassia, Senna	**Sénna** ▽
Cattleya	**Cattléya** ▽
Ceratozamie	**Ceratozámia** ▽
Champaka	**Michélia** ▽
Chicorée	**Cichórium** ✎
Chileglöckchen	**Lapagéria** ▽
Chinaschilf	**Miscánthus** ♃
Christophskraut	**Actǽa** ♃

Deutscher Name	Botanischer Name
Christrose	**Hellébórus** ♃
Christusdorn	**Euphórbia** ▽
Chrysantheme (vielstängelig)	**Coleóstephus** ⊙
Clarkie	**Clárkia** ⊙
Clivie	**Clívia** ▽
Cobäe	**Cobǽa** ⊙
Codonanthe	**Codonánthe** ▽
Collinsie	**Collínsia** ⊙
Columnee	**Colúmnea** ▽
Coprosma	**Coprósma** ▽
Cotyledon	**Cotylédon** ▽
Crossandre	**Crossándra** ▽
Cussonia	**Cussónia** ▽
Dahlie	**Dáhlia** ◊
Dame in Trauer	**Iris** ◊
Dattelpalme	**Phoénix** ▽ ○
Dattelpflaume	**Diospýros** ○
Dendrobium	**Dendróbium** ▽
Deutzie	**Deútzia** ❦
Dichondra	**Dichóndra** ▽
Dichorisandre	**Dichorisándra** ▽
Dickähre, gelbe	**Pachystáchys** ▽
Dickblatt	**Crássula** ▽
Dickmännchen	**Pachysándra** ❦
Dickstängel	**Sarcocaúlon** ▽
Dieffenbachie	**Dieffenbáchia** ▽
Dill	**Anéthum** ¥
Diptam	**Dictámnus** ♃
Doppelhörnchen	**Diáscia** ▽
Dorstenie	**Dorsténia** ▽
Dost	**Oríganum** ♃
Douglasie	**Pseudotsúga** ⸙
Drachenbaum	**Dracǽna** ▽
Drahtstrauch	**Muehlenbéckia** ▽
Drehfrucht	**Streptocárpus** ▽
Drehkrone	**Streptosólen** ▽
Dreimasterblume	**Tradescántia** ▽
Dreizipfellilie	**Tríllium** ♃ ¥
Duftblüte	**Osmánthus** ❦

Duftsiegel	**Smilacína** ♃
Duft-Steinrich	**Lobulária** ☉
Ebenholz	**Diospýros** 🍎
Eberesche	**Sórbus** 🍃 🍎
Echeverie	**Echevéria** 🪴
Edeldistel	**Erýngium** ♃
Edelraute	**Artemísia** ♃
Edelweiß	**Leontopódium** ♃
Efeu	**Hédera** 🪴 🍃
Efeuralie	× **Fatshédera** 🪴
Efeutute	**Epiprémnum** 🪴
Ehrenpreis	**Verónica** ♃ ∪ [♃]
Ehretie	**Ehrétia** 🪴
Eibe	**Táxus** 🌲
Eibisch	**Hibíscus** ⚇ 🪴 🍃 ♃
Eiche	**Quércus** 🍃
Eisenholzbaum	**Metrosidéros** 🪴
Eisenhut	**Aconítum** ♃
Eisenkraut	**Verbéna** ∪
Elephantenfarn	**Tódea** 🪴
Elephantenohr	**Caládium** 🪴
Elephantenohr	**Haemánthus** 🪴
Elfenblume	**Epimédium** ♃
Elsbeere	**Sórbus** 🍃
Endivie	**Cichórium** 🥕
Engelsorchidee	**Coelógyne** 🪴
Engelstrompete	**Datúra** 🪴
Engelsüß	**Polypódium** ♃
Engelwurz	**Angélica** ᛘ
Enzian	**Gentiána** ♃
Epidendrum	**Epidéndrum** 🪴
Episcie	**Epíscia** 🪴
Erbse	**Písum** 🥕
Erbsenstrauch	**Caragána** 🍃
Erdbeerbaum	**Arbútus** 🍃
Erdbeere	**Fragária** 🍎
Erdbeerkaktus	**Gymnocalýcium** 🪴
Erdnuss	**Árachis** 🍎
Erdrauch	**Fumária** ∪
Erdstern	**Cryptánthus** 🪴
Erika	**Eríca** 🪴 🍃
Erle, Eller	**Alnus** 🍃
Esche	**Fráxinus** 🍃
Eselsdistel	**Onopórdum** ∪ ⚇
Espartogras	**Stípa** ♃
Espe	**Pópulus** 🍃
Ess-Banane	**Músa** 🪴 🍎
Essigbaum	**Rhús** 🍃
Esskastanie	**Castánea** 🍃 🍎
Estragon	**Artemísia** ᛘ
Eucalyptus	**Eucalýptus** 🪴
Fächerblume	**Scaévola** 🪴
Fackellilie	**Kniphófia** ♃
Falsche Heide	**Fabiána** 🪴
Färber-Hundskamille	**Ánthemis** ♃
Faselbohne	**Láblab** ☉
Faulbaum	**Frángula** 🍃
Federborstengras	**Pennisétum** ☉ ♃
Federbuschstrauch	**Fothergílla** 🍃
Federgras	**Stípa** ♃
Federmohn	**Macleáya** ♃
Feigenbaum	**Fícus** 🪴 🍃 🍎
Feigenkaktus	**Opúntia** 🪴 🍎
Felberich	**Lysimáchia** ♃
Feldsalat	**Valerianélla** ∪
Felsenbirne	**Amelánchier** 🍃
Felsenblümchen	**Drába** ♃
Felsenkaktus	**Céreus** 🪴
Felsenlöwenmaul	**Asarína** ♃
Fenchel	**Foenículum** ᛘ ∪
Fensterblatt	**Mónstera** 🪴
Fensterfalle	**Sarracénia** 🪴
Ferokaktus	**Ferocáctus** 🪴
Fetthenne	**Sédum** ☉ ♃ 🪴
Feuerblüte	**Cyrtánthus** 🪴
Feuerbohne	**Phaséolus** ☉
Feuerdorn	**Pyracántha** 🍃
Feuerpalme	**Archontophoénixy** 🪴

Deutscher Name	Botanischer Name
Feuerradbaum	**Stenocárpus** 🪴
Fichte	**Pícea** 🌲
Fiederaralie	**Polýscias** 🪴
Fiederpolster	**Leptinélla** ♃
Fiederspiere	**Sorbária** 🍂
Fieder-Zwenke	**Brachypódium** 🌾
Fingeraralie	**Schéfflera** 🪴
Fingerhut	**Digitális** ⚇
Fingerkraut	**Potentilla** ♃ 🍂 ♃
Fingerkraut	**Potentílla** ♃ ≋
Fischschwanz-palme	**Caryóta** 🪴
Fittonie	**Fittónia** 🪴
Flamingoblume	**Anthúrium** 🪴
Flammenblume	**Phlóx** ♃ ⊙
Flammengras	**Imperáta** ♃
Flanellstrauch	**Frementodéndrony**
Flaschenbaum	**Brachychíton** 🪴
Fleißiges Lieschen	**Impátiens** 🪴 ♃
Flieder	**Syrínga** 🍂
Flockenblume	**Centauréa** ⊙ ♃
Flügelnuss	**Pterocárya** 🍂
Flusszeder	**Calócedrus** 🌲
Föhre	**Pínus** 🌲
Fontanesie	**Fontanésia** 🍂
Fourcroye	**Furcraea** 🪴
Fransenschwertel	**Sparáxis** ♁
Franzosenkraut	**Galinsóga** ∪
Frauenhaarfarn	**Adiántum** 🪴
Frauenmantel	**Alchemílla** ♃
Freesie	**Freesia** ♁
Froschbiss	**Hydrócharis** ≋
Froschlöffel	**Alísma** ≋
Frühlingsblume	**Eránthemum** 🪴
Fuchsie	**Fúchsia** 🪴 🍂
Fuchsschwanz	**Amaránthus** ⊙ ∪
Funkie	**Hósta** ♃
Fußblatt, Maiapfel	**Podophýllum** ♃
Fußblatt, Purpurtüte	**Syngónium** 🪴
Gabelfarn	**Gleichenia** 🪴
Gagelstrauch	**Myríca** 🍂
Gamander	**Teucrium** 🍂
Gänseblümchen	**Béllis** ⚇
Gänseblümchen, Blaues	**Brachýscome** ⊙ 🪴
Gänsedistel	**Sónchus** ♃ ∪
Gänsefuß	**Chenopódium** ∪
Gänsekresse	**Árabis** ♃
Gardenie	**Gardénia** 🪴
Garten-Chrysantheme	**Chrysánthemum** 🪴 ♃
Gartengloxinie	**Sinningia** ♁ 🪴
Garten-Zinerarie	**Pericállis** 🪴
Gasterie	**Gastéria** 🪴
Gauchheil	**Anagállis** ∪ ⊙
Gauklerblume	**Mímulus** ♃ 🪴
Gazanie	**Gazánia** ⊙
Gedenkemein	**Omphalódes** ♃ ⊙
Geißbart	**Arúncus** ♃
Geißblatt	**Lonicéra** 🪴 🍂
Geißklee, Ginster	**Cýtisus** 🍂 🪴
Gelbholz	**Cladrástis** 🍂
Gelenkblume	**Physostégia** ♃
Gemshorn	**Proboscídea** 🪴
Gemswurz	**Dorónicum** ♃
Gemüseampfer (Englischer Spinat)	**Rúmex** ∪
Geogenanthe	**Geogenánthus** 🪴
Geonoma-Palme	**Geónoma** 🪴
Gerbera	**Gérbera** 🪴
Gerberstrauch	**Coriária** 🍂
Gerste	**Hórdeum** ⊙
Gerste	**Hórdeum** ⊙ ∪
Geweihbaum	**Gymnócladus** 🍂
Geweihfarn	**Platycérium** 🪴
Gewürzbeere	**Ardísia** 🪴

Gewürzstrauch	**Calycánthus** 🍂
Giersch	**Aegopódium** (♃)
Giftbeere	**Nicándra** ⊙
Gilbweiderich	**Lysimáchia** ♃
Gilie	**Gília** ⊙
Ginkgo	**Gínkgo** 🌲
Ginster	**Genísta** 🍂
Gitterpflanze	**Aponogéton** ≈
Gladiole	**Gladíolus** 🧅
Glanzgras	**Phálaris** ♃
Glanzkölbchen	**Aphelándra** 🪴
Glanzmispel	**Photínia** 🍂
Glanzstrauch	**Pimélea** 🪴
Gleditschie	**Gledítsia** 🍂
Gliederkaktus	**Schlumbérgera** 🪴
Globba	**Glóbba** 🪴
Glockenblume	**Campánula** ⚇ ♃ 🪴 (♃)
Glockenrebe	**Cobaéa** ⊙
Glockenwinde	**Nolána** ⊙
Gloxinie	**Sinníngia** 🪴
Godetie, Mandelröschen, Atlasblume	**Clárkia** ⊙
Gold-Baldrian	**Patrínia** ♃
Golddistel, Silberdistel	**Carlína** ♃
Goldfruchtpalme	**Chrysalidocárpusy** 🪴
Goldglöckchen	**Forsýthia** 🍂
Goldglocke	**Uvulária** ♃
Goldkeule	**Oróntium** ≈
Goldkörbchen	**Chrysógonum** ♃
Goldlack	**Erýsimum** ⊙ ⚇ ∪
Goldlärche	**Pseudólarix** 🌲
Goldmohn	**Eschschólzia** ⊙
Goldnarbe	**Xanthosóma** 🪴
Goldregen	**Labúrnum** 🍂
Goldrohrbambus	**Phyllostáchys** 🪴 🍂 ♃
Goldrute	**Solidágo** ♃
Goldtrompete	**Allamánda** 🪴
Goldtröpfchen	**Chiastophýllum** ♃
Gold-und-Silber-Chrysantheme	**Ajánia** ♃
Goldwein	**Hibbértia** 🪴
Götterbaum	**Ailánthus** 🍂
Götterblume	**Dodocátheon** ♃
Götterduft	**Coleonéma** 🪴
Gottvergiss	**Ballóta** ♃
Granatapfel	**Púnica** 🪴 🍎
Grapefruit	**Cítrus** 🍎
Grasnelke	**Arméria** ♃
Greisenbart	**Tillándsia** 🪴
Greisenhaupt	**Cephalocéreus** 🪴
Griffinie	**Griffínia** 🪴
Grübchenfarn	**Woodwárdie** 🪴
Grünlilie	**Chloróphytum** 🪴
Guave	**Psídium** 🍎
Guernseylilie	**Nerine** 🧅
Gummibaum	**Fícus** 🪴
Gundermann	**Glechóma** (♃)
Gunnera	**Gúnnera** ♃
Günsel	**Ájuga** ♃
Gurke	**Cúcumis** 🥕
Gurkenkraut	**Borágo** ¥
Gürtelklaue	**Perístrophe** 🪴
Guzmanie	**Guzmánia** 🪴
Haageocereus	**Haageocéreus** 🪴
Haarnixe	**Cabómba** ≈
Habichtskraut	**Hierácium** ♃
Hafer	**Avéna** ∪
Haferwurzel	**Tragopógon** 🥕
Hahnenfuß	**Ranúnculus** ≈ ♃ (♃)
Hahnenfuß, Knolliger	**Ranúnculus** (♃)
Hahnenkamm	**Celósia** ⊙
Hainblume	**Nemóphila** ⊙

Hainbuche	**Cárpinus** 🍂
Hainsimse	**Lúzula** ♃
Hammerstrauch	**Céstrum** 🪴
Hanf	**Cánnabis** ⊙
Hanfnessel	**Galeópsis** ∪
Hanf-Palme	**Trachycárpus** 🪴
Hanftod	**Orobánche** ∪
Hardenbergie	**Hardenbérgia** 🪴
Harfenstrauch, Buntnessel	**Plectránthus** 🪴
Hartriegel	**Córnus** 🍂
Haselnuss	**Córylus** 🍂 ⟲
Haselwurz	**Ásarum** ♃
Hasen-Klee	**Trifólium** ∪
Hasenschwanzgras	**Lagúrus** ⊙
Hauswurz	**Sempervívum** ♃
Haworthie	**Hawórthia** 🪴
Hechtie	**Héchtia** 🪴
Heckenkirsche	**Lonicéra** 🪴 🍂
Hederich	**Ráphanus** ∪
Heide	**Eríca** 🍂
Heide, Irische	**Daboécia** 🍂
Heidekraut	**Callúna** 🍂
Heidelbeere	**Vaccínium** ⟲
Heidelbeerkaktus	**Myrtillocáctus** 🪴
Heiligenkraut	**Santolína** ♃
Heliconie	**Helicónia** 🪴
Heliotrop, Sonnenwende	**Heliotrópium** ⊙ ∪
Hellerkraut	**Thláspi** ∪
Helmkraut	**Scutellária** ♃ 🪴
Hemlocktanne	**Tsúga** 🌲
Hennastrauch	**Lawsónia** 🪴
Herbstzeitlose	**Cólchicum** 🧅
Herkulesstaude, Bärenklau	**Heracléum** ♃ ⊙
Herzgespann	**Leonúrus** (♃)
Heteranthere	**Heteranthéra** ≈
Heusenkraut	**Ludwígia** ♃
Hiba-Lebensbaum	**Thújópsis** 🌲
Hickorynuss	**Cárya** 🍂
Himbeere	**Rúbus** ⟲
Himmelsbambus (Nandine)	**Nandina** 🪴
Himmelsblüte	**Duránta** 🪴
Himmelsschlüssel	**Prímula** ♃
Hirschzungenfarn	**Asplénium** ♃
Hirtentäschelkraut	**Capsélla** ∪
Hoffmannie	**Hoffmánnia** 🪴
Hohlzahn	**Galeópsis** ∪
Holunder	**Sambúcus** 🍂
Holzapfel, Zierapfel	**Málus** 🍂
Honiggras	**Hólcus** (♃)
Hopfen	**Húmulus** ⊙
Hopfenbuche	**Óstrya** 🍂
Hornblatt	**Ceratophýllum** ≈
Hornfarn	**Ceratópteris** ≈
Hornklee	**Lótus** 🪴
Hornkraut	**Cerástium** ♃
Hornmohn	**Glaūcium** ⊙
Hornnarbe	**Ceratostígma** ♃
Hornveilchen	**Víola** ♃
Hortensie	**Hydrangéa** 🪴 🍂
Howea-Palme	**Hówea** 🪴
Huflattich	**Tussilágo** (♃)
Hunds-Kamille	**Anthemis** ∪
Hundspetersilie	**Aethúsa** ∪
Hundszahn	**Erythrónium** 🧅
Hundszahngras, Bermudagras	**Cýnodon** 🌾
Hungerblümchen	**Eróphila** ∪
Husarenknopf	**Sanvitália** ⊙
Hyazinthe	**Hyacínthus** 🧅
Hybridmahonie	**Mahobérberis** 🍂
Igelkaktus	**Echinocáctus** 🪴
Igelpolster	**Acantholímon** ♃
Igel-Säulenkaktus	**Echinocéreus** 🪴
Immenblatt	**Melíttis** ♃
Immergrün	**Vínca** 🍂
Immortelle	**Rhodánthe** ⊙ 🪴

Deutsch	Botanisch
Incarvillee, Freilandgloxinie	**Incarvíllea** ♃
Indischer Spinat	**Basélla** ⊙
Indianernessel	**Monárda** ♃
Inkalilie	**Alstroeméria** 🧅
Iresine, Blutblatt	**Iresíne** 🪴
Iris, Schwertlilie	**Íris** 🧅
Ixiolirion	**Ixiolírion** 🧅
Ixore	**Ixóra** 🪴
Jacaranda	**Jacaránda** 🪴
Jadewein	**Strongýlodon** 🪴
Jakobsleiter, Himmelsleiter	**Polemónium** ♃
Japanischer Waldmohn	**Hylomécon** ♃
Jasmin, Echter	**Jasmínum** 🍃 🪴
Jasmin, Falscher	**Philadélphus** 🍃
Jasmin, Falscher (Dipladenie)	**Mandevílla** 🪴
Jasminwurzel	**Gelsémium** 🍃
Jelängerjelieber	**Lonicéra** 🍃
Johannisbeere	**Ríbes** 🍃 🍎
Johannisbrotbaum	**Ceratónia** 🍎
Johanniskraut	**Hypéricum** 🍃 (♃)
Jonquille, Narzisse, Osterglocke	**Narcíssus** 🧅
Juanulloe	**Juanullóa** 🪴
Judasbaum	**Cércis** 🍃
Jungfer im Grünen	**Nigélla** ⊙
Jungfernrebe	**Parthenocíssus** 🪴 🍃
Junkerlilie	**Asphodelíne** ♃
Jupiterträne	**Cóix** ⊙
Justizie, Beloperone	**Justícia** 🪴
Kaffeestrauch	**Cóffea** 🪴
Kahnorchis	**Cymbídium** 🪴
Kaiserkrone	**Fritillária** 🧅
Kakaobaum	**Theobróma** 🪴
Kaladie	**Caládium** 🪴
Kalanchoë	**Kalánchoë** 🪴
Kälberkropf	**Chaerophýllum** ∪
Kalmus	**Ácorus** ≈
Kamelie	**Caméllia** 🪴
Kamille	**Matricária** Ұ ∪
Kammgras	**Cynosúrus** 🌾
Kammmaranthe	**Ctenánthe** 🪴
Kanadischer Wild-Reis	**Zizánia** 🌾
Kanariengras	**Phálaris** ⊙
Känguruhbaum	**Casuarína** 🪴
Känguruh-Klimme	**Císsus** 🪴
Kanistrum	**Canístrum** 🪴
Kannenstrauch	**Nepénthes** 🪴
Kanonierblume	**Pílea** 🪴
Kapkörbchen	**Dimorphothéca** ⊙
Kapmalve	**Anisodóntea** 🪴
Kappes (Kohl)	**Brássica** 🥕
Kapuzinerkresse	**Tropaéolum** ⊙
Kapwein	**Rhoicíssus** 🪴
Karakabaum	**Corynocárpus** 🪴
Karamelbeere	**Leycestéria** 🍃
Kardamom	**Elettária** 🪴
Kardendistel	**Morína** ♃
Karotte	**Daúcus** 🥕
Kartoffel	**Solánum** 🥕
Kartoffelstrauch	**Lyciánthes** 🪴
Käsepappel	**Málva** ∪
Kastanie	**Aesculus** 🍃
Kastanie	**Castánea** 🍃
Katsurabaum	**Cercidiphýllum** 🍃
Katzenminze	**Népeta** ♃
Katzenohren	**Cyanótis** 🪴
Katzenpfötchen	**Antennária** ♃
Katzenschwanz	**Acalýpha** 🪴
Kaukasus-Vergissmeinnicht	**Brúnnera** ♃
Kegelblume	**Puschkínia** 🧅
Kennedie	**Kennédia** 🪴
Kentia-Palme	**Hówea** 🪴
Kerbel	**Anthriscus** Ұ ∪

Kerbelrübe	**Chaerophýllum** ✎
Kerbenblattkaktus	**Epiphýllum** 🪴
Kermesbeere	**Phytolácca** ♃
Keulenlilie	**Cordýline** 🪴
Kichererbse	**Cícer** ✎
Kiefer	**Pínus** 🍃
Kirsche	**Prúnus** 🍃 🍎
Kirschpflaume	**Prúnus** 🍃 🍎
Klauenfarn	**Onýchium** 🪴
Klebsame	**Pittósporum** 🪴
Klebschwertel	**Íxia** 🧅
Klee	**Trifólium** ♃ ∪
Kleeseide	**Cuscúta** ∪
Kleinie	**Kleínia** 🪴
Klette	**Arctium** ♃
Klimme	**Císsus** 🪴
Klippenfarn	**Pellǽa** 🪴
Knäuel	**Scleránthus** ∪
Knoblauch	**Állium** ✎
Knopfstrauch	**Cephalánthus** 🍃
Knorpelmöhre	**Ámmi** ⊙
Knotenblume, Märzenbecher	**Leucójum** 🧅
Knöterich	**Bistórta** ♃
Knöterich	**Fallópia** 🍃 ∪
Knöterich	**Persicária** ∪
Knöterich	**Polýgonum** [♃]
Knöterich, Mexikanischer	**Antígonon** 🪴
Kobralilie	**Darlingtónia** 🪴
Köcherblümchen	**Cúphea** ⊙ 🪴
Kohlpalme	**Eutérpe** 🪴
Kohlrabi	**Brássica** ✎
Kokardenblume	**Gaillárdia** ⊙ ♃
Kokos-Palme	**Cócos** 🍎
Kolbenfaden	**Aglaonéma** 🪴
Kolbenhirse	**Setária** ♃ ∪ 🪴
Kolkwitzia	**Kolkwítzia** 🍃
Kölle, Bohnenkraut	**Saturéja** ᛘ 🪴
Königin der Nacht	**Selenicéreus** 🪴

Königsfarn	**Osmúnda** ♃
Königskerze	**Verbáscum** ⚇
Königspalme	**Roystónea** 🪴
Kopfeibe	**Cephalotáxus** 🌲
Korallenbaum	**Erythrína** 🪴
Korallenmoos	**Nértera** 🪴
Korallenraute	**Borónia** 🪴
Korallenstrauch	**Solánum** 🪴
Korbmaranthe	**Caláthea** 🪴
Koriander	**Coriándrum** ᛘ
Korkbaum	**Phellodéndron** 🍃
Kornblume	**Centauréa** ⊙ ∪
Kornblumenaster	**Stokésia** ♃
Kornelkirsche	**Córnus** 🍃
Kornrade	**Agrostémma** ∪
Kosmee	**Cósmos** ⊙
Kostwurz	**Cóstus** 🪴
Krähenbeere	**Émpetrum** 🍃
Krähenfuß	**Ipomópsis** ⚇
Kranzschlinge	**Stephanótis** 🪴
Kranzspiere	**Stephanándra** 🍃
Kratzdistel	**Círsium** [♃]
Krebsschere	**Stratiótes** ≈
Kresse	**Lepídium** ✎
Kreuzdorn	**Rhámnus** 🍃
Kreuzkraut	**Senécio** ⊙ ♃ ∪ 🪴
Kreuzkümmel	**Cumínum** ᛘ
Kreuzrebe	**Bignónia** 🍃
Krokus	**Crócus** 🧅
Kronwicke	**Coronílla** ♃
Krötenlilie	**Tricýrtis** ♃
Kroton	**Codiǽum** 🪴
Krugpflanze	**Sarracénia** 🪴
Küchenschelle	**Pulsatílla** ♃
Kuckucksblume	**Siléne** ♃
Kugelamarant	**Gomphréna** ⊙
Kugelblume	**Globulária** 🍃
Kugeldistel	**Echínops** ♃
Kugelkaktus	**Echinocáctus** 🪴
Kugelmalve	**Sphaerálcea** 🪴

Deutsch	Botanisch
Kuhkraut	**Vaccária** ⊙
Kümmel	**Cárum** ¥
Kumquat	**Fortunella** ▽ ○
Kupferblatt	**Acalýpha** ▽
Kürbis	**Cucúrbita** ⊙ ⟋
Kussmäulchen	**Nemathántus** ▽
Labkraut	**Gálium** ∪
Laburnum + Cytisus	**+ Laburnocýtisus** ❦
Lachenalie, Kaphyacinthe	**Lachenália** ▽
Laelie	**Laēlia** ▽
Laichkraut	**Potamogéton** ≈
Lambertsnuss	**Córylus** ❦ ○
Lampenputzergras	**Pennísetum** ⊙ ♃
Lampionblume	**Phýsalis** ♃
Lampranthus (Mittagsblume)	**Lampránthus** ▽
Lärche	**Lárix** ✲
Laternenlilie	**Sandérsónia** ▽
Lattich	**Lactúca** ⟋
Lauch	**Állium** ♁ ⟋
Lavendel	**Lavándula** ❦
Lavendelheide	**Píeris** ❦
Layia	**Laýia** ⊙
Lebendblatt	**Tolmíea** ▽
Lebender Stein	**Líthops** ▽
Lebensbaum, Abendländischer	**Thuja** ✲
Lebensbaum, Morgenländischer	**Platýcladus** ✲
Leberbalsam	**Agératum** ⊙
Leberblümchen	**Hepática** ♃
Lederfarn	**Rumóhra** ▽
Lederstrauch	**Ptélea** ❦
Leimkraut	**Siléne** ⊙
Leimsaat	**Collómia** ⊙
Lein	**Línum** ⊙ ♃
Lein, Indischer	**Reinwárdtia** ▽
Leinkraut	**Linária** ⊙ ♃
Lerchensporn	**Corýdalis** ♃
Leuchterblume	**Ceropégia** ▽
Levkoje	**Matthíola** ⊙
Lichtblume	**Bulbocódium** ♁
Lichtnelke	**Siléne** ⊙
Liebstöckel	**Levísticum** ¥
Lieschen, blaues	**Éxacum** ▽
Lieschgras	**Phléum** ⫽
Ligularie	**Ligulária** ♃
Liguster	**Ligústrum** ❦
Lilie	**Lílium** ♁
Limequat	**Citrofortunélla** ▽
Limone	**Cítrus** ○
Linde	**Tília** ❦
Linse	**Léns** ⟋
Liriope	**Liríope** ▽
Litchipflaume	**Lítchi** ○
Livistonie	**Livistóna** ▽
Lobelie	**Lobélia** ⊙ ♃
Lolch	**Lólium** ♃
Lorbeer	**Laurus** ▽
Lorbeer, Alexandrinischer	**Dánaë** ❦
Lorbeerkirsche	**Prúnus** ❦
Lorbeerrose	**Kálmia** ❦
Losstrauch, Losbaum	**Clerodéndrum** ❦ ▽
Lotosblume	**Nelúmbo** ≈
Löwenmaul	**Antirrhínum** ⊙ ∪
Löwenohr	**Leonótus** ▽
Löwenzahn	**Taráxacum** ⟋ (♃)
Lumamyrte	**Lúma** ▽
Lungenkraut	**Pulmonária** ♃
Lupine	**Lupínus** ♃
Lycaste	**Lycáste** ▽
Macadamianuss	**Macadámia** ○
Mackáya	**Mackáya** ▽
Macrozamie	**Macrozámia** ♃
Madagaskarpalme	**Pachypódium** ▽

Mädchenauge	**Coreópsis** ⊙ ⚇
Mädesüß	**Filipéndula** ♃
Maggikraut	**Levísticum** Ұ
Magnolie	**Magnólia** ❦ ▽
Mahonie	**Mahónia** ❦
Maiapfel	**Podophýllum** ♃
Maiglöckchen	**Convallária** ♃
Mais	**Zéa** ✎
Majoran	**Majorána** Ұ
Maketebambus	**Pseudosása** ❦
Malayenblume	**Phalaenópsis** ▽
Malve	**Málva** ♃ ∪ ✎
Malve, Strauchpappel	**Lavátera** ⊙
Mammutbaum	**Sequóia** ⸙
Mandarine	**Cítrus** ○
Mandelbaum	**Prúnus** ○ ❦
Mandelbäumchen (Zier-Mandel)	**Prúnus** ❦
Manettia	**Manéttia** ▽
Mango, Echte	**Mangífera** ○
Mangold	**Béta** ✎
Mannsschild	**Andrósace** ♃
Mannstreu	**Erýngium** ♃
Margerite, Bunte	**Chrysánthemun** ♃
Marone	**Castánea** ❦ ○
Märzenbecher	**Leucójum** ♁
Maskenblume	**Alónsoa** ⊙
Maßholder (Feldahorn)	**Ácer** ❦
Mastkraut	**Sagína** [♃] ∪
Mastkraut	**Sagína** ♃ [♃]
Mauerpfeffer	**Sédum** ⊙ ♃
Mauerraute	**Asplénium** ♃
Maulbeerbaum	**Mórus** ❦
Mäusedorn	**Rúscus** ❦
Maxillarie	**Maxillária** ▽
Medinille	**Medinílla** ▽
Medusenhaupt	**Euphórbia** ▽
Medusenhaupt	**Mámmilária** ▽
Meerkohl	**Crámbe** ♃ ✎
Meerlavendel	**Limónium** ⚇
Meerrettich	**Armorácia** ✎ Ұ
Meertraubenbaum	**Coccóloba** ▽
Meerzwiebel	**Urgínea** ▽
Mehlbeere	**Sórbus** ❦
Melde	**Átriplex** ∪ ✎
Melisse	**Melíssa** Ұ
Melone	**Cúcumis** ✎
Melonenbaum	**Cárica** ▽ ○
Melonenkaktus	**Melocáctus** ▽
Mentzelie	**Mentzélia** ⊙
Mexikanischer Baumfarn	**Cibótium** ▽
Mexicomohn	**Hunnemánnia** ⊙
Microlepie	**Microlépia** ▽
Milchstern	**Ornithógalum** ♁ ▽ ♃
Mimose	**Mimósa** ▽
Minze	**Méntha** ▽
Mirabelle	**Prúnus** ○
Mispel	**Méspilus** ❦ ○
Mistel	**Víscum** ❦
Mittagsblume	**Delospérma** ▽
Mittagsblume	**Dorotheánthus** ⊙
Mittagsblume	**Mesembrýanthemum** ⊙
Mohn	**Papáver** ⊙ ♃ ∪
Möhre	**Daūcus** ✎
Molchschwanz	**Houttuýnia** ♃
Mondsame	**Menispérmum** ❦
Montbretie	**Crocósmia** ♁
Moorbinse	**Isólepis** ≈
Moosbeere	**Vaccínium** ○
Moosfarn	**Selaginélla** ▽
Moosmiere	**Moehríngia** ♃
Mormonentulpe	**Calochórtus** ♁
Moschusvater	**Abelmóschus** ⊙
Moskitogras	**Bouteloūa** ♃
Mottenkönig	**Plectránthus** ▽

Deutsch	Botanisch
Muschelblume	**Molucélla**
Mutterkraut	**Tanacetum** ⊙
Myrrhe	**Mýrrhis** ¥
Myrte	**Mýrtus** 🪴
Myrte, Australische	**Chameláucium** 🪴
Myrtenheide	**Melaléuca** 🪴
Nachthyazinthe	**Poliánthes** 🪴
Nachtkerze	**Oenothéra** ⚇ ♃ ∪
Nachtschatten	**Solánum** ∪
Nachtviole	**Hésperis** ♃
Nadelkissen	**Leucospérmum** 🪴
Nadelröschen	**Fumána** 🍃
Nagelbeere (Micky-Mouse-Pflanze)	**Óchna** 🪴
Narzisse	**Narcíssus** 🧅
Natal-Pflaume	**Caríssa** 🪴
Natterkopf	**Échium** ⊙
Nebelblume	**Conoclínium** ♃
Nelke	**Diánthus** ⊙ ♃ ⚇
Nelkenwurz	**Géum** ♃
Nemesie	**Nemésia** ♃
Neoregelie	**Neoregélia** 🪴
Nerine	**Neríne** 🧅
Nestbromelie	**Nidulárium** 🪴
Nestfarn	**Asplénium** 🪴
Neuseeländer Spinat	**Tetragónia** 🥕
Neuseelandflachs	**Phórmium** 🪴
Neuseelandmyrte	**Leptospérmum** 🪴
Nierembergie	**Nierembérgia** 🪴
Nieswurz	**Helléborus** ♃
Nopalxochie	**Nopalxóchia** 🪴
Nusseibe	**Torréya** 🌲
Ochsenauge	**Buphthálmum** ♃
Ochsenzunge	**Anchúsa** ⊙ ⚇
Odontoglóssum	**Odontoglóssum** 🪴
Okra	**Abelmóschus** 🥕
Ölbaum	**Ólea** 🍎
Oleander	**Nérium** 🪴
Olivenbaum	**Ólea** 🍎
Ölweide	**Elaeágnus** 🍃
Oncidium	**Oncídium** 🪴
Opuntie	**Opúntia** 🪴
Orange	**Cítrus** 🍎
Orangenblume	**Choísya** 🪴
Orangenraute	**Murráya** 🪴
Oregano	**Oríganum** ¥
Osterglocke	**Narcíssus** 🧅
Osterkaktus	**Rhipsalidópsis** 🪴
Ottelie	**Ottélia** ≈
Oxelbeere	**Sórbus** 🍃
Pachypodium	**Pachypódium** 🪴
Palisote	**Palisóta** 🪴
Palmetto-Palme	**Sábal** 🪴
Palmlilie	**Yúcca** ♃ 🪴
Pampasgras	**Cortadéria** ♃
Pampelmuse	**Cítrus** 🍎
Panamapalme	**Carludovíca** 🪴
Pandoree	**Pandórea** 🪴
Pantoffelblume	**Calceolária** 🪴
Päonie	**Paeónia** ♃
Papageienblatt	**Alternanthéra** 🪴
Papageienpflanze	**Asclépias** 🪴
Papaya	**Cárica** 🪴 🍎
Papierblümchen	**Acroclínium** ⊙
Papierblume	**Xeránthemum** ⊙
Papierknöpfchen	**Ammóbium** ⊙
Papiermaulbeerbaum	**Broussonétia** 🍃
Pappel	**Pópulus** 🍃
Paprika	**Cápsicum** 🪴 🥕 ¥
Papyrusstaude	**Cypérus** ≈
Paradiesvogelblume	**Strelítzia** 🪴
Paranuss	**Berthollétia** 🍎
Parrotie	**Parrótia** 🍃
Passionsblume	**Passiflóra** 🪴 🍎
Pastinake	**Pastináca** 🥕
Pavonie	**Pavónia** 🪴
Pekannuss	**Cárya** 🍃

Pelargonie	**Pelargónium** 🪴
Pellionie	**Pelliónia** 🪴
Pellote	**Lophóphora** 🪴
Peperomie	**Peperómia** 🪴
Peperoni (Chili)	**Cápsicum** 🥕
Pepino	**Solánum** 🪴 🍎
Pepulbaum	**Fícus** 🪴
Pereskie	**Peréskia** 🪴
Perilla	**Perílla** ⊙
Perlfarn	**Onóclea** ♃
Perlgras	**Mélica** ♃
Perlkörbchen	**Anáphalis** ♃
Perovskie	**Peróvskia** 🍃
Perückenstrauch	**Cótinus** 🍃
Pestwurz	**Petasítes** (♃)
Petersilie	**Petroselínum** Ψ
Petunie	**Petúnia** ⊙ 🪴
Pfaffenhütchen	**Euónymus** 🍃
Pfahlrohr	**Arúndo** ♃
Pfauenradfarn	**Adiántum** ♃
Pfeffer	**Píper** 🪴
Pfefferkraut	**Saturéja** Ψ
Pfefferminze	**Méntha** Ψ 🪴
Pfeifengras	**Molínia** ♃
Pfeifenstrauch	**Philadélphus** 🍃
Pfeifenwinde	**Aristolóchia** 🪴
Pfeilblatt	**Alocásia** 🪴
Pfeilkraut	**Sagittária** ♃
Pfeilwurz	**Maránta** 🪴
Pfingstrose	**Paeónia** ♃ 🍃
Pfirsichbaum	**Prúnus** 🍃 🍎
Pflaume	**Prúnus** 🍃 🍎
Pfriemengras	**Stípa** ♃
Phacelie	**Phacélia** ⊙
Phajus	**Pháius** 🪴
Philodendron	**Philodéndron** 🪴
Phlox	**Phlóx** ⊙ ♃
Phyllokaktus	**Nopalxóchia** 🪴
Pillenfarn	**Piluláría** ≈
Pimentbaum	**Piménta** 🍎
Pimpernuss	**Staphyléa** 🍃
Pinie	**Pínus** 🌲
Pippau	**Crépis** ⊙
Piquerie	**Piquéria** 🪴
Pisonie	**Pisónia** 🪴
Platane	**Plátanus** 🍃
Platterbse	**Láthyrus** ♃ ∪ (♃)
Poinsettie	**Euphórbia** 🪴
Pomeranze	**Cítrus** 🍎
Porree	**Állium** 🥕
Porst	**Lédum** 🍃
Portulak	**Portuláca** ⊙ Ψ
Porzellanblümchen	**Saxífraga** ♃
Prachtglocke	**Enkiánthus** 🍃
Prachtkerze	**Gaūra** 🪴
Prachtscharte	**Líatris** ♃
Prärieenzian	**Eustoma** 🪴
Prärielilie	**Camássia** 🧅 ♃
Präriemalve	**Sidálcea** ♃
Preiselbeere	**Vaccínium** 🍎
Priesterpalme	**Washingtónia** 🪴
Primel	**Prímula** 🪴
Prinzessin der Nacht	**Selenicéreus** 🪴
Prophetenblume	**Arnébia** ♃
Protee	**Prótea** 🪴
Prunkbohne	**Phaséolus** ⊙
Prunkwinde	**Ipomōéa** ⊙
Pseuderanthemum	**Pseuderánthemum** 🪴
Puffbohne	**Vícia** 🥕
Purgiernuss	**Jatrópha** 🪴
Purpurbohne	**Kennédia** 🪴
Purpurglöckchen	**Heúchera** ♃
Purpurglockenwein	**Rhodóchiton** 🪴
Puschkinie	**Puschkínia** 🧅
Pycnostachys	**Pycnóstachys** 🪴
Qendel, Thymian	**Thýmus** ♃
Quecke	**Élymus** (♃)
Quesnelie	**Quesnélia** 🪴

Quitte	**Cydónia** 🍎
Radermáchera	**Radermáchera** 🪴
Radies	**Ráphanus** 🥕
Raffiapalme	**Ráphia** 🪴
Rainfarn	**Tanacétum** (♃)
Rainkohl	**Lapsána** ∪
Rainweide	**Ligústrum** 🌿
Ramondie	**Ramónda** ♃
Ranunkelstrauch (Kerrie)	**Kerria** 🌿
Raps	**Brássica** 🥕
Rauhschopf	**Dasylírion** 🪴
Rauke	**Erúca** ᛉ
Rauke	**Sisýmbrium** ∪
Rebe	**Vítis** 🌿
Rebutie	**Rebútia** 🪴
Rebutie	**Sulcorebútia** 🪴
Regnellidium	**Regnellídium** ≋
Reiherschnabel	**Eródium** ⊙ ∪ ♃
Reineclaude	**Prúnus** ⊙ 🍎
Resede	**Reséda** ⊙
Rettich	**Ráphanus** 🥕
Rhabarber	**Rhéum** 🥕
Rhododendron	**Rhododéndron** 🪴 🌿
Ricininus	**Rícinus** ♃
Riesen-Granadille	**Passiflóra** 🪴
Riesenkaktus	**Carnegíea** 🪴
Riesenseerose	**Victória** ≋
Ringelblume	**Caléndula** ⊙
Rippenfarn	**Bléchnum** ♃ 🪴
Rispelstrauch	**Myricária** 🪴
Rispengras	**Póa** ∪ 🌾
Rittersporn	**Consólida** ⊙
Rittersporn	**Delphínium** ♃
Ritterstern	**Hippeastrum** 🪴
Robinie	**Robínia** 🌿
Rohdee	**Róhdea** 🪴
Rohr	**Phragmítes** ≋
Rohrkolben	**Týpha** ≋
Rondeletie	**Rondelétia** 🪴
Rose	**Rósa** 🌿
Rose von Jericho	**Anastática** ⊙
Rose von Jericho	**Asteríscus** ♃
Rosenapfel	**Syzýgium** 🪴 🍎
Rosenkaktus	**Peréskia** 🪴
Rosmarin	**Rosmarínus** ᛉ
Rosmarinheide	**Andrómeda** 🌿
Rosskastanie	**Aésculus** 🌿
Rosspappel	**Málva** ∪
Rotbuche	**Fágus** 🌿
Rotdorn	**Crataégus** 🌿
Roter Ingwer	**Alpínia** 🪴
Rübe	**Brássica** 🥕
Rübsen	**Brássica** 🥕
Ruhmesblume	**Cliánthus** 🪴
Ruhmeskrone	**Gloriósa** 🌷
Runkelrübe	**Béta** 🥕
Rutenhirse	**Pánicum** ♃
Rutenkakatus	**Rhípsalis** 🪴
Sabal-Palme	**Sábal** 🪴
Säckelblume	**Ceanóthus** 🌿
Sadebaum	**Juníperus** 🌿
Safranwurz	**Cúrcuma** 🪴
Sägeblattkaktus	**Epiphýllum** 🪴
Sageretie	**Sagerétia** 🪴
Sagopalme	**Caryóta** 🪴
Sagopalmfarn	**Cýcas** 🪴
Sakakistrauch	**Cleýera** 🪴
Salat	**Lactúca** 🥕
Salbei	**Sálvia** ⊙ ♃ ᛉ
Salomonssiegel	**Polygonátum** ♃
Salon-Efeu	**Delaírea** 🪴
Salzstrauch	**Halimodéndron** 🌿
Sammetblume	**Tagétes** ⊙
Samtpappel	**Abutílon** 🪴
Samtpflanze	**Gynúra** 🪴
Sanchezie	**Sanchézia** 🪴
Sanddorn	**Hippóphaë** 🌿
Sandimmortelle	**Ammóbium** ⊙

Sandkraut	**Arenária** ♃ ∪
Sandmyrte	**Leiophýllum** 🍃
Sandverbene	**Abrónia** ⊙
Saphier-Veilchen-busch	**Browállia** 🪴
Saudistel	**Sónchus** (♃)
Sauerampfer	**Rúmex** ✎ (♃)
Sauerdorn	**Bérberis** 🍃
Sauerklee	**Óxalis** 🪴 ♃
Saucrsack	**Annóna** 🍎
Säulenkaktus	**Céreus** 🪴
Saumfarn	**Ptéris** 🪴
Savennagras, Zuckerrohr	**Sáccharum** ♃
Sawarazypresse	**Chamaecýparis** 🌲
Schabzigerklee, Bockshornklee	**Trigonélla** Ѱ
Schachbrettblume	**Fritillária** 🧅
Schachtelhalm	**Equisétum** (♃) ≈
Schafgarbe	**Achilléa** ♃
Schalotte	**Állium** ✎
Scharbockskraut	**Ranúnculus** (♃)
Scharlachdorn	**Cratáegus** 🍃
Schaublatt	**Rodgérsia** ♃
Schaumblüte	**Tiarélla** ♃
Schaumspiere	**Holodíscus** 🍃
Schefflera	**Schéfflera** 🪴
Scheinakazie	**Robínia** 🍃
Scheinbeere	**Gaulthéria** 🍃 🪴
Scheinbuche	**Nothofágus** 🍃
Scheineller, Zimterle	**Cléthra** 🍃 🪴
Scheinerdbeere	**Duchésnea** 🪴
Scheinhasel	**Corylópsis** 🍃
Scheinkalla	**Lysichíton** ≈
Scheinkamille	**Boltónia** ♃
Scheinkerrie	**Rhodótypos** 🍃
Scheinrebe	**Ampelópsis** 🪴 🍃
Schein-Rhipsalis	**Hatióra** 🪴
Scheinzypresse	**Chamaecýparis** 🌲
Schiefblatt	**Begónia** ⊙ 🪴
Schiefteller	**Achímenes** 🪴
Schierling	**Cónium** ∪
Schildblatt	**Dármera** ♃
Schildblume	**Chelóne** ♃
Schildfarn	**Polýstichum** ♃ 🪴
Schildkresse	**Fibígia** ⊙
Schilf	**Phragmítes** ≈
Schirmtanne	**Sciadópitys** 🌲
Schismatoglottis	**Schismatoglóttis** 🪴
Schlangenbart	**Ophiopógon** 🪴
Schlangenkaktus	**Aporocáctus** 🪴
Schlangenknopf	**Chelóne** ♃
Schlehe	**Prúnus** 🍎 🍃
Schleierkraut	**Gypsóphila** ⊙ ♃
Schleifenblume	**Ibéris** ∪
Schlickgras	**Spartína** ♃
Schlüsselblume	**Prímula** 🪴
Schmetterlings-ingwer	**Hedýchium** 🪴
Schmetterlings-strauch	**Buddléja** 🍃
Schmiele	**Deschámpsia** ♃
Schmuck-Körbchen	**Cósmos** ⊙
Schmucklilie	**Agapánthus** 🪴
Schnappmäulchen	**Torénia** ⊙ 🪴
Schneeball	**Vibúrnum** 🪴
Schneebeere	**Symphoricárpos** 🍃
Schneeflocken-baum	**Trevésia** 🪴
Schneeflocken-strauch	**Chionánthus** 🍃
Schneeforsythie	**Abeliophyllum** 🍃
Schneeglöckchen	**Galánthus** 🧅
Schneeglöckchen-baum	**Halésia** 🍃
Schneestolz	**Chionodóxa** 🧅
Schnittlauch	**Állium** Ѱ 🌲
Schnurbaum	**Sophóra** 🍃 🪴

Deutsch	Botanisch
Schöllkraut	**Chelidónium** (♃)
Schönfrucht	**Callicárpa** 🍃
Schönhäutchen	**Hymenocállis** ▽
Schönorchis	**Calánthe** ▽
Schönpolster	**Callísia** ▽
Schönranke	**Eccremocárpos** ⊙
Schopflilie	**Eúcomis** ▽
Schöterich	**Erýsimum** ⊙ ∪
Schraubenbaum	**Pándanus** ▽
Schraubenkaktus	**Stenocéreus** ▽
Schuhblüte	**Pedilánthus** ▽
Schuppenkopf	**Cephalária** ♃
Schusterpalme	**Aspidístra** ▽
Schwarzäugige Susanne	**Thunbérgia** ⊙
Schwarzkümmel	**Nigélla** ⊙
Schwarznessel	**Perílla** ⊙
Schwarzwurzel	**Scorzonéra** 🥕
Schwertfarn	**Nephrolépis** ▽
Schwertlilie	**Íris** 🧅 ≈
Schwertpflanze	**Echinodórus** ≈
Schwimmfarn	**Salvínia** ≈
Schwingel	**Festúca** ♃
Scilla, Spanische	**Hyacinthoídes** 🧅
Seeigelkaktus	**Echinópsis** ▽
Seekanne	**Nymphoídes** ≈
Seerose	**Nymphaéa** ≈ ▽
Segge	**Cárex** ♃ ≈
Seidelbast	**Dáphne** 🍃
Seifenkraut	**Saponária** ⊙ ♃
Sellerie	**Ápium** 🥕
Senf	**Brássica** ¥
Serissa	**Seríssa** ▽
Sicheltanne	**Cryptoméria** 🌲
Siderasis	**Sidérasis** ▽
Siegwurz	**Gladíolus** 🧅
Silberbaum	**Leucadéndron** ▽
Silberblatt	**Leucophýta** ▽
Silber-Brandschopf	**Celósia** ♃
Silberdistel	**Cárlina** ♃
Silbereiche	**Grevíllea** ▽
Silberimmortelle	**Anáphalis** ♃
Silberkerze	**Cimicífuga** ♃
Silberkerzenkaktus	**Cleistocáctus** ▽
Silberling	**Lunária** ⊙⊙
Silbernetzblatt	**Fittónia** ▽
Silberraute	**Artemísia** ♃
Silberstrauch	**Peróvskia** 🍃
Silbervase	**Aechméa** ▽
Silberwinde	**Convolvulus** ▽
Silberwurz	**Drýas** ♃
Simse	**Scírpus** ≈
Sinnblume	**Aeschynánthus** ▽
Sinnklee	**Biophytum** ▽
Sinnpflanze	**Mimósa** ▽
Skabiose	**Scabiósa** ⊙ ♃
Skimmie	**Skímmia** 🍃
Soja-Bohne	**Glycíne** 🥕
Sommeraster	**Callístephus** ⊙
Sommerbluts-tröpfchen,	**Adónis** ⊙
Sommerflieder	**Buddléja** 🍃
Sommerhyazinthe	**Galtónia** 🧅
Sommerwurz	**Orobánche** ∪
Sonnenauge	**Heliópsis** ♃
Sonnenblume	**Heliánthus** ⊙ ♃
Sonnenbraut	**Helénium** ♃
Sonnenhut	**Rudbéckia** ⊙ ♃
Sonnenröschen	**Heliánthemum** ♃
Sonnensame	**Siléne** ♃
Sonnentau	**Drósera** ♃
Sonnenzypresse	**Chamaecýparis** 🌲
Spaltblume	**Schizánthus** ⊙ ▽
Spargel	**Aspáragus** ▽ 🥕
Spark	**Spérgula** ∪
Speierling	**Sórbus** ○
Spiere	**Exochórda** 🍃
Spierstrauch	**Spiraéa** 🍃
Spießtanne	**Cunninghámia** 🌲
Spinat	**Spinácia** 🥕

Deutscher Name	Botanischer Name
Spinat, Indischer	**Basélla** ⊙
Spinat, Neuseeländer	**Tetragónia** ✎
Spindelstrauch	**Euónymus** ▽ ❦
„Spinnenkaktus“	**Gymnocalýcium** ▽
Spinnenpflanze	**Cleóme** ⊙
Spitzkrönchen	**Oxypétalum** ▽
Spornblume	**Centránthus** ⊙ ♃
Spottnuss	**Cárya** ❦
Springbrunnenpflanze	**Russélia** ▽
Springkraut	**Impátiens** ⊙ ∪
Stachelannone	**Annóna** ○
Stachelbeere	**Ríbes** ○ ❦
Stachelmohn	**Argemóne** ⊙
Stachelnüsschen	**Acaēna** ♃
Stachelpanax	**Eleutherocóccus** ❦
Stachelseerose	**Euryále** ≈
Stachelspelze	**Oplísmenus** ▽
Stanhopee	**Stanhópea** ▽
Stapelie	**Órbea** ▽
Statice	**Goniolímon** ♃
Statice	**Psylliostachys** ⊙
Stechapfel	**Datúra** ⊙ ▽ ∪
Stechapfel	**Stechapfel** ⊙ ▽ ∪
Stechginster	**Úlex** ❦
Stechpalme	**Ílex** ❦
Steckenpalme	**Rhápis** ▽
Steinbrech	**Saxífraga** ▽
Steinfeder	**Asplénium** ♃
Steinklee	**Melilótus** ∪
Steinkresse	**Aurínia** ♃
Steinsame	**Lithodóra** ❦
Steinsame	**Lithospérmum** ∪
Steinsame	**Lithospérmum** ♃
Stein-Weichsel	**Prúnus** ○
Steppenkerze	**Eremúrus** ♃
Stern von Ägypten	**Péntas** ▽
Stern von Bethlehem	**Ornithógalum** ♁
Sternauge	**Asteríscus** ♃
Sterndolde	**Astrántia** ♃
Sternjasmin	**Trachelospérmum** ▽
Sternkaktus	**Astróphytum** ▽
Sternmiere	**Stellária** ∪
Sternmoos	**Sagína** ♃ (♃)
Sternwinde	**Ipomōēa** ▽
Stiefmütterchen	**Víola** ⊙⊙ ∪ ♃
Stiefmütterchenorchidee	**Miltoniópsis** ▽
Stockrose	**Álcea** ⊙ ⊙⊙
Storaxbaum	**Stýrax** ❦
Storchschnabel	**Geránium** ♃ ∪
Strahlenarahlie, Schefflera	**Schéfflera** ▽
Strahlenaralie	**Schéfflera** ▽
Strahlengriffel, Kiwi	**Actinídia** ❦ ○
Strahlenpalme	**Lícuála** ▽
Strandflieder	**Limónium** ⊙⊙
Strandhafer	**Ammóphila** ♃
Strandroggen	**Léymus** ♃
Strauchpäonie	**Paeónia** ❦
Strauchpappel	**Lavátera** ⊙
Strauchveronika	**Hébe** ▽ ❦
Straußenfarn	**Mattēūccia** ♃
Straußgras	**Agróstis** ⁄
Streifenfarn	**Asplénium** ♃ ▽
Strelitzie	**Strelítzia** ▽
Strohblume	**Helichrýsum** ⊙ ♃
Studentenblume	**Tagetes** ⊙
Sturmhut	**Aconítum** ♃
Sumach	**Rhús** ❦
Sumpfblume	**Limnánthes** ⊙
Sumpfblutauge	**Potentílla** (♃)
Sumpfcalla	**Calla** ≈
Sumpf-Dotterblume	**Cáltha** ≈
Sumpffreund	**Limnóphila** ≈

Deutsch	Botanisch
Sumpfporst	**Lédum** 🍂
Sumpf-Siegwurz	**Gladíolus** ≈
Sumpfzypresse	**Taxódium** 🌲
Süßdolde	**Mýrrhis** Ұ
Süßkartoffel	**Ipomóea** 🥕
Süßklee	**Hedýsarum** 🍂
Tabak	**Nicotiána** ⊙
Tacca, Teufelsblüte	**Tácca** 🪴
Taglilie	**Hemerocállis** ♃
Talipotpalme	**Corýpha** 🪴
Tamarinde	**Tamaríndus** 🪴
Tamariske	**Támarix** 🍂
Tannenwedel	**Hippúris** ≈
Taubnessel	**Lámium** ♃
Tausendblatt	**Myriophýllum** ≈
Tazette	**Narcíssus** 🧅
Teddybärpflanze	**Cyanótis** 🪴
Teestrauch	**Caméllia** 🪴
Teichrose (Mummel)	**Núphar** ≈
Teichsimse	**Schoenopléctus** ≈
Tempelglocke	**Smithiántha** 🪴
Teppichthuja	**Microbióta** 🌲
Tetrastigma	**Tetrastígma** 🪴
Teufelskralle	**Phyteúma** ♃
Teufelszwirn	**Lýcium** 🍂
Thunbergie	**Thunbérgia** ⊙ 🪴
Thymian	**Thýmus** ♃ Ұ
Tillandsie	**Tillándsia** 🪴
Titanenwurz	**Amorphophállus** 🪴
Titanopsis, Kalkblatt	**Titanópsis** 🪴
Tomate	**Lycopérsicon** 🥕
Tongapflanze	**Epiprémnum** 🪴
Topinambur	**Heliánthus** 🥕
Torenie	**Torénia** ⊙ 🪴
Tragant	**Astrágalus** ♃
Tränendes Herz	**Dicéntra** ♃
Tränengras	**Cóix** ⊙
Traubenheide	**Leucóthoë** 🍂
Traubenhyazinthe	**Muscári** 🧅
Trespe	**Brómus** ∪ 🌾 ⊙
Trichterbromelie	**Nidulárium** 🪴
Trichtermalve	**Malópe** ⊙
Tripmadam	**Sédum** ♃ Ұ
Tritome	**Kniphófia** ♃
Troddelblume	**Soldanélla** ♃
Trollblume	**Tróllius** ♃
Trompetenbaum	**Catálpa** 🍂
Trompetenblume	**Cámpsis** 🍂
Trompetenwein	**Bignónia** 🍂
Trompetenzunge	**Salpiglóssis** ⊙
Tulpe	**Túlipa** 🧅
Tulpenbaum	**Liriodéndron** 🍂
Tüpfelfarn	**Polypódium** ♃
Turnera	**Túrnera** 🪴
Uferrebe	**Vítis** 🍂
Ulme	**Úlmus** 🍂
Urnenpflanze	**Dischídia** 🪴
Urwelt-Mammutbaum	**Metasequóia** 🌲
Usambara-Veilchen	**Saintpáulia** 🪴
Vanda	**Vánda** 🪴
Vanille	**Vanílla** 🪴
Veilchen	**Víola** ♃ 🪴
Veltheimie	**Velthéimia** 🪴
Venusfliegenfalle	**Dionáea** 🪴
Venusschuh	**Paphiopédilum** 🪴
Verbene, Eisenkraut	**Verbéna** ⊙ 🪴
Vergissmeinnicht	**Myosótis** ♃ ∪
Veronika	**Verónica** 🪴 ∪, (♃) ♃
Victoria	**Victória** ≈
Vogelbeerbaum	**Sórbus** 🍂
Vogelbeere	**Sórbus** 🍂
Vogelkirsche	**Prúnus** 🍂 🍎
Vogelmiere	**Stellária** ∪
Vogelwicke	**Vícia** (♃)
Vriesea, Flammendes Schwert	**Vriésea** 🪴

Deutscher Name	Botanischer Name
Wacholder	**Juníperus** 🌲
Wachsbaum	**Caríssa** 🪴
Wachsblume	**Cerínthe** ⊙
Wachsblume	**Hóya** 🪴
Wachs-Kürbis	**Benincása** 🪴
Wachtelweizen	**Melampýrum** ∪
Waldmeister	**Gálium** ♃
Waldrebe	**Clématis** 🍂
Waldsteinie	**Waldsteínia** ♃
Walnussbaum	**Júglans** 🍂 🍎
Wandelröschen	**Lantána** ⊙ 🪴
Warzenkaktus	**Mámmilária** 🪴
Wasserähre	**Aponogéton** ≋
Wasseraloe	**Stratiótes** ≋
Wasserdost	**Eupatórium** ♃
Wasserfeder	**Hottónia** ≋
Wasserhyazinthe	**Eichhórnia** ≋
Wasserkelch	**Cryptocóryne** ≋
Wasserlinse	**Lémna, Wólffia** ≋
Wassermelone	**Citrúllus** 🥕
Wassernabel	**Hydrocótyle** (♃)
Wassernuss	**Trápa** ≋
Wasserpest	**Egéria** ≋
Wasserpest	**Elódea** ≋
Wasserquirl	**Hydrílla** ≋
Wassersalat	**Pístia** ≋
Wasserschlauch	**Utriculária** ≋
Wasserschraube	**Vallisnéria** ≋
Wasserstern	**Callítriche** ≋
Wedelie	**Wedélia** 🪴
Wegerich	**Plantágo** ♃ (♃)
Wegrauke	**Sisýmbrium** ∪
Weide	**Sálix** 🍂
Weidelgras	**Lólium** 🌾
Weiderich	**Lýthrum** ♃
Weigelie	**Weígela** 🍂
Weihnachts-Farn	**Polýstichum** ♃
Weihnachtskaktus	**Schlumbérgera** 🪴
Wein-Raute	**Rúta** ⚘
Weinrebe, Echte	**Vítis** 🍂 🍎
Weinstraßenmandel	**Prúnus** 🍂
Weißbuche	**Cárpinus** 🍂
Weißdorn	**Crataégus** 🍂
Weißklee	**Trifólium** ♃
Weißwurzel	**Tragopógon** 🥕
Wellingtonie	**Sequoiadéndron** 🌲
Wermut	**Artemísia** ⚘
Wermut	**Artemísia** ⊙ (♃) ⚘
Whitfieldie	**Whitfiéldia** 🪴
Wicke	**Vícia** ∪
Widerstoß	**Limónium** ⊙ ⊙⊙ ♃ 🪴
Wiesenkerbel	**Anthríscus** ∪
Wiesenknopf	**Sanguisórba** ⚘ ♃
Wiesenraute	**Thalíctrum** ♃
Wiesenschaumkraut	**Cardámine** ∪
Wilde Artischocke	**Cýnara** ∪
Wilder Wein	**Parthenocíssus** 🍂
Winde	**Convólvulus** (♃)
Windendes Löwenmaul	**Maurándya** 🪴
Windhafer	**Avéna** ∪
Windhalm	**Ápera** ∪
Windröschen	**Anemóne** ♃ 🧅
Winterling	**Eránthis** 🧅
Wirsing	**Brássica** 🥕
Wolfsmilch	**Euphórbia** ♃ 🪴 ∪
Wollblatt	**Eriophýllum** ♃
Wollfruchtkaktus	**Ariocárpus** 🪴
Wollgras	**Erióphorum** ≋
Wucherblume	**Chrysánthemum** ⊙
Wunderbaum	**Rícinus** ♃
Wunderblume	**Mirábilis** ♃
Wunderstrauch	**Codiaéum** 🪴
Wundklee	**Anthýllis** ♃
Würger	**Orobánche** ∪
Wurmfarn	**Dryópteris** ♃
Wüstenrose	**Adénium** 🪴

Yamswurzel	**Dioscórea** 🪴
Ysop	**Hyssópus** ¥
Yucca	**Yúcca** ♃ 🪴
Zamie	**Zámia** 🪴
Zamioculcas	**Zamiocúlcas** 🪴
Zapfenblume	**Strobilánthes** 🪴
Zaubernuss	**Hamamélis** 🍃
Zaunrübe	**Bryónia** ⊡♃
Zaunwicke	**Vícia** ♃
Zaunwinde	**Calystégia** ⊡♃
Zeder	**Cédrus** 🌲
Zederzypresse	**Chamaecýparis** 🌲
Zehrwurz	**Colocásia** 🪴
Zelkova	**Zelkóva** 🍃
Zentifolie	**Rósa** 🍃
Zephirblume	**Zephyranthes** 🪴
Zichórie	**Cichórium** 🥕
Zickzackstrauch	**Corókia** 🪴
Zierbanane	**Enséte** 🪴
Zierquitte	**Chaénoméles** 🍃
Ziest	**Stáchys** 🥕 ♃
Zigaretten-blümchen	**Cúphea** 🪴
Zimbelkraut	**Cymbalária** ♃
Zimmeraralie	**Fátsia** 🪴
Zimmer-Calla	**Zantedéschia** 🪴
Zimmerhafer	**Billbergia** 🪴
Zimmerimmer-grün	**Catharánthus** 🪴
Zimmer-Kokos-palme	**Lytocáryum** 🪴
Zimmerlinde	**Sparmánnia** 🪴
Zimmertanne	**Araucária** 🪴
Zimt, Falscher	**Alpínia** 🪴
Zinnie	**Zínnia** ⊙
Zistrose	**Cístus** 🍃
Zitrone	**Cítrus** 🍏
Zitronenmelisse	**Melíssa** ¥
Zitronenstrauch	**Aloýsia** 🪴
Zittergras	**Bríza** ⊙ ♃
Zucchini	**Cucúrbita** 🥕
Zuckerrübe	**Béta** 🥕
Zungenfarn	**Elaphoglóssum** 🪴
Zürgelbaum	**Céltis** 🍃
Zweizahn	**Bídens** 🪴
Zwergbambus	**Pleioblastus** 🍃
Zwergbambus	**Sása** 🍃
Zwergginster	**Chamaecýtisus** 🍃
Zwerglebensbaum	**Microbióta** 🌲
Zwergmispel	**Cotoneáster** 🍃
Zwergpalme	**Chamaérops** 🪴
Zwergpfeffer	**Peperómia** 🪴
Zwergwasserlinse	**Wólffia** 〰
Zwetsche	**Prúnus** 🍏
Zwiebel	**Állium** 🥕
Zylinderputzer	**Callistémon** 🪴
Zypergras	**Cypérus** 〰
Zypresse	**Cupréssus** 🌲

5 Literatur

BENSTEDT C (1931): Pareys Blumengärtnerei. Enke, Berlin.

BENSTEDT C (1958–1971): Pareys Blumengärtnerei. 2. Aufl., Enke, Berlin.

BISWAS C, JOHRI BM (1997): The Gymnosperms. Narosa Pub. House, New York.

BRICKEL C (1996): A–Z Encyclopedia of Garden Plants. The Royal Horticultural Society, London.

BRICKEL CD, DAVID AJC, HETTERSCHEID WLA, LESLIE AC, MALECOT V, JIN X, et al. (2009): Scripta Horticulturae Nr. 10: International Code of Nomenclature for Cultivated Plants (ICNCP). 8th ed., International Society for Horticultural Science, Leuwen.

DAHLGREN G (1989): An upgraded angiosperm classification. Bot. J. Linn. Soc. 100: 197–203.

DASSLER E, HEITMANN G (1991): Obst und Gemüse: Eine Warenkunde. 4. Aufl., Parey, Berlin.

EHRENDORFER F (1973): Liste der Gefäßpflanzen Mitteleuropas. 2. Aufl., Fischer, Stuttgart.

ERFURTH CB (1867): Flora von Weimar. Weimar.

ERHARDT W, GÖTZ E, BÖDEKER N, SEYBOLD SW (2008): Zander – Handwörterbuch der Pflanzennamen. 18. Aufl., Ulmer Verlag, Stuttgart.

ESDORN I (1973): Die Nutzpflanzen der Tropen und Subtropen in der Weltwirtschaft. 2. Aufl., Fischer, Stuttgart.

FITSCHEN J, MEYER FH (Bearbeiter) (2006): Gehölzflora : Ein Buch zum Bestimmen der in Mitteleuropa wildwachsenden und angepflanzten Bäume und Sträucher; mit Knospen- und Früchteschlüssel. 12. Aufl., Quelle und Meyer, Wiebelsheim.

GRAF AB (1992): Hortica, Color Cyclopedia of Garden Flora and Indoor Plants. Macmillan, New York.

HEGI G (ab 1906): Illustrierte Flora von Mitteleuropa. München.

JACOB F, JÄGER E, OHMANN E (1994): Botanik. 4. Aufl., Fischer, Stuttgart.

KLAPP E, BÖKER P (1983): Taschenbuch der Gräser. 11. Aufl., Parey, Berlin.

KRÜSSMANN G (1972): Handbuch der Nadelgehölze. Blackwell, Berlin.

KRÜSSMANN G (1976–1978): Handbuch der Laubgehölze. Blackwell, Berlin.

MAATSCH R (1928): Pareys Illustriertes Gartenbaulexikon. 4. Aufl., Enke, Berlin.

MAATSCH R (1956): Pareys Illustriertes Gartenbaulexikon. 5. Aufl., Enke, Berlin.

MANSFELD R (1949): Die Technik der wissenschaftlichen Pflanzenbenennung. Berlin.

MANSFELD R (1962): Vorläufiges Verzeichnis landwirtschaftlich oder gärtnerisch kultivierter Pflanzenarten (mit Ausschluss der Zierpflanzen). Berlin.

MCNEILL J, BARRIE FR, BURDET HM, DEMOULIN V, HAWKSWORTH DL, MARHOLD K, NICOLSON DH, PRADO J, SILVA PC, SKOG JE, WIERSEMA JH, TURLAND NJ (2006): International Code of Botanical Nomenclature (Vienna Code). Regnum Vegetabile 146. A.R.G. Gantner Verlag, Rugell.

MILLER JS, FUNK VA, WAGNER WL, BARRIE F, HOCH PC, HERENDEEN P (2011): Outcomes of the 2011 Botanical Nomenclature Section at the XVIII International Botanical Congress. PhytoKeys 5:1–3.

MÜLLER HJ (1988): Ökologie. Fischer, Jena.

NESOM G (2009): Neueste Namensänderungen bei Asteraceae: Gattungsrevisionen anhand neuester Forschungsergebnisse. Gartenpraxis 1, 56–59.

PAHLER A, RÜCKER K (2001): Die Schreibweise deutscher Pflanzennamen. Gartenpraxis 12, 39–42.

SCHMEIL O, SENGHAS K, SEYBOLD S (1996): Flora von Deutschland und angrenzenden Ländern. 90. Aufl., Quelle & Meyer, Heidelberg.

STRASBURGER E, SITTE P (2002): Lehrbuch der Botanik für Hochschulen. 35. Aufl., Spektrum Akademischer Verlag, Heidelberg.

TUTIN TG (1964–1980): Flora Europaea, Bd. 1–5. Cambridge University Press, Cambridge.

VOGELLEHNER D (1983): Botanische Terminologie und Nomenklatur. 2. Aufl., Fischer, Stuttgart.

VON WEIHE K (1972): Illustrierte Flora: Deutschland u. angrenzende Gebiete; Gefäss-kryptogamen und Blütenpflanzen. 23. Aufl., Parey, Berlin.

ZANDER R (1950): Kleines Botanisches Fremdwörterbuch. 3. Aufl., Ulmer, Stuttgart.

Gartenpraxis: Ulmers Pflanzenmagazin. Ulmer Verlag, Stuttgart.

Gärtnerbörse. Jetz weitergeführt als „Gärtnerbörse. Das Magazin für Zierpflanzenbau“. Haymarket Media GmbH & Co. KG, Braunschweig.

Zierpflanzenbau. Jetzt weitergeführt als „Deutscher Gartenbau“. Ulmer Verlag, Stuttgart.

Handelsnomenklatur Stauden, Bund Deutscher Staudengärtner (2011): http://www.stauden.de/cms/service/handelsnomenklatur

Namensliste für Gehölze und Stauden, Proefstation voor de Boomkwekerij, 5. Auflage, Boskoop/NL 1995.

Topfpflanzenbroschüre (1997/98), Blumenbüro Holland.